培育文化

培育文化

Baby Diary:
Year 0.5

懷孕這檔事：
週歲寶寶成長日記

汪潔儀 編著

半歲到週歲是培養寶寶行為發展的最好時機！

家長要多注意在寶寶面前的言行舉止，可能會為寶寶帶來不良的影響！

不要認為小孩什麼都不懂！

雖然寶寶在這個月還很難理解大人的語言，
但是他們對於大人日常的行為習慣、表情、動作、言語態度都有著極其敏銳的感受，
能從中觀察並試圖模仿！

懷孕這檔事：週歲寶寶成長日記

編著　汪潔儀
責任編輯　廖美秀
美術編輯　林子淩
封面/插畫設計師　蕭若辰

出版者　培育文化事業有限公司
信箱　yungjiuh@ms45.hinet.net
地址　新北市汐止區大同路3段194號9樓之1
電話　（02）8647-3663
傳真　（02）8674-3660
劃撥帳號　18669219
CVS代理　美璟文化有限公司
TEL／(02)27239968
FAX／(02)27239668

總經銷：永續圖書有限公司
永續圖書線上購物網
www.foreverbooks.com.tw

法律顧問　方圓法律事務所　涂成樞律師
出版日期　2013年12月

國家圖書館出版品預行編目資料

懷孕這檔事 : 週歲寶寶成長日記 / 汪潔儀編著. --
初版. -- 新北市 : 培育文化, 民102.12
面 ;　公分. -- (生活成長系列 ; 44)
ISBN 978-986-5862-23-7(平裝)
1.育兒 2.小兒科
428　　102022787

第181～209天（6～7個月）的嬰兒

▶發育情況

▶具備的本領

▶養育要點

▶能力的培養

▶家庭環境的支持

▶需要注意的問題

第210～239天（7～8個月）的嬰兒

▶發育情況

▶具備的本領

▶養育要點

▶能力的培養

第240～269天（8～9個月）的嬰兒

▶發育情況

▶具備的本領

▶養育要點

第270～299天
（9～10個月）的嬰兒

▶發育情況

▶具備的本領

▶養育要點

▶能力的培養

▶家庭環境的支持

▶需要注意的問題

第300～329天（10～11個月）的嬰兒

▶發育情況

▶具備的本領

▶養育要點

第330～360天（11～12個月）的嬰兒

▶發育情況

▶具備的本領

▶養育要點

▶能力的培養

▶嬰幼兒常見的心理疾病

Baby Diary: Year 0.5

第181～209天

Baby Diary: Year 0.5

（6～7個月）的嬰兒

發育情況

滿半歲的寶寶身體發育開始趨於平緩，如果下面中間的兩個門牙還沒有長出來的話，這個月也許就會長出來。如果已經長出來，上面當中的兩個門牙也許快長出來了。

滿六個月時，男寶寶的體重爲7.4～9.8公斤，女寶寶的體重爲6.8～9.0公斤，本月可增長0.45～0.75公斤；男寶寶的身高爲62.4～73.2公分，女寶寶爲60.6～71.2公分，本月平均可以增高2公分；男寶寶的頭圍平均爲44.9公分，女寶寶的頭圍平均值爲43.9公分，這個月平均可增長1公分。

一般在這個月，寶寶的囟門和上個月差別不大，還不會閉合，多數在0.5～1.5公分之間，也有的已經出現假閉合的現象，即外觀看來似乎已經閉合，但若透過X光線檢查其實並未閉合。家長如果爲了要知道前囟門否真的閉合了，就帶寶寶去做X光線檢查，其實是完全沒必要的。如果寶寶的頭圍發育是正常的，也沒有其他異常症狀，沒有貧血，沒有過多攝入維生素D和鈣劑的話，家長就不必著急，因爲這大多數都僅僅是膜性閉合，而不是真正的囟門閉合。

發育快的寶寶在這個月初已經長出了兩顆門牙，到月末有望再長兩顆，而發育較慢的寶寶也許這個月剛剛出牙，也許依然還沒出牙。出牙的早晚個體差異很大，所以如果寶寶的乳牙在這個月依然不肯「露面」的話，家長也不必太過擔心。

具備的本領

上個月坐著還搖搖晃晃的寶寶，這個月已經能獨坐了。如果大人把他擺成坐直的姿勢，他將不需要用手支撐而仍然可以保持坐姿。嬰兒從臥位發展到坐位是動作發育的一大進步，當他從這個新的起點觀察世界時，他會發現用手可以做很多令人驚奇的事情。另外寶寶的平衡能力也發展得相當好了，頭部運動非常靈活，如果父母把雙手扶到寶寶腋下的話，寶寶可能會上下跳躍了。

在這個月，寶寶的翻身已經相當靈活，並且有了爬的願望和動作，如果這時父母推一推他的足底，給他一點爬行的動力，那麼他就會充分感覺到向前爬的感覺和樂趣，爲將來學會爬行打下基礎。

這個月寶寶的手部動作相當靈活，能用雙手同時握住較大的物體，抓東西更加準確，並且兩手開始了最初始的配合，可以將一個物體從一隻手遞到另一隻手；還能手拿著奶瓶，把奶嘴放到口中吸吮，邁出了自己吃飯的第一步；當他不高興時或是不喜歡手裡的東西時，他就會把手裡的東西一下扔掉，這表示他開始學會了自主選擇。

從這個月開始，寶寶的語言發展開始進入了敏感期，能夠發出比較明確的音節，很可能已經會說出一兩句「papa」「mama」了。他對大人發出的聲音反應敏銳，並開始主動模仿大人的說話聲，這時候家長的參與非常重要。因爲寶寶很可能在開始學習下一個音節之前，會整天或幾天一直重複這個音節，這時候就要求爸爸媽媽應耐心地教他一些簡單的音節和諸如「貓」、「狗」、「熱」、「冷」、「走」、「去」等詞彙。因爲這個月齡的寶寶已經能理解家長所說的一些詞彙了，所以這種做法能夠爲他將來的語言學習打下堅實的基礎。

寶寶在聽覺、視覺和觸覺方面同樣有了進一步的額提高。他開始能夠辨別物體的遠近和空間；喜歡尋找那些突然不見的玩具；會傾聽自己發出的聲音和別人發出的聲音，能把聲音和聲音的內容建立聯繫。

這時候的寶寶已經有了深度知覺。他看到東西就會伸手去抓，不管什麼都會往嘴裡放來咬咬嘗嘗；還會把握在手裡的東西，搖一搖，聽一聽它的聲音；用手掰一掰，拍一拍，打一打，晃一晃，摸一摸，認識這種物體。

另外，寶寶在這個月已經有了初步的數理邏輯能力和想像能力。他能夠意識並且會比較物品的大小，能夠辨別物體的遠近和空間；在照鏡子時已經可以把鏡中的寶寶和自己聯繫起來了。再有，有的寶寶這時候開始喜歡翻圖畫書、喜歡聽翻書的聲音了，如果給他一本圖畫書的話，他可能會表現得非常興奮。

再有，這個月的寶寶已經懂得了用不同的方式表示自己的情緒，如用哭、笑來表示喜歡和不喜歡，會推掉自己不要的東西，還懂得讓爸爸、媽媽幫他拿玩具；還會顯出幽默感，逗弄別人；顯出想要融入社會的願望；能有意識地長時間注意感興趣的事物；如果強迫做他不喜歡做的事情時，他會反抗；還可以辨別出友好和憤怒的說話聲，依然很怕陌生人，很難和媽媽分開。

養育要點

◆半斷乳期

這個月的寶寶開始正式進入半斷乳期，需要添加多種副食品。適合這個月齡寶寶的副食品有蛋類、肉類、蔬菜、水果等含有蛋白質、維生素和礦物質的食品，儘量少添加富含碳水化合物的副食品，如米粉、麵糊等。同時，還應給寶寶食用母乳或牛奶，因爲對於這個月的寶寶來說，母乳或牛奶仍然是他最好的食品。

如果媽媽乳汁分泌尙好的話，可以一天給寶寶餵兩次副食品，吃三次母乳，晚上再餵兩次母乳。如果寶寶不好好吃母乳，媽媽感到乳漲的話，可以只給寶寶吃蛋類、蔬菜和水果，不吃米麵，或是適當減少副食品的餵養量，要是寶寶同時在喝牛奶的話，牛奶量也可以斟酌情況減少。如果此時母乳已經很少了，就可以停止母乳，改餵牛奶。如果寶寶不愛喝牛奶的話，可以試著餵些乳酪、優酪乳等乳製品，或是嘗試著餵些鮮牛奶。

此時給寶寶完全斷奶還有些過早。一歲以內的寶寶應該是以乳類食品爲主的，如果太早完全斷奶的話，是不利於寶寶生長發育的。所以，如果寶寶在這個時候不愛吃母乳或牛奶，只愛吃副食品的話，可以多嘗試著給寶寶餵幾次牛奶，培養起寶寶喝牛奶的習慣。

◆母乳不要浪費

如果這個月母乳依然分泌得很好的話，可以持續餵寶寶喝母乳，輔以適量蔬果、肉蛋類副食品。沒有必要在這個時候強行減少母乳的餵養量，只要寶寶想吃的話就給他吃，不要白白地浪費了母乳。如果寶寶半夜總是哭鬧著要奶吃，最好的辦法就是及時給予母乳，這樣的話才不會讓寶寶養成愛哭的習慣。

◆牛奶過敏

有些喝牛奶的寶寶在吃奶後出現哭鬧、煩躁、難以安撫及蜷曲雙腿等表現，這可能是牛奶過敏的反應。經研究，牛奶蛋白中的β-乳球蛋白是引起過敏反應的主要物質，牛奶過敏不僅會使寶寶出現腸絞痛的反應，還會引起鼻炎、嘔吐、蕁麻疹、濕疹、腹瀉等症狀，嚴重時會造成寶寶發育不良甚至是出血性腹瀉。

牛奶過敏分爲牛奶完整蛋白過敏和消化後的牛奶蛋白過敏。如果寶寶在吃奶後4個小時內出現了上述症狀，就是牛奶完整蛋白過敏；如果在4～72小時出現上述症狀的話，就是對消化後的牛奶蛋白過敏。

一般來講，出生後即開始用純母乳餵養的寶寶在2歲之前很少會對牛奶過敏，但如果發現寶寶牛奶過敏的話，儘量採取母乳餵養。如果母乳不足的話，可以改用羊奶或大豆配方奶餵養，並儘早添加副食品。如果寶寶的過敏情況不嚴重的話，可以採用稀釋脫敏的方法，即：先給寶寶飲用極少量的稀釋配方牛奶，在一杯溫開水中先加1／

30的牛奶，飲用後觀察數小時，如寶寶無任何不適症狀，則可改加1／20的牛奶、1／15的牛奶，以此類推，直到寶寶能接受全牛奶。每次加牛奶的間隔時間，要以寶寶能適應爲度，不能太快。此外，在脫敏期中，爲了維持寶寶能夠攝入足夠的成長所需營養，應及時添加多種副食品，還可以視情況補充維生素C或葡萄糖酸鈣片，以增強身體代謝作用和解毒能力。

◆副食品的給法

這個月副食品添加的方法，要根據副食品添加的時間、添加量、寶寶對副食品的喜愛程度、母乳的多少和寶寶的睡眠情況靈活掌握。

給寶寶斷奶食品的選擇，應包括蔬菜類、水果類、肉類、蛋類、魚類等等。如果寶寶已經習慣了副食品的話，只要寶寶發育正常就可以照之前的方法繼續添加下去，不需要做過多的調整；如果寶寶的吞嚥能力良好，並且表現出對副食品的極大渴望，那麼不妨給寶寶一些麵包或磨牙棒，讓寶寶自己抓著吃；如果寶寶此時吞嚥半固體的食物還有困難的話，可以多餵一些流質的副食品；如果寶寶每次吃副食品的時間都很長的話，爸爸媽媽就要儘快提高副食品的餵養技巧，暫時先不要增加每天餵副食品的次數；如果寶寶一天吃兩次副食品，喝奶的次數就減少到3次或更少，那麼就應減少一次副食品，以增加奶量的攝入量。

寶寶到了7個月時，已經開始萌出乳牙，有了咀嚼能力，同時舌頭也有了攪拌食物的功能，味蕾也敏銳了，因而對飲食也越來越多地顯出了個人的愛好。因此，在餵養上，也隨之出現了一定的要求。爸爸媽媽最好能多掌握幾種副食品的做法，以適應寶寶不同的需要。不過對於副食品的做法，也沒有必要恪守一些食譜，有的時候爸爸媽媽對著食譜滿頭大汗的做了半天副食品，結果寶寶還是不吃，白白浪費時間。只要把平時大人吃的飯菜煮爛一點，少放些鹽，就可以給寶寶吃。要知道，這個時候給寶寶添加副食品，重要的是添加，是訓練寶寶吃的能力，所以在一歲以前，只要讓寶寶練習吃副食品就可以了。而副食品只要是健康又有營養的東西，就可以給寶寶吃，沒有必要太花心思在這個上面。

◆長牙

如果媽媽突然發現從某天開始，寶寶吃奶時的表現與往常有些不一樣了，他有時會連續幾分鐘猛吸乳頭或奶瓶，一會兒又突然放開乳頭，像感到疼痛一樣哭鬧起來，如此反反覆覆，並且開始喜歡吃固體食物，或是突然間食慾變差、咬到東西就不舒服等。這一切都說明，寶寶可能要長牙了，這些一般是牙齒破齦而出時，吸吮乳頭或進食使牙床特別不適而表現出來的特殊現象。

通常來說，嬰兒大約在6個月時就開始長牙，最早開始長的是下排的2顆小門牙，再來是上排的4顆牙齒，接著是下排的2顆側門牙。到了2歲左右，乳牙便會全部長滿，上下各10顆，總共20顆牙齒，就此結束乳牙的生長期。在牙齒還沒有出來之前，嬰兒的牙齦會出現鼓鼓的現象，緊接著會出現牙齦發炎的症狀，牙齦的顏色會變得紅紅的。由於牙齒在努力從牙齦中鑽出的過程中難免會造成傷口，所以寶寶一般都會出現不適的感覺，有些較為敏感的寶寶甚至還可能會出現輕微的發燒症狀。

寶寶的牙齒長得整不整齊、美觀與否是家長最關心的問題，這有一部分是由先天遺傳因素決定，也有一部分是有後天環境因素決定。有的寶寶總是喜歡吸吮手指，這種行為就容易造成牙齒和嘴巴之間咬合不良，上排的牙齒就可能會凸出來，類似暴牙；而長期吃奶嘴的寶寶也會出現這種情況。因此，為了讓寶寶有一口整齊漂亮的乳牙，爸爸媽媽就應在日常生活中，多糾正寶寶愛叼奶嘴、吃手等不良習慣。

◆必須喝白開水

這個月母乳餵養的寶寶，每天應該喝30～80毫升的白開水，牛奶餵養的寶寶應該喝100～150毫升的白開水。純淨的白開水對寶寶的健康很重要，它進入人體後可以立即進行新陳代謝、調節體溫、輸送養分及清潔身體內部的功能，特別是煮沸後自然冷卻的冷開水最容易透過細胞膜促進新陳代謝，增加血液中血紅蛋白含量，增進身體免疫功能，提高寶寶抗病能力。此外，喝冷開水還會減少肌肉內乳酸的堆積，可緩解疲勞。所以，寶寶每天要喝夠足量的白開水。

最簡單的給寶寶餵水的方法是把水灌進奶瓶裡讓寶寶自己拿著喝。這個月大的寶寶對抓握東西特別有興趣，因此讓他自己抓著奶瓶喝，也可以有效提高寶寶對喝水的興趣。只要在喝水的時候大人在一旁看護，一般寶寶都不會出現嗆水等問題。

成人體內缺水的訊號是口渴，但是對於嬰兒來說，就不能等到渴了以後再餵水。這個階段的寶寶還不太會表達自己口渴了，加上日常活動得比較多，所以最好是隨時添加水分，特別是在炎熱的夏天，寶寶出汗較多的時候，更應及時爲寶寶補足水分。一旦水分不能及時補充，就會使寶寶發生短暫或輕度的身體缺水症狀，還有可能使寶寶出現咽喉乾燥疼痛、發聲沙啞、全身無力等症狀。

6個月以前的寶寶吸吮欲望還比較強，無論奶瓶裡裝什麼，他都會津津有味地吮吸。但是到了6個月以後，由於寶寶對吸吮有了更具體的目的，加上他喝慣了果汁、配方奶、菜湯、菜汁等，所以難免會表現出對白開水不感興趣，這是很自然的現象。

培養寶寶喝水的習慣很重要，如果寶寶在這個時候不愛喝水的話，爸爸媽媽不妨用一些方法，讓寶寶愛上白開水。例如，給寶寶喝水的時候，爸爸媽媽可以同樣也拿著一小杯水，和寶寶面對面，玩「乾杯」的遊戲，讓寶寶看著爸爸媽媽將杯裡的水喝光，這樣寶寶就會高高興興的模仿爸爸媽媽的動作，把自己小杯子或奶瓶裡的水也都喝光。還可以在戶外活動的時候，給寶寶找一個喝白開水的小朋友做榜樣，讓寶寶向他學習。或是在寶寶睡覺醒後和玩耍投入的時候餵白開水，因爲這個時候寶寶都比較乖，容易接受平時不愛接受的事物。再有，家裡的大人最好都不要在寶寶面前喝果汁、汽水等飲料，以免寶寶產生心理上的「不平衡」感。

給寶寶餵白開水需要足夠的耐心和細心，但不能爲了讓寶寶多喝水而給寶寶喝加了飲料的白開水，也不能在飯前喝太多水，否則不利於食物的消化。即使是炎熱的夏天，也不能給寶寶喝帶冰塊的冰水，因爲喝大量冰水容易引起胃黏膜血管收縮，不但影響消化，甚至有可能引起腸痙攣。如果寶寶晚上尿床比較厲害的話，那麼也不宜在睡覺之前給他喝太多的水，否則不但會使尿床更嚴重，還會干擾到寶寶的睡眠品質。

◆如何給寶寶選杯子

有的寶寶很小就開始用杯子喝水和奶了，也有的寶寶到了2歲還習慣於抱著奶瓶喝水，其實，用杯子喝水的早晚也是因人而異，但從6個月前後，最好是開始有意識地訓練寶寶用水杯喝水，因爲當牛奶、果汁以及其他飲料中的糖分與嬰兒口腔中的細菌發生反應後，很容易形成腐蝕牙齒的酸質。6個月之後寶寶開始萌出乳牙，這時候如果長時間叼著奶嘴的話，很可能會令剛剛萌出的乳牙長期處於含有腐蝕牙釉質成分的液體中，進而誘發齲齒。再有，經常含著奶瓶不僅會妨礙寶寶的正常活動，也同樣會減少了寶寶學習語言的機會，而練習杯子的使用不僅可以避免上述問題，還可以發展寶寶的認知能力和雙手協調能力。所以，從寶寶6個月左右，最好是給寶寶選一款合適的水杯，訓練寶寶拿杯子喝水。那麼，哪些杯子是比較適合嬰幼兒使用的呢？

首先，杯子的選擇要跟上寶寶成長的步伐。雖然各大品牌部擁有自己的專利設計，但一般都是分爲鴨嘴式與吸管式兩種，有軟口和硬口之分，軟口的杯子一般都是採用活性食用矽膠製成，比較接近奶嘴的感覺；而硬口則是無毒塑膠，更貼近杯子的稱謂。原則上，寶寶應該從鴨嘴式過渡到吸管式再到飲水訓練式，從軟口轉換到硬口。可以循序漸進，也可以跳躍式進階，要根據寶寶的喜好和習慣及時更換杯子的款式。

其次，有些杯子是有把手的，也有一些杯子，做成了方便寶寶拿著的造型就不再配備把手。爸爸媽媽可以根據需要自行選擇。另外還要注意看杯子是否具有不漏水的功能，即把整個杯子倒轉都不會漏水。

再有，現在的嬰幼兒杯子幾乎清一色採用太空玻璃杯PC無毒塑膠製成，維持耐高溫且耐摔打。只有極少數的品牌供應一次性紙杯式學飲杯。就這一特點來說，爸媽買什麼樣的杯子都不用擔心拿捏不住打碎傷及自己。但是，並不是所有的杯子都可以消毒，在選擇杯子時，要看清楚外盒包裝上是否有「可否機洗與可否消毒」的標注。

◆讓寶寶在大床上玩

這個月的寶寶坐得比較穩，能夠在床上翻滾著玩，並開始學習爬行。嬰兒床的空間和四周的欄杆，會妨礙寶寶的活動，所以爲了給寶寶更大的活動空間來發展他的運動能力，只要寶寶醒著的話就可以讓他在大床上玩。但是把寶寶放在大床上的時候，要維持有人在旁邊看護，不能讓寶寶自己一個人在大床上待著，否則很可能會一不留神翻下床摔傷。如果家裡只有一個大人，並且還要忙於做其他家務的話，就應把寶寶放在嬰兒床上，以避免不必要的危險發生。

◆白天儘量少睡

這個月的寶寶白天睡眠時間減少了，玩的時間增多了，因此爸爸媽媽不必讓寶寶像從前那樣白天多睡上幾覺了，因爲這樣很可能造成寶寶晚上睡得很晚、並且半夜常常醒來睡不安穩甚至夜啼的問題。晚上是生長激素分泌的高峰，如果錯過了這個時間，就會導致生長激素分泌減少，從而影響寶寶的生長發育。所以，爸爸媽媽應儘量在白天多陪寶寶一起玩，如果他不想睡覺的話，就沒必要強迫他睡覺，這樣才能維持寶寶在晚上有個舒舒服服的睡眠。

◆把尿不要太勤

這個月的寶寶正常小便次數應在每天10次上下，如果是夏天出汗多的時候尿量會減少。如果前幾個月已經開始有意識的訓練寶寶的尿便條件反射的話，那麼給這個月的寶寶把尿一般不會出現太多的困難，寶寶都能比較順利的排尿。但此時家長就需要注意一個問題，不要過於頻繁的給寶寶把尿。

這是因爲，這個時期寶寶還不能自主控制自己的尿便，即使把尿成功，也只能說明初步建立好了一種條件反射，或是家長已經掌握了寶寶排尿便的訊號。過於頻繁的把尿，會使寶寶將來自己控制排尿造成困難，而且還可能會造成尿頻的問題。再有，過於頻繁的把尿也會讓寶寶覺得不舒服，從而出現哭鬧等抗拒行爲，這也不利於他將來自己的尿便控制。

對於這個月的寶寶，訓練尿便仍然是要順其自然，掌握好時間，千萬不可過度。

如果寶寶在排尿的時候總是哭鬧並表現痛苦的話，那麼就要留意是否出現了某些疾病問題。女寶寶排尿哭鬧且尿液混濁的話，就應想到尿道炎，需要及時到醫院化驗尿液常規；男寶寶排尿哭鬧的話，應先看看尿道口是否發紅，如果發紅的話可以用高錳酸鉀水浸泡陰莖幾分鐘，還要想到是否有包皮過長的可能，不過這需要由醫生來診斷。

◆學會看舌苔

舌頭也是觀察寶寶身體健康情況的一張「晴雨表」，卻常常被忽略。如果寶寶稍有發燒不適的話，很快就能被爸爸媽媽發現，但卻少有家長會留心觀察寶寶舌頭的變化。只有當寶寶食慾差或在吃飯時表現痛苦，爸爸媽媽才會想到讓寶寶張開嘴巴，但多數也只是看看喉嚨，很少有人會注意到舌頭。其實，細心的爸爸媽媽只要透過觀察寶寶的舌苔，就能判斷出寶寶可能出現的各種異常情況。

身體健康的寶寶舌頭應該是大小適中、舌體柔軟、淡紅潤澤、伸縮活動自如、說話口齒清楚，而且舌面有乾濕適中的淡淡的薄苔，口中沒有氣味。一旦寶寶患了某些疾病的話，舌質和舌苔就會相應地發生變化，特別是腸胃消化功能方面的疾病，在舌頭上的體現就更明顯。所以，爸爸媽媽要學會根據寶寶舌頭的異常變化，做到防患於未然。

舌頭的異常主要有以下幾種：

1. 舌苔厚黃

如果觀察寶寶的小舌頭，發現舌頭上有一層厚厚的黃白色垢物，舌苔黏厚，不易刮去，同時口中會有一種又酸又臭的穢氣味道。這種情況多是因平時飲食過量，或進食油膩食物，脾胃消化功能差而引起的。

有的寶寶平時就很能吃，一看到喜愛的食物就會吃很多。爸爸媽媽或者爺爺奶奶看到孩子吃得多，不但不加以勸阻，還會很高興，不停地鼓勵寶寶多吃。這樣就會使寶寶吃得過多、過飽，消化功能發生紊亂，出現肚子脹氣、疼痛的現象，嚴重時還會發生嘔吐，吐出物爲前一天吃下而尙未消化的食物，氣味酸臭。如果寶寶年齡較小的話，也會由於積食而導致腹瀉。

當寶寶出現這種舌苔時，首先要維持飲食的清淡，食慾特別好的寶寶此時應控制每餐的食量。如果寶寶出現了乳食積滯的話，可以酌情選用有消食功效的藥物來消食導滯，維持大便暢通。

2. 楊梅舌

如果觀察到寶寶舌體縮短、舌頭發紅、經常伸出口外、舌苔較少或雖有舌苔但少而發乾的話，一般多爲感冒發燒，體溫較高的話舌苔會變成絳紅色。如果同時伴有大便乾燥和口中異味的話，就是某些上呼吸道感染的早期或傳染性疾病的初期症狀。如果發熱嚴重，並看到舌頭上有粗大的紅色芒刺猶如楊梅一樣，就應該想到是猩紅熱或川崎氏病。

對於出現此種異常症狀的寶寶，應注意及時治療引起發熱的原發疾病，並透過物理降溫或口服退熱藥物退燒。平時多給寶寶喝白開水，少吃油膩食物及甜度較高的水果，也可以購買新鮮的蘆根或者乾品蘆根煎水給寶寶服用。

3. 地圖舌

地圖舌是指舌體淡白，舌苔有一處或多處剝脫，剝脫的邊高突如框，形如地圖，每每在吃熱食時會有不適或輕微疼痛。地圖舌一般多見於消化功能紊亂，或患病時間較久，使體內氣陰兩傷時。患有地圖舌的寶寶往往容易挑食、偏食、愛食冷飲、睡眠不穩、亂踢被子、翻轉睡眠，較小一點的寶寶易哭鬧、潮熱多汗、臉色萎黃無光澤、體弱消瘦、怕冷、手心發熱等。

對於這樣的情況，平時要多給寶寶吃新鮮水果，以及新鮮的、顏色較深的綠色或紅色蔬菜，同時注意忌食煎炸、熏烤、油膩辛辣的食物。可以用適量的龍眼肉、山藥、白扁豆、大紅棗，與薏米、小米同煮粥食用，如果配合動物肝臟一同食用，效果將會更好。如果寶寶臉色較白、脾氣較煩躁、汗多、大便乾的話，可以用百合、蓮子、枸杞子、生黃芪適量煲湯飲用，可以使地圖舌得到有效改善。

4. 鏡面紅舌

有些經常發燒，反覆感冒、食慾不好或有慢性腹瀉的寶寶，會出現舌質絳紅如鮮肉，舌苔全部脫落，舌面光滑如鏡子，醫學上稱之爲「鏡面紅舌」。出現鏡面紅舌的寶寶，往往還會伴有食慾不振，口乾多飲或腹脹如鼓的症狀。

對於出現鏡面紅舌的寶寶，千萬不要認爲是體質弱而給予大補或吃些油膩的食物，應該多攝取豆漿或新鮮易消化的蔬菜，如花菇、黃瓜、番茄、白蘿蔔等。也可以將西瓜、蘋果、梨、荸薺等榨汁飲用，或是早晚用山藥、蓮子、百合煮粥食用，也能收到很好的效果。

需要注意的是，剛出生時的寶寶舌質紅、無苔，以及母乳餵養的寶寶呈乳白色苔均屬正常現象，媽媽不要過於緊張。有的時候寶寶吃了某些食品或藥物，也會使舌苔變色，例如吃了蛋黃後舌苔會變黃厚、吃了楊梅、橄欖後舌苔會變成黑色、吃了紅色的糖果後舌苔可呈紅色。一般來講，染苔的色澤比較鮮豔而浮淺，而病苔不易退去，可以利用這一點進行區別，千萬不要將正常的舌苔誤認爲病苔而虛驚一場。再有，嬰幼兒體質很弱，只可將辨別舌苔的變化作爲健康情況的參考，而不能根據情況完全自行處理，必要時一定要去醫院診治。

◆預防傳染病

由於寶寶在媽媽肚子裡的時候，媽媽透過胎盤向寶寶輸送了足量的抗感染免疫球蛋白，加之母乳含有的大量免疫球蛋白，使出生後的寶寶安全地度過了生命中脆弱的最初階段，所以6個月以內的寶寶很少生病。但是，到了6個月以後，寶寶從媽媽那裡帶來的抗感染物質，因分解代謝逐漸下降以致全部消失，再加上此時寶寶自身的免疫系統還沒發育成熟，免疫力較低，因此就開始變得比以前更易生病了。

到了6個月之後，寶寶最容易患各種傳染病以及呼吸道和消化道的其他感染性疾病，尤其常見的是感冒、發燒和腹瀉等。所以，6個月以後的寶寶在日常生活中，要特別注意預防傳染病和各種感染性疾病。

1. 定期接種免疫疫苗。

2. 注意營養的全面均衡攝入，維持寶寶有一個健康茁壯的體格。

3. 做好寶寶個人和整個家居環境的衛生清潔，做好衣物被褥和玩具的定期消毒。

4. 維持給寶寶的食物的清潔衛生，避免病從口入。注意維生素C

和水分的補充，可以有效增強寶寶的身體抵抗力。

5. 要隨著氣溫變化及時為寶寶增減衣物，衣著要以脊背無汗為適度，不能穿得過多。

6. 維持足夠的戶外活動時間，加強寶寶的日常鍛鍊，以增強體質，提高身體免疫力。

7. 室內經常開窗通風，保持空氣流暢，定期用各種空氣消毒劑噴灑房間。注意室內環境的溫度、濕度、空氣新鮮度。溫度在18℃～20℃，濕度在50%～60%最為合適，每天開窗3～4次，每次約15分鐘左右，每天用濕布擦桌子和地面，使室內空氣新鮮而濕潤。

8. 在流行性傳染病高峰的季節，要避免寶寶接觸過多的人群，更不要帶著寶寶到人潮密集的公共場合，外出回家後先進行手、臉和身體其他裸露部位的清潔消毒。

9. 不要讓寶寶與患有某些傳染性疾病的兒童和成人接觸，如果家人患了傳染病，要與寶寶隔離。如果必須有接觸的話，也應在接觸時做好防護工作，避免寶寶受到病毒的侵害。

◆睡眠問題

6～7個月寶寶的睡眠，整個趨勢仍然是白天睡眠時間及次數會逐漸減少，一天的總睡眠時間應有13～14小時左右。大多數的寶寶，白天基本上要睡2～3次，一般是上午睡1次，下午睡1～2次，每次1～2小時不等。夜間一般要睡眠10小時左右。在這10個小時當中，夜裡不吃奶的寶寶可以一覺睡到天亮，而夜裡吃奶的通常會在中間醒一次吃奶後再次入睡。

寶寶如果在夜間睡得足，不僅有利於寶寶和大人的休息，更重要的是有利於寶寶的身體發育。所以對於夜裡習慣吃奶的寶寶，可以採取在入睡前餵奶加副食品的方法，來克服夜間吃奶的習慣，維持良好的睡眠品質。

也有的寶寶早上醒得很早，這也不利於其整體睡眠品質的穩定性。有的寶寶是因爲對光線敏感，所以總是早早醒來。對於這樣的寶寶，可以在臥室裡裝上遮光窗簾或百葉窗以隔離光源，儘量將室內光線調暗，不要讓清晨的陽光直射進來。如果臥室面對的是大街的話，就要在臨睡前關緊窗戶，以免早晨的噪音驚醒寶寶。當然，最好是給寶寶換一個不會被噪音干擾的房間。此外，延遲早餐、控制白天的睡覺時間和晚上晚點再讓寶寶入睡也是比較好的解決寶寶早上醒得過早的辦法。

這個時候的寶寶愛趴著睡的也很常見，這個姿勢可能會讓他們覺得更舒服。多數寶寶也並不是整夜都趴著睡，可能是趴著睡一會，再倒過來仰臥或側臥著睡一會，能夠靈活的變換睡眠姿勢，這些都是很正常的。3個月以前的寶寶由於不會豎立頭部，所以趴著睡會有堵塞口鼻造成窒息的危險，但是7個月大的寶寶已經能夠自由的轉動頭部和頸部了，趴著的時候也會把頭轉過來，臉朝一邊地躺著，而不是把臉整個埋在床上或者頭上，因此不會有窒息的危險，家長們盡可放心。

◆嬰兒體操

6個月以後的嬰兒體操訓練，以鍛鍊嬰兒的腕力和臂力，鍛鍊腰肌、腹肌、手肌、下肢肌肉、兩肘關節及手眼協調能力，同時爲爬行、站立做好準備運動。這一月齡的嬰兒體操有以下幾種形式：

1. 拉臂坐起

可以鍛鍊寶寶的手臂和腰部肌肉。練習時，讓寶寶雙手抓住大人兩手拇指，抓緊後提拉寶寶的雙臂幫助他坐起、躺下，重複4次。隨著寶寶慢慢長大，可以練習提單臂坐起。

2. 矯形動作

可以幫助寶寶伸直脊椎，讓身形健康發展。練習時，讓寶寶呈仰臥位，大人左手托寶寶的腰部，右手按住雙踝部使其不離床面，重複8次。

3. 扶肘跪立

鍛鍊寶寶的脖子、腰部、肘關節和膝關節。練習時，先讓寶寶臉朝下趴著，然後雙手抓住寶寶雙側肘部，使寶寶從俯臥位起至跪立位，然後再恢復俯臥位，重複4次。

4. 後曲運動

讓寶寶俯臥，大人握住寶寶的兩隻小腿並輕輕提起，使寶寶的手掌、臉頰接觸床面後再放平恢復原狀，重複4次。這個動作必須要輕柔，以防止運動過度。

5. 扶肘站立

讓寶寶俯臥，握住兩肘使寶寶至跪立位，再至站立位，然後再跪立，俯臥躺下，重複4次。這比扶肘跪立，多了一個站立的動作，可以起到額外鍛鍊小腿肌肉的作用。

6. 自立前傾動作

把一些玩具放在寶寶面前，讓寶寶背靠物體站直，大人一手扶腰，一手扶膝，令其身體自然前傾撿玩具。此項練習可以鍛鍊寶寶腰部肌肉的靈活性和柔韌性，在撿玩具時還能起到伸展手部的作用。

7. 跳躍運動

跳躍運動是全身運動，不僅鍛鍊寶寶的腿部，更能讓寶寶的內臟器官接受輕微的振盪撫摸，促進其健康發展。練習時，先扶住寶寶雙側腋下使其直立，然後將寶寶提離床面再放下，可重複8次。

能力的培養

◆排便的訓練

添加副食品之後，寶寶的大便逐漸接近於成人，所以可以訓練寶寶坐便盆排便。當家長發現寶寶有排便跡象時候，趕快抱他坐便盆，就能順利成功。但由於寶寶此時還不能完全控制自己的排便，加上有的排便時間沒有規律，大便次數又多，所以不成功的情況也很常見。這時需要注意的是，不能強行把便。如果長時間讓寶寶坐在便盆上的話，由於寶寶的肛門括約肌和肛提肌的肌緊張力較低，直腸和肛門周圍組織也較鬆弛，加上其骶骨的彎曲度還未形成，直腸容易向下移動，所以很容易使得寶寶腹內壓增高，直腸受到一股向下力的推動而向肛門突出，造成脫肛。

此外，處於生長發育期的嬰兒，其骨骼組織的特點是水分較多而固體物質和無機鹽成分較少，因而其骨骼比成人軟而富有彈性。如果讓嬰幼兒長時間的坐在便盆上，就會大大增加其脊柱的負重，尤其是本身已患有佝僂病和營養不良的寶寶，更容易導致脊椎側彎畸形，影響正常發育。因此，爲了寶寶的身體健康，當寶寶有便意的時候就應讓他坐便盆，解便後應立即把便盆拿開，如果寶寶坐上一段時間仍沒有便出的話，也要將便盆拿開，不能讓寶寶久坐在上面。另外在給寶寶選擇便盆的時候，還要注意高低適當。

◆自我意識的培養

寶寶在1歲之前的自我意識雖然並不強，但也能意識到自己的存在。一般認爲，1歲之前的自我意識發展分爲三個階段，0～4個月爲第一階段，會對媽媽的鏡像微笑、點頭、發出叫聲，而對自己的鏡像則沒有太多意識；5～6個月爲第二階段，會把自己的鏡像當做另一個同伴對待，有時伸手到鏡子後面去鏡中找人；7～12個月爲第三階段，當看見鏡像中自己的動作時，會跟著模仿這些動作。

對於這個月齡的寶寶，照鏡子是初步建立寶寶自我意識的很好的辦法。爸爸媽媽可以讓寶寶站在鏡子面前，指著寶寶的鼻子、眼睛、嘴等部位，告訴寶寶他們的名稱和作用，同時告訴指著鏡子中的寶寶，告訴寶寶這個是你自己。還可以讓寶寶看看鏡子裡的爸爸媽媽，告訴寶寶哪個是爸爸媽媽，哪個是你自己。儘管這時候寶寶還很難意識到這些，但這會使其對自我建立起一個初步概念，並且照鏡子會讓寶寶很興奮，又是笑又是說，甚至會到鏡子面前，企圖把鏡子裡的人抓出來。這些行爲和動作，會爲今後寶寶自我意識的形成和多種能力的發展奠定下堅實的基礎。

除了照鏡子，和寶寶一起看照片，告訴他相片中的「他」就是「你」，讓他知道照片上的「他」就是「我」自己，向陽光下自己的影子跳過去、讓寶寶站在鏡子面前穿衣打扮、讓手擺出各種造型投影在牆上等，也都是促進嬰幼兒自我意識發展的好辦法。

要發展寶寶的自我意識，爸爸媽媽首先就要摒除那種「小孩什麼都不懂」的想法，在平時與寶寶玩耍的時候，要有意識地讓寶寶知道他在空間的位置，比如讓寶寶指出自己和父母之間的位置關係，引導寶寶認識自身與外部世界的關係，促進嬰兒自我意識的萌芽。

◆潛能的開發

1. 扔東西

準備一些重量、質感不同的玩具，例如積木、羽毛、紙片、耐摔的小玩具、小塑膠碗等，讓寶寶把玩，在寶寶的床下或他經常出入的地方放一個大籃子，逗引他把手中的玩具往籃子裡扔。扔完後，媽媽將物品集中籃內，再一一取出並介紹物品的名稱和用途。一開始寶寶可能扔的不准，媽媽要抓著他的手教他對準。這項活動可訓練寶寶的注意力、模仿力和掌握空間方向的能力，也能讓他累積對事物特徵的經驗，例如積木會重重落地，羽毛會在空中飄再緩緩落地等。

2. 跳躍運動

雖然這個時期的寶寶不會跳的動作，但這項運動可以讓他體驗跳的感覺。大人坐在椅子上，雙手抱著寶寶，將寶寶的雙腿放在自己大腿上，然後將腳跟有節奏地抬起、放下，從而使寶寶感受到跳躍的感覺。促進寶寶腿部的肌力、肌耐力、彈跳力的發展。另外，在活動的同時還可以念一些有節奏的兒歌，以提高寶寶的活動興趣。

3. 抓東西

抓東西、拿東西的動作可促進寶寶手部的小肌肉運動，發展手部的精細動作和手眼的協調能力。可以讓寶寶在地上或床上坐著，然後家長滾一個球給他，讓他去抓這個球；或是讓寶寶抓小塊的積木、糖果等便於抓取的東西。如果寶寶能很好的抓住東西，家長可以進一步鍛鍊寶寶手部的配合能力，可以先遞給寶寶一塊積木，然後再遞給寶寶另外一塊積木，看寶寶的反應。寶寶通常會做出三種不同反應，一是扔掉當前手裡的積木，二是用另外空著的手接過積木，三是先把手裡的積木挪到另外空著的手裡，再用這隻手接過積木。這三種不同的反應，可以折射出寶寶的思維發展階段：如果寶寶懂得用另外空著的手接過積木或是先把手裡的積木挪到另一隻手再接過積木，就說明寶寶已經懂得了兩隻手可以分開以及配合使用。但如果寶寶只會將當前手裡的積木扔掉後再接新的積木的話，就說明寶寶還沒有這個意識，這時候就需要家長的啓發，讓寶寶知道，他還有另外一隻手可以使用。

◆早期智力的開發

7個月寶寶智力開發的重點是首先要滿足寶寶旺盛的好奇心，滿足寶寶對親人依戀的心理需求，然後再從訓練其手眼協調能力、對語言的理解能力、鼓勵模仿行爲、學習指認生活中常見物品、認識自己身體各部位等入手，從身心各方面促進其全面發展。

1. 點頭yes搖頭no

教會寶寶點頭表示「是」，搖頭表示「不是」，讓寶寶懂得點頭和搖頭的含義，初步讓寶寶明白不同動作所代表的而不同語言，進而起到開發智力的作用。

訓練的時候，可以由媽媽先指著爸爸問寶寶：「他是媽媽嗎？」然後爸爸一邊搖搖頭，一邊說：「不」。接下來媽媽可以繼續問：「他是爸爸嗎？」爸爸點一邊點頭，一邊說：「是」。注意不要

說的很複雜，例如「是的，我是爸爸」，因爲這時的寶寶對單字更容易理解一些，簡單的語言和動作會使寶寶更明白、學得更快

2. 連續翻滾

學會連續翻滾是寶寶學會爬之前唯一能移動位置的方法，是很重要的學習項目之一，能夠訓練前庭和小腦的平衡。

在做這項運動的時候要確保有足夠的活動場地，可以在地板上或在大床上進行，活動之前要將所有的障礙物移開。運動的時候，家長可以手拿玩具做引導，先將玩具放置一側使寶寶側翻；接著讓他從側翻變成俯臥；再從俯臥變成仰臥；最後學會連續打滾。爲了拿到遠方的玩具，寶寶就會做出連續翻滾向遠方移動的動作。如果寶寶還不太會移動的話，家長可以從旁用手輕推他的肩部和臀部，讓他順利翻身。

3. 撿東西

讓寶寶用手撿蠶豆般的小東西，藉以訓練寶寶拇指與食指的對捏拾取細小的物品能力，這一精細動作有利於促進大腦功能發展與手、眼的協調。家長可以準備一些蠶豆或其他細小的物品，讓寶寶把東西撿到一個小盤子裡，並從旁進行指導和鼓勵，而且要做好看護，避免寶寶將東西直接放到嘴裡，造成危險。

很多父母熱衷於讓寶寶玩大量的益智玩具，安排寶寶進行各種「開發智力」的活動，希望藉此提高寶寶的語言、認知等能力。但如果學習壓力過重會使寶寶的大腦不堪重負，從而使寶寶長大後易對事物缺乏興趣和好奇心，競爭力弱，不善爲人處世。所以，對寶寶的智力開發要適度，適可而止爲最好。

家庭環境的支持

◆室外活動

6～7個月大的寶寶開始認生了，這是自我意識發展的正常反應，也是寶寶正常的依戀情結。此時，爸爸媽媽應借助室外活動，擴大寶寶的交往範圍。可以帶著寶寶到社區廣場、花園綠地等場所，讓寶寶看看周圍新鮮有趣的景象，特別要注意讓寶寶體驗與人交往的愉悅，逐漸地降低與陌生人交往的不安全感和害怕心理。

決定寶寶室外活動的時間和次數應考慮到室外的空氣品質。空氣品質指數是用來表示空氣品質的好壞，而對流層中的臭氧含量也是被監測的物質之一。當空氣污染程度高到對人體有害時，應當儘量避免讓寶寶在室外活動。一般來說，在下午接近晚上的那段時間，臭氧含量通常較高，室外活動應該避免這段時間。如果發現寶寶在某段時間內，在室外活動時總出現咳嗽、呼吸困難、總是大聲喘氣等現象的話，就要注意調整活動地點和活動內容。如果寶寶有哮喘的話，更要時刻小心，最好是出門的時候就把藥物放在身邊以防萬一，同時還要聽從醫生的建議做適當的調整。

◆讓孩子多爬少坐

6個月以後的寶寶，基本上會坐了，而且能坐得比較穩當。但不宜讓寶寶久坐，因爲此時寶寶的骨骼仍然比較柔軟，骨組織中水分和有機物含量較多，而無機鹽成分較少，因而當壓迫受力時易變曲變形，加上此時的肌肉比較薄弱，骨骼無法得到肌肉的有效支援，就容易使身體的形態發生各種改變，而導致脊柱變形、脫肛等。

在這個月，如果用會動的玩具吸引寶寶的話，他會表現出明顯的想要爬行的欲望，所以這個月不妨多多讓寶寶練習爬行。爬行時需要全身各部位參與活動，透過爬行既可鍛鍊肌力、平衡能力、手眼腳的協調能力，爲站立和行走打下基礎，又可擴大寶寶的探索空間，促進感知覺和認知能力的發展。

在練習爬行的時候，家長可以在地上鋪好一塊毯子，讓寶寶俯臥在上面，用上臂支撐上身。然後在離寶寶不遠處放一個他喜歡的玩具，用雙手交替輕推寶寶的雙腳底，鼓勵寶寶練習爬行並搆到玩具。最好是爸爸媽媽一起來進行訓練，由爸爸在寶寶身後給予助力，媽媽在寶寶前方拿著玩具逗引。剛開始的距離不宜過長，可以維持寶寶在經過努力之後順利搆到，以樹立起寶寶的自信心，提高對爬行的興趣，然後再隨著寶寶能力的發展，逐漸加長玩具的距離。

有些寶寶在這個月仍然坐不穩，後背還需倚靠著東西，有時會往前傾，這些也是正常的。有的寶寶發育較晚，要到7～8個月的時候才能坐得很穩，所以看到寶寶此時坐不穩的話，家長也不必太著急，更不要就此認爲是寶寶發育落後，可以再耐心等待一段時間，同時加強日常的動作訓練。但是如果這個月的寶寶還一點兒也不會坐，甚至倚靠著東西也不能坐，給他扶到坐位的時候他的頭主動向前傾，下巴住抵住前胸部，甚至會傾倒到腿部的話，就需要到醫院進行相關檢查了，因爲這多半是一種病態表現。

需要注意的問題

◆可能發生的事故

這個月齡的寶寶大都能夠翻身了，從床上墜落的危險也越來越多。嬰兒頭重腳輕，所以從床上摔下來的話往往是頭先著地，多半都是傷到頭部。嬰兒摔倒頭部可大可小，但也並不是說，一旦摔倒之後就需要立即到醫院做頭顱CT等一系列頭部檢查，因爲有的時候，可能情況並沒有那麼嚴重。一般來說，如果寶寶在從床上摔下來後立即哇哇大哭，並且哭聲響亮，哭了大概十分鐘左右就能停止，臉色和精神都無異常，能正常的吃奶、玩耍、喝水等，而且氣力十足的話，就沒什麼問題，在家持續觀察就可以了。但是如果寶寶在摔倒之後，不哭不鬧，臉色發白，變得有些沉悶呆滯，精神欠佳，安靜嗜睡，也不愛吃東西，把寶寶抱起來後感覺有些發軟的話，就應該立即到醫院檢查治療。如果寶寶在摔倒以後，出現發燒、嘔吐等情況，也需要入院檢查。

經常會有寶寶把頭撞了個「大包」的情況，如果表皮沒有可見傷、寶寶也沒有任何異常表現的話，就不需要到醫院處理，可以在腫塊處適當冷敷，不能熱敷，更不能用手揉寶寶頭部的腫塊，否則會加快腫塊部位微血管的破裂，讓腫塊充血更嚴重，甚至造成內出血。

除了摔傷之外，由於這個月寶寶的各項能力都在增強，因此還會出現燙傷、刮傷、窒息等危險，家長要特別注意照顧，不要把任何可能對寶寶造成危險的物品放在寶寶身邊，或是他可能搆到的地方。給寶寶的玩具也要認真檢查，因爲這時候的寶寶對待玩具開始變得「粗暴」了，玩具稍有一點損壞，如果不扔掉的話，就可能會劃破寶寶的臉和嘴或掉下來的部分也有被吞食的危險。因此，當寶寶在玩玩具的時候，旁邊最好是有大人看著，如果讓他獨自一個人玩的時候就要給些柔軟的玩具，如軟布球等。

◆感冒

防止受涼是預防感冒的關鍵。很多寶寶感冒不是因爲穿的少，而是因爲穿得太多了，很多家長都記得要給寶寶穿衣服，但卻忘了給寶寶脫衣服，而這往往是感冒的誘因。嬰幼兒的新陳代謝特別旺盛，加上一直在活動，所以穿得過多的話勢必容易出汗。出汗的時候全身毛孔張開，一旦遇到冷風的話就會受涼，導致感冒。相反，如果給寶寶適當少穿一點，讓他感覺稍微有點冷，這樣全身的毛孔就都是收縮、緊閉的，運動後也不容易出汗。由於毛孔都處在緊閉狀態，冷風很難入侵體內，對身體的傷害不是太大，寶寶通常會打幾個噴嚏、流清水鼻涕，這時只要及時給寶寶喝些溫開水，避免直接吹風，症狀很快就能得到緩解。

全面提高身體的素質，也是預防感冒的重要方法。這首先就要求寶寶要有全面均衡的膳食，維持各種營養的攝取。建議給寶寶的食譜最好是雞、鴨、魚、蝦、豬、牛、羊都要有，魚、蝦每週不超過2次，即做到營養均衡。再配上各個季節上市的蔬菜、水果，不要吃反季節的蔬菜、水果，這樣寶寶的營養就全面了。

其次是寶寶要有充足的睡眠和適量的運動。充足的睡眠不但可以增強體質、預防感冒，也是提高生活品質的根本，而適量的運動可以有效增進肺活量，從而增強身體的抵抗力，有效抵抗外界感冒病菌的侵襲。

◆發燒

發燒不是一種疾病，它就像是身體的一個警鐘，提醒你身體內部出現異常情況。同時，發燒也是我們身體對付致病微生物的一種防禦措施，從某種程度來講，適當的發燒有利於增強人體的抵抗力，有利於病原體的清除。所以當寶寶發燒時，只要寶寶精神還不錯，體溫不超過39.5℃的話，爸爸媽媽就可在家自行處理。嬰兒發燒有個特點，如果手腳冰冷、臉色蒼白，就表示體溫還會上升；如果寶寶手腳暖和了、出汗了的話，就表示體溫可以控制了，並且還能很快降溫。

如果寶寶發燒時手腳冷、舌苔白、臉色蒼白、小便顏色清淡的話，大多數是由感冒引起的，可以給寶寶喝些生薑紅糖水驅寒，還可以在在水裡再加兩三段一寸長的蔥白，更有利寶寶發汗。

如果寶寶發燒咽喉腫痛，舌苔黃，小便黃而氣味重，就表示內熱較重，不能喝生薑紅糖水，應該喝大量溫開水，也可在水中加少量的鹽。只有大量喝水，多解小便，身體裡的熱才會隨著尿液排出，寶寶的體溫才能下降。

寶寶發燒後，通常都會出現食慾不佳的現象，這時候應該以流質、營養豐富、清淡、易消化的飲食爲主，如奶類、藕粉、少油的菜湯等。等體溫下降，食慾好轉，可改爲半流質，如肉末菜粥、麵條、軟飯配一些易消化的菜肴。當寶寶發燒時，許多家長覺得應該補充營養，就給寶寶吃大量富含蛋白質的雞蛋，實際上這不但不能降低體溫，反而使體內熱量增加，促使寶寶的體溫升高，不利於患兒早日康復。發燒的時候一定要多喝溫開水，增加體內組織的水分，這對體溫具有穩定作用，可避免體溫再度快速升高。

不能盲目給寶寶吃退燒藥，要先弄清楚發燒的原因，否則往往會適得其反。例如，由細菌或病毒引起的發燒，用藥完全不同。如果是細菌感染，只要用對抗生素，治療效果就會很好；如果是病毒感染的話，目前還沒有特效藥，通常發熱到一定時間就會自行下降。總之，雖然藥物可以有效改善病情，讓寶寶舒服點兒；但也很可能帶來一些副作用。所以藥物退熱治療應該只用於高燒的寶寶，並且服用的方法和劑量一定要按醫生的囑咐去做。

根據統計，不論是什麼原因引起的發燒，體溫很少超過41℃，如果超過這個溫度，罹患細菌性腦膜炎或敗血症的可能性比較高，應特別警覺。

◆便祕

滿6個月的寶寶能吃各種代乳食品，如果發生便祕的話，可以用食物進行調節。多給寶寶一些粗纖維食物，如玉米、豆類、油菜、韭菜、芹菜、薺菜、花生、核桃、桃、柿、棗、橄欖等，可以促進腸蠕動，緩解便祕。此外，粗纖維食物還可以增加糞便量，改變腸道菌叢，稀釋糞便中的致癌物質，並減少致癌物質與腸黏膜的接觸，有預防大腸癌的作用。還可以將菠菜、高麗菜、薺菜等切碎，放入米粥內同煮，做成各種美味的菜粥給寶寶吃，蔬菜中所含的大量纖維素等食物殘渣可以有效促進腸蠕動，以達到通便的目的。此外，副食品中含有的大量的B群維生素等，可促進腸子肌肉張力的恢復，對通便很有幫助。

人工餵養的寶寶便祕，可以在副食品裡添加番茄汁、橘子汁、菜汁等，促進腸道增強蠕動。多喝白開水，尤其在過多攝取高蛋白、高熱量食物後，更要及時喝水及吃果蔬。少吃減少蛋糕、餅乾、奶糖等精緻食物和巧克力、馬鈴薯、乾酪等易引起便祕的食物。

寶寶從3～4個月起就可以訓練定時排便。因進食後腸蠕動加快，常會出現便意，故一般宜選擇在進食後讓寶寶排便，建立起大便的條件反射，就能起到事半功倍的效果。還要讓寶寶積極進行戶外運動，如跑、爬、跳、騎小車、踢球等，以此增強腹肌的力量，並且可促進腸道蠕動。對於膽小的寶寶，儘量在家裡排便，不要輕易改變排便環境。當寶寶出現類似情況時要及早做心理疏導。

需要注意的是，如果寶寶便祕多日之後，又出現腹脹、腹痛、嘔吐並伴有發燒症狀，應及時去就醫，以防腸阻塞的發生。

◆睡覺踢被子

常有爸爸媽媽半夜醒來，發現寶寶把被子踢開「光」著睡，於是嚇出一身冷汗。其實，寶寶踢被子有很多種原因，只要找對原因，對症下藥，就能解決這個問題。常見的原因有：

1. 睡覺不舒服。如果睡覺的時候被子蓋的太多，或是穿的太厚，就會使寶寶感覺悶熱不適，必然會踢被子。要讓寶寶舒舒服服的睡覺，就要注意不要給寶寶穿太多的衣服，被子也不要太厚，臥室的環境要保持安靜，光線要昏暗，還要注意不能讓寶寶在睡前吃得太飽。

2. 大腦過於興奮。寶寶正處於發育過程中，神經系統還發育不全，如果睡前神經受到干擾，易產生泛化現象，從而讓腦皮質的個別區域還保持著興奮狀態。如果寶寶在睡覺的時候神經還處在興奮當中，肢體就會出現多動，從而把蓋在身上的被子踢翻。這種情況的寶寶多數是因為在臨睡之前過於興奮，只要爸爸媽媽在寶寶臨睡前不要逗他、陪他瘋玩，白天也不要讓他玩得太瘋太累，這個問題就會自動消失。

3. 不好的睡眠習慣。例如習慣睡覺的時候把頭蒙在被子裡，或把手放在胸前睡覺，就會由於憋氣窒息而出現踢被子的現象。如發現有這種不好的睡姿就應及時調整，糾正這些不良習慣。

4. 疾病所致。如果寶寶患有佝僂病、蟯蟲病、發燒、幼兒肺炎、出麻疹等，都會影響睡眠。只要疾病治癒，睡眠的問題也會不治自癒。

5. 感覺統合失調。寶寶踢被子有可能是因為感覺統合失調，大腦對睡眠和被子的感覺不對所造成的，這樣的寶寶大多伴有多動、壞脾氣、適應性差和生活無規律等特點。對於這樣的寶寶，要透過一些有效的心智運動來「告訴」寶寶的大腦，讓它發出正確的睡眠指揮訊號。例如，可以在每晚睡覺前，先指導寶寶進行爬地推球15～20分鐘，然後讓寶寶進行兩腳交替、單腳跳、雙腳直向跳、雙腳橫向跳等多種行走方式的交替訓練，時間在20分鐘以上，也可以借助專門的腳步訓練器進行。只要持續引導寶寶做，就能有意想不到的效果。

◆鵝口瘡

鵝口瘡是嬰幼兒口腔的一種常見疾病，是由白色念珠球菌引起的，多發生在口腔不清潔營養不良的嬰兒中。患兒口腔黏膜可見白色斑點，以頰部黏膜最爲多見，但齒齦、舌面、上齶都可受累，重者可蔓延到懸雍垂、扁桃體等，口腔黏膜較乾、多有流涎。鵝口瘡好發於頰舌、軟齶及口唇部的黏膜，白色的斑塊不易用棉棒或濕紗布擦掉，周圍無炎症反應，擦去斑膜後可見下方不出血的紅色創面斑膜面積大小不等。

新生兒鵝口瘡的原因：出生時經由產道傳染，母乳餵養時媽媽乳頭不清潔以及牛奶餵養時奶瓶奶嘴消毒不徹底都會引發此症。另外，寶寶在6～7個月時開始長牙，此時牙床可能有輕度脹痛感，寶寶便總是愛咬手指、咬玩具，這樣就易把細菌、黴菌帶入口腔，引起感染。與患有鵝口瘡的患兒接觸也可能會出現交叉感染。長期服用抗生素或不適當應用激素治療，造成體內菌群失調，黴菌乘虛而入並大量繁殖，也會引起鵝口瘡。

鵝口瘡除了藥物治療外同時要保持餐具和食物的清潔，奶瓶、乳頭、碗湯匙等專人專用，使用後煮沸消毒。母乳餵養的母親的乳頭也應同時塗藥，並做好清潔工作。不能用粗布強行揩擦嬰兒口內的白膜，以免加重感染。

◆嬰兒玫瑰疹

嬰兒玫瑰疹常見於6～12個月的健康嬰兒，是由人類皰疹病毒六型引起的，屬於呼吸道急性發熱發疹性疾病，通常由呼吸道帶出的唾沫而傳播。

玫瑰疹有8～15天的潛伏期，平均爲10天左右，發病前的嬰兒沒有明顯的異樣表現，發病急。當發病時，表現爲沒有任何症狀的情況下的突然高熱，體溫可達40℃～41℃，並持續3～5天，但多數寶寶精神狀態良好，只是食慾稍差，少數會出現高熱驚厥、咳嗽、咽部輕度充血、枕部和頸部淋巴結腫脹、耳痛等症狀。此間若服用退熱劑後，體溫可短暫降至正常，然後又會再次回升直到3～5天後高熱褪去，體溫正常，此時患兒全身皮膚會出現直徑約2～5毫米的玫瑰紅色斑丘疹，用手按壓皮疹會褪色，放手後顏色又恢復到玫瑰紅色。皮疹多分佈在頭部和軀幹部，很少出現融合，發疹後24小時內皮疹出齊，可持續4天左右後自然隱退，皮膚上不留任何痕跡。玫瑰疹是典型的病毒感染，而且預後良好，健康的嬰兒很少出現併發症，但免疫功能低下者子可能併發肝炎或肺炎等合併症。

從皮疹的形態上看，幼兒急疹酷似風疹、痲疹或猩紅熱；但其中最大的不同就是：玫瑰疹爲高熱後出疹，而其他三種疾病則是高熱時出疹，家長應注意區分。再有，因爲腦膜炎的初期症狀與玫瑰疹很相似，所以如果到醫院檢查時，醫生會對患兒做進一步檢查，以排除細菌引起的腦膜炎。

幼兒患了玫瑰疹一般不用特殊治療，只要加強護理和給予適當的對症治療，幾天後就會自己痊癒。家長要讓他多臥床休息，儘量少去戶外活動，注意隔離，避免交叉感染；發熱時寶寶的飲水量會明顯減少，造成出汗和排尿減少，所以要給寶寶多喝水，以補充體內的水分；給予流質或半流質的容易消化的食物，適當補充維生素B和維生素C等。如果體溫較高，寶寶出現哭鬧不止、煩躁等情況的話，可以給予物理降溫或適當應用少量的退熱藥物，將體溫控制於38.5℃以下，以免發生驚厥。另外，還要注意保持寶寶皮膚的清潔，經常給寶寶擦去身上的汗漬，以避免著涼和繼發性感染。所以出疹期間，也可以像平時那樣給寶寶洗澡，但不要給寶寶穿過多衣服，維持皮膚能得到良好的通風。

由於人體對此病毒感染後會出現免疫力，所以很少出現再次感染，因此病毒的傳播源不僅是已患病的寶寶，更爲常見的是父母及家人中的健康帶病毒者。

玫瑰疹幾乎會侵襲所有的嬰幼兒，常常成爲孩子出生以來的第一次發燒，而且還是高燒。對於玫瑰疹，家長不用過於擔憂。因爲這種病雖然要經歷高熱和發疹過程，但過程簡單，併發症極少，而且預後不留任何痕跡。整個疾病過程除了控制體溫不要持久超過38.5℃以預防高熱驚厥的出現外，不需要特別的藥物治療，通常寶寶會在3天後高熱消失，6天後皮疹引退。經此一役，孩子的免疫力會得到進一步增強。

◆尿便異常

正常情況下，寶寶的尿色大多呈現出無色、透明或淺黃色，存放片刻後底層稍有沉澱；飲水多、出汗少的寶寶尿量多而色淺，飲水少、出汗多的寶寶則尿量少而色深；通常早晨第一次排出的尿，顏色要較白天深。正常的尿液沒有氣味，擱置一段時間後由於尿中的尿素會分解出氨，所以會有一些氨氣味。不正常的尿液表現有：

1. 尿色發黃。新生兒尿色發黃，多數是新生兒黃疸所致；稍大的寶寶尿色發黃，可能是上火的表現。如果寶寶的尿色深黃且伴有發燒、乏力、食慾明顯減退、噁心、嘔吐等不適，並在腹部肝區的部位有觸痛，則可能是患了黃疸性肝炎。

2. 尿色發紅。新生兒頭幾天時，尿色較深稍混濁，放置一段時間後尿中可出現紅褐色沉澱，多爲尿酸鹽結晶；而稍大的寶寶如果尿色發紅則通常是血尿，有可能是泌尿道方面的疾病，如各種腎炎、尿路感染、尿路結石、尿路損傷、尿道畸形、腎血管病及腎腫瘤等，也可能是全身疾病，如出血性疾病及維生素C、維生素K缺乏，還可能由於服藥或鄰近器官疾病導致。

3. 尿色呈乳白色。乳白色尿液同時還帶有腥臭，可能是膿尿，常見於尿路感染，先天性尿路畸形等。

此外，尿頻、尿少也可能是某些疾病的訊號。當寶寶尿多時，要仔細觀察是否存在引起多尿的外在因素，如果有，只要避免就可使多尿的症狀緩解。如果寶寶尿少，要注意是否有發燒、腹瀉及多汗等現象，如果有的話就要即時補充適量水分，但如果同時伴有浮腫的話，則應嚴格限制水和鹽的攝入。

寶寶的正常大便爲黃色或棕色，軟條狀或糊狀，軟硬度與寶寶飲食和排便次數有關，如餵含葉的蔬菜可排綠色大便，吃動物肝血或服鐵劑後大便則呈黑色等。另外在添加副食品後會有一定的臭味，但不及成人。異常的大便形狀有：

1. 蛋花湯樣大便。呈黃色，水分多而糞質少，是病毒性腸炎和致病性大腸桿菌性腸炎的訊號。

2. 果醬樣大便。多見於腸套疊患者。

3. 赤豆湯樣大便。多爲壞死性腸炎。

4. 海水樣大便。腥臭且黏液較多，有片狀假膜，常爲金黃色葡萄球菌性腸炎。

5. 豆腐渣樣便。常見於長期服用抗生素和腎上腺皮質激素的嬰兒，爲繼發性真菌感染。

6. 白陶土樣大便。大便呈灰白色，像白陶土一樣，是膽汁不能流入腸道所致，是膽道阻塞的訊號。

7. 膿血便。大便有鼻涕樣黏液和血混合，多見於細菌性痢疾。

◆斜視

在斜視的患兒中，既有不論什麼時候都能一眼就看出斜視的嬰兒，也有間或性斜視的嬰兒。這樣的斜視多半是外斜視，是睡著的嬰兒睜眼時受到陽光照射所造成的。斜視不僅影響人的外觀，年齡稍大後會給寶寶造成心理壓力，而且還容易形成視力障礙，比如弱視，以及影響到全身骨骼的發育，如先天性麻痺斜視的代償頭位，使頸部肌肉攣縮和脊柱發生病理性彎曲，及臉部發育不對稱等，其嚴重性往往大於外觀上的斜視本身。滿6個月的寶寶如有斜視，就應該去看眼科治療。

斜視的治療可採用中醫針灸、按摩的療法和西醫的手術治療。手術治療後最重要的是避免全身感染，特別要注意眼睛的衛生，維持充足的休息睡眠和營養攝入的均衡，而且在術後還需要進行矯正視力的訓練，同時做好定期複檢。

◆不要用嚼過的食物餵寶寶

以往有的人們怕只有幾顆剛剛萌出小牙的寶寶嚼東西嚼不好，所以會把吃的東西嚼爛之後再拿來餵寶寶，認爲這樣有利於寶寶的消化和吸收，現在可能有些老人家還會這樣做，但實際上，這既不衛生，也不利於寶寶的正常發育。

成人的口腔內很可能會含有一些致病菌，這些致病菌對抵抗力較強的大人來說沒有什麼危害性，但一旦過渡給免疫系統尚不十分健全、臟腑嬌嫩、腸胃功能弱、抵抗力較差的寶寶，就會引發胃腸和消化系統的疾病，因此危害十足。

再有，咀嚼有利於唾液腺分泌，提高消化酶的活性；可促進臉部骨骼、肌肉的發育，利於今後的語言發育；有助於牙齒的萌出。替寶寶咀嚼等於剝奪了寶寶練習咀嚼的機會，不利於寶寶自身消化功能的建立，延遲了咀嚼能力的形成，長此以往還會使寶寶攝取營養不足進而造成營養不良，也可能會導致寶寶構音不清甚至語言發育遲緩等。

所以，傳統的這種餵養方式不但不能幫助寶寶消化，反而會不利於其消化系統的發育，還容易把疾病直接傳給寶寶，如果以前有這種習慣的話，就要及時糾正過來。

◆「吃手」需要注意

6個月以前寶寶吮吸手指是生長發育的正常現象，多半到了6個月的時候都會逐漸消失。但如果這個時候寶寶依然還總是「吃手」，或是突然出現「吃手」現象的話，就要引起家長的注意了。當然，對於這個月齡寶寶「吃手」的問題，不能一味強硬的禁止干預，應該從餵養環境和寶寶生長發育的階段特點上找出原因，再有針對性的實施對策。

一般來說，人工餵養的寶寶比母乳餵養的寶寶更愛吮吸手指，這可能是因爲母乳餵養的寶寶有更長的吸吮時間，並且是按需哺乳；而人工餵養的寶寶吸吮時間則相對稍短，並且是按時哺乳。要想讓寶寶改掉「吃」手指的壞習慣，最好的辦法是讓他雙手忙碌，充分發揮他的創造性，讓他有事可做。這樣就能在不知不覺中，讓他淡忘這個習慣，改掉這個毛病。當發現寶寶「吃手」時，家長可以運用注意力轉移法，在他「吃手」的時候把玩具遞到他的手裡，或是拉著他的小手揮動著玩一會，讓寶寶忘記「吃手」。千萬不能大聲訓斥或打寶寶的手，也不能用任何強制性和懲罰性的措施，也不建議以吮吸奶嘴來代替「吃手」，否則會影響寶寶牙齒的發育，有可能會使寶寶形成「地包天」或「天包地」，或是乳牙不整齊，對以後牙槽骨的發育和恒牙的發育也會造成一定的影響。

乳牙萌出會使寶寶出現短時間的吮吸手指或啃手指的現象，如果這種現象只是偶爾出現的話，家長不需要過度擔心和過度干預，可以多給寶寶一些磨牙棒之類有助於鍛鍊咀嚼和促進乳牙萌出的食物，幫助寶寶告別「吃手」的習慣。

◆不出牙是正常的

有些家長看到寶寶長出兩顆乳牙了，就認為過不了幾天上面的兩顆乳牙也會冒出來。一旦它們遲遲不出現，家長就不免開始著急，以為寶寶是有了什麼問題。但實際上，出兩顆牙以後往往有一段間歇期，間歇期的長短是因個人狀況有一些差異的，有的寶寶可能過了不到半個月上面就出牙了，也有的寶寶要等一兩個月之後才能見到上面的兩顆牙齒，這些都是正常的，因此家長不用太著急。

再有，有些寶寶在這個時候還未出牙。當爸爸媽媽看到別的同齡的寶寶都已經出牙了，而自己的寶寶卻仍未出牙，自然也會著急，甚至有的還懷疑是不是寶寶的智力有問題，這都是沒有必要的。

一般來講，發育較早的寶寶可能5個多月就會出牙，而大多數寶寶到了6個月才開始出牙，出牙時先出的就是下面的兩顆小切牙，然後再出上切牙，然後是兩旁的側切牙、尖牙。但實際上，影響寶寶出牙的因素有很多，有一些是在胚胎期就已經決定了的，和遺傳有關；也有些是受成長的環境因素所決定的，所以對於寶寶出牙的早晚，家長應抱著順其自然的態度。換句話說，在這個時候寶寶如果出了兩顆牙後遲遲不見動靜，或是還未出牙，都是正常現象。

而且，出牙的早晚與智力無關。牙齒萌出的早晚受遺傳和環境等因素的影響，每個嬰幼兒之間多少會有些差異，但並不是說牙出得早寶寶就聰明，出得晚寶寶就遲鈍。只要寶寶是健康的，牙出的時間早晚與寶寶的智力沒有任何關係。

家長們需要做的，就是維持寶寶鈣質的攝入，避免寶寶缺鈣，雖然某些全身性疾病如佝僂病、甲狀腺功能低下等疾病是會影響寶寶的出牙時間，但就目前而言，下次定論未免過早。家長可以再耐心等待一段時間，如果寶寶過了幾個月之後仍未出牙，就需要去醫院查明出牙晚的原因。如發現的確是某些疾病所致，就要在治療全身疾病的基礎上促進乳牙的萌出。

◆流口水也是正常

6個月以後，大部分的寶寶都開始萌出乳牙，原來不怎麼流口水的寶寶，這個月開始口水慢慢變多，而原本愛流口水的寶寶在這個時候則更愛流口水了。因此，要多為寶寶準備幾個柔軟、略厚、吸水性較強的小圍兜，以便及時更換。

雖然大多數寶寶流口水都是正常的，但如果不加以護理，則容易引發寶寶皮膚感染，也不衛生。所以，當寶寶口水流得較多時，要特別注意護理好寶寶口腔周圍的皮膚，每天至少用清水清洗兩遍，然後塗上一些嬰兒護膚乳液，讓寶寶的臉部、頸部保持乾爽，避免染上濕疹和紅丘疹。絕對不能用較粗糙的手帕或毛巾在寶寶的嘴邊抹來抹去，否則會傷害到寶寶的皮膚。平時可以給寶寶一些磨牙餅乾，以緩解萌牙時牙齦的不適感和流口水的現象，同時還能刺激乳牙儘快萌出。如果寶寶的皮膚已經出疹子或糜爛，最好去醫院診治。在皮膚發炎期間，更應該保持皮膚的整潔、清爽，並依症狀治療。如果局部需要塗抹抗生素或止癢的藥膏，擦藥的時間最好在寶寶睡前或趁寶寶睡覺時，以免寶寶不慎吃入口中，影響健康。

但是，如果寶寶一直流口水，並伴有煩躁、啼哭等現象，就有可能是病理性流口水，家長應提高警覺。例如，流口水時流出的是黃色或淡紅色黏液並有臭味的話，就有可能是口腔類的疾病如口腔黏膜受損、發炎、破潰；如果寶寶平常總是顯得全身軟弱無力，喝水或喝奶時吮吸力較差，容易嗆咳，並且口水似乎是持續而不間斷地流，運動發育也比其他寶寶慢。就應想到先天性腦部疾病或遲發性腦部傷害的可能，例如腦性麻痹、智能不足或新生兒窒息等等，需要到醫院做相關檢查。

◆四季的注意問題

1. 春季

6個月以後的寶寶最好每天能進行2～3個小時的戶外運動，不過這個時候由於從母體中獲得的抗體慢慢消失，而自身抗體還尚未形成，很難抵抗外界的細菌病毒，所以此時應特別注意保護好寶寶，尤其是人工餵養的寶寶，因爲他們缺乏初乳中的抗體特別是IgA抗體的攝入，所以要比母乳餵養的寶寶更容易得到呼吸道感染疾病。因此，春季裡室內要經常通風，保持空氣的流通；外出時最好能比在室內多加一件衣服，並且遠離人多的地方和罹患感冒的人群。

這個季節寶寶還特別容易染上幼兒急疹、皰疹性咽峽炎、無名病毒疹等疾病，因此寶寶6個月左右遇到春季的話，要特別注意防病。

2. 夏季

寶寶在炎熱的夏季裡食慾會有所減退，因此在這個時候如果寶寶吃的沒有以前多的話，就不要強迫寶寶吃，以防造成積食。另外，冰箱不是消毒櫃，最好不要給寶寶吃放在冰箱裡過夜的食物。

無論是開空調時還是點蚊香時，都要勤換室內的空氣，並且要讓寶寶遠離空調出風口，點燃的蚊香也要放在寶寶碰不到的地方。

夏天的氣溫熱，大人和寶寶的身體溫度都高，所以還是少抱寶寶爲好。讓他自己坐在床上或者嬰兒車裡玩，更有利於他的散熱。當寶寶出汗時，應先給寶寶擦完汗後再給他洗澡。

如果寶寶因暑熱而發燒的話，正確的做法是多給寶寶餵開水，然後洗個溫水澡待在涼爽無風的地方，以利於散熱；不能把寶寶裹起來，更不能給寶寶加衣服。

即使天氣再熱，也不建議這時候讓寶寶吃冷飲，這是因爲過冷的食物會刺激寶寶胃部血管，使之收縮造成胃黏膜缺血，胃分泌功能受到抑制，消化酶減少，影響寶寶的胃部消化機能。可以每天給寶寶喝50～100毫升的常溫優酪乳，以活躍胃腸機能，促進消化。

3. 秋季

到了秋天，由於氣溫轉涼導致氣管分泌物增多，容易積痰的寶寶胸部總會呼嚕呼嚕作響，早晚常常咳嗽，尤其是易長濕疹的寶寶。這實際上並不是感冒的症狀，也不是氣管炎和肺炎，爸爸媽媽儘管照常帶著寶寶多到戶外走走，呼吸一下新鮮空氣，進行耐寒訓練。

另外隨著天氣轉涼，寶寶的食慾也開始起變化了，這個時候要特別注意寶寶每天的飲食量，添加副食品時也不能一次添加多種，避免寶寶消化不了造成積食。

4. 冬季

半歲左右的寶寶特別容易感冒，這是因爲他們正處於抵抗力最差的年齡階段，因此應特別注意預防感冒和其他呼吸道疾病。除了維持室內適宜的溫度（18～22℃）和濕度（40%～50%），在室內不要給寶寶穿的太多之外，家人也要注意預防感冒。這個月的寶寶被家人傳染是很常見的，所以一旦家裡有人感冒的話，應儘量與寶寶隔離，在和寶寶接觸的時候要洗淨雙手戴上口罩，以防手上的病毒和飛濺的唾沫感染寶寶，另外還要注意做好室內的通風消毒工作。

第210～239天

◆ Baby Diary: Year 0.5 ◆

（7～8個月）的嬰兒

發育情況

這個月的寶寶不論體重、身高還是頭圍，增長速度都變得比較緩慢，大多能長出2～4顆乳牙。

滿7個月的男寶寶體重爲7.8～10.3公斤，女寶寶體重爲7.2～9.1公斤，這個月的增長量爲0.22～0.37公斤；男寶寶此時的身高爲64.1～74.8公分，女寶寶爲62.2～72.9公分，本月可增1.0～1.5公分；男寶寶的本月頭圍平均值45公分，女寶寶平均爲43.8公分，在這個月平均增長0.6～0.7公分。囟門還是沒有很大變化，和上一個月看起來差不多。

具備的本領

此時的寶寶已經達到新的發育里程碑——爬。剛開始的時候寶寶爬有三個階段，有的孩子向後倒著爬，有的孩子原地打轉還有的是匍匐向前，這都是爬的一個過程。等寶寶的四肢協調的非常好以後，他就可以立起來手膝爬了，頭頸抬起，胸腹部離開床面，在床上爬來爬去了。

這個月的寶寶已經可以在沒有任何支撐的情況下坐起來，並且坐得很穩，還能持續幾分鐘，一邊坐一邊玩，同時還會左右自若地轉動上身不會傾倒。儘管他這時還仍然不時向前傾，但幾乎能用手臂支撐住，並且隨著軀幹肌肉逐漸加強，最終他將學會如何從翻身到俯臥位，並重新回到直立位。

寶寶的動作協調能力在這個月依然明顯進步著，他基本上已經可以很精確地用拇指和食指、中指捏東西，會對任何小物品使用這種捏持技能；手眼已能協調並聯合行動，無論看到什麼都喜歡伸手去拿，能將小物體放在大盒子裡去，再倒出來，並反覆地放進倒出；他的手變得更加靈活，會使勁用手拍打桌子，並對拍擊發出的響聲感到新奇有趣；能伸開手指，主動地放下或扔掉手中的物體，而不是被動地鬆手，即使大人幫他撿起他又扔掉；能同時玩弄兩個物體，如把小盒子放進大盒子，用小棒敲擊鈴鐺，兩手對敲玩具等；會捏響玩具，也會把玩具給指定的人；懂得展開雙手要大人抱，用手指抓東西吃；

會將東西從一隻手換到另一隻手，不論什麼東西在手中，都要搖一搖，或猛敲。另外，此時寶寶的各種動作開始有意向性，會用一隻手去拿東西。

這一階段寶寶的語言發展處在重複連續音節階段。他的發聲明顯增多，並且開始從早期的發出咯咯聲，或尖叫聲向可識別的音節轉變，可以笨拙地發出「媽媽」或「拜拜」等聲音；對成人語言的理解能力也有所增強，能「聽懂」成人的一些話，並能作出相應的反應；開始慢慢地懂得用語意認識物體，可以區別成人的不同的語氣，也能夠較為聽懂他所熟悉的話語，如「寶寶乖」之類。你感到非常高興時，他會覺得自己所說的具有某些意義，不久他就會利用「媽媽」的聲音召喚你或者吸引你的注意。但是這時，他每天說「媽媽」僅僅是為了實踐說詞彙，他還不明白這些詞的含意，還不能和自己的爸爸、媽媽真正聯繫起來。

這個月齡的寶寶對看到的東西有了直觀思維和認識能力，如看到奶瓶就會與吃奶聯繫起來，看到媽媽端著飯碗過來，就知道媽媽要餵他吃飯了；如果故意把一件物品用另外一種物品擋起來，寶寶能夠初步理解那種東西仍然還在，只是被擋住了；開始有興趣有選擇地看東西，會記住某種他感興趣的東西，如果看不到了，可能會用眼睛到處尋找。

在寶寶總是不斷擺弄物體的過程中，他對事物的感知能力也得到了進一步的提高，如懂得了大小、長短、輕重的感念；他對周圍的一切充滿好奇，但注意力難以持續，很容易從一個活動轉入另一個活動；會對鏡子中的自己出現拍打、親吻和微笑的舉動；會移動身體拿自己感興趣的玩具；懂得大人的臉部表情，大人誇獎時會微笑，訓斥時會表現出委屈；開始能理解別人的感情；喜歡讓大人抱，當大人站在他面前伸開雙手招呼他時，他會發出微笑並伸手表示要抱。

養育要點

◆營養需求

這個月寶寶每日所需熱量與上個月一樣，仍然是每天每公斤體重95～100千卡，蛋白質攝入量爲每天每公斤體重1.5～3克，脂肪攝入量比上個月略有減少，每天攝入量應占總熱量的40%左右。

從這個月起，寶寶對鐵的需求量開始增加。6個月之前足月健康的寶寶每天的補鐵量爲0.3毫克，而從這個月開始應增加爲每天10毫克左右。魚肝油的需要量沒有什麼變化，維生素A的日需求量仍然是1300國際單位，維生素D的日需要量爲400國際單位，其他維生素和礦物質的需求量也沒有太大的變化。

這個月寶寶的餵養，要增加含鐵食物的攝入量，同時適當減少脂肪的攝入量，減少的部分可以以碳水化合物來做補充。

◆母乳餵養

如果母乳充足的話，這時候可以繼續給寶寶吃母乳，但也要添加副食品，主要是爲了補鐵。母乳中此時的含鐵量是不夠供給寶寶生長發育所需的，如果只依靠單純母乳餵養的話，寶寶很可能會出現缺鐵性貧血。

這個月的寶寶在剛開始接觸泥糊狀食物時，很可能因爲不適應而將食物吐出或含在口中不吞嚥，這是正常現象，可以在每次給寶寶授乳之前，先餵1～2口糊狀食物，然後再餵奶，這樣寶寶會比較容易接受；還可以用母乳調成泥糊狀食品，以利於寶寶接受食物的味道。如果寶寶在吃糊狀食物時哭鬧拒絕厲害的話，可以先減少副食品的餵養，用母乳餵1～2周之後再試試看。

如果寶寶不愛吃副食品，就把母乳斷掉強迫寶寶吃副食品，這種做法對寶寶是很不好的。畢竟這個時候，母乳仍然是寶寶最好的食物。只要母乳充足的話，就儘量不要輕易斷掉，讓寶寶再多吃一個月。

◆牛奶的餵法

牛奶餵養的寶寶添加副食品的過程通常要順利得多，如果寶寶可以一次喝150～180毫升的牛奶，就可以在早、中、晚各給寶寶喝一次奶，然後在上午和下午加兩次副食品、點心和果汁。如果寶寶一次只能吃80～100毫升的牛奶，每天要吃5～6次的話，可以在早上起床的時候喝一次牛奶，上午九十點的時候加一次副食品，中午餵牛奶，下午臨睡午覺前餵副食品，睡醒後餵牛奶，然後整個下午穿插著吃些水果、點心，傍晚和晚上睡覺前再各餵一次牛奶。

餵奶的時間並不是一成不變的，要根據寶寶吃奶和副食品的情況作適當調整。但注意兩次餵奶和餵副食品的間隔都不要短於4個小時，奶與副食品之間不要短於2個小時，點心、水果與奶和副食品的間隔不要短於1個小時，每天要先餵奶和副食品，再餵水果點心，這樣才有利於寶寶的消化。

如果寶寶從添加副食品之後就不愛喝牛奶了，那就不必強求每天牛奶餵養量達到500毫升。可以讓寶寶少喝些奶，注意跟上肉類和蛋類的副食品，這樣寶寶也不會因爲牛奶喝得少而缺乏營養。

寶寶在這個月開始出牙，這時可以將奶嘴洞的洞眼開大一些，使寶寶不用費勁就可吸吮到奶水，而且又不會感到過分地疼痛。但應注意不能把奶嘴的洞眼開得過大，以免嗆著寶寶。如果寶寶因爲吸吮奶嘴而倍感疼痛不適的話，可以改用湯匙餵奶，以緩解寶寶的不適。

◆副食品的給法

從寶寶滿7個月開始，就可以開始大量增加泥狀食物了。在增加副食品次數的同時，還要增加副食品的菜色，以維持各種營養的平衡。爲此，每餐最起碼要從以下四類食品中選擇一種：

1. 主食：採用穀物類，如麵包粥、米粥、麵、薯類、通心粉、麥片粥、熱點心以及各種嬰幼兒營養米粉。

2. 蛋白質：雞蛋、雞肉、魚、豆腐、乾酪、豆類等，建議每天食用1～2次，最佳搭配是一次進食動物蛋白，另一次進食植物蛋白。

3. 蔬果類：四季蔬菜包括蘿蔔、胡蘿蔔、南瓜、黃瓜、番茄、茄子、洋蔥、青菜類等；四季水果包括蘋果、蜜柑、梨、桃、柿子等，還可以加些海藻食物，如紫菜、裙帶菜等。這類副食品建議每天食用一次。

4. 供給熱能食物：如植物油、人造乳酪、動物脂肪和糖。在每餐副食品中添加少許即可。

◆挑食

隨著寶寶的逐漸長大，味覺發育越來越成熟，吃的食物花樣越來越多，對食物的偏好就表現得越來越明顯，而且有時會用抗拒的形式表現出來。許多過去不挑食的寶寶現在也開始挑食了。寶寶對不喜歡吃的東西，即使已經餵到嘴裡也會用舌頭頂出來，甚至會把媽媽端到面前的食物推開。

但是，寶寶此時的這種「挑食」並不同於幾歲寶寶的挑食。寶寶在這個月齡不愛吃的東西，可能到了下個月齡時就愛吃了，這也是常有的事。這個月的寶寶最可能不愛吃的東西就是蛋黃。有的寶寶從3～4個月的時候就開始吃蛋黃，而且都是不放鹽的蛋黃，有時候還會放到牛奶裡吃，吃了幾個月很有可能到這時候就有些吃膩了。這時可以先暫停一段時間，改爲肉類和蔬菜，過一段時間之後再給寶寶吃，也許寶寶就能接受了。

爸爸媽媽不必擔心寶寶此時的「挑食」會形成一種壞習慣，不妨多花點兒心思想一下，怎樣才能夠使寶寶喜歡吃這些食物。例如，可以改變一下食物的形式，或選取營養價值差不多的同類食物替代。比如，寶寶不愛吃碎菜或肉末，就可以把它們混在粥內或包成餛飩來餵；寶寶不愛吃蒸蛋，就可以改成煎荷包蛋給寶寶吃等等。

總而言之，不管是寶寶多愛吃的食物，常吃總是會吃膩的，所以爸爸媽媽要儘量變換菜色給寶寶吃，就算寶寶再愛吃一樣東西也不能經常給他吃，否則他很快就會吃膩。如果寶寶在一段時間裡對一種食物表示抗拒的話，爸爸媽媽也不要著急，可以改由另外一種同樣營養含量的食物替代，這樣就不會造成寶寶營養缺乏。千萬不能強迫寶寶，以免因此而產生厭食症。

◆固定的餐位和用具

快滿8個月的寶寶自己已經可以坐著了，因此這時可以給寶寶選用固定的嬰兒專用餐椅，讓寶寶坐在上面吃飯。目的是不讓寶寶隨便挪動地方，而且最好把這個位置固定下來，不要經常更換，給寶寶使用的餐具也要固定下來，這樣，會使寶寶一坐到這個地方就知道要開始吃飯了，有利於幫助寶寶形成良好的進食習慣。

這個月大的寶寶，在媽媽餵飯的時候開始有些「不合作」了。他們往往不再像以前一樣乖乖的「飯來張口」，而是會伸出手來搶媽媽手裡的湯匙，或者索性把小手伸到碗裡抓飯。這種情況下，媽媽不妨在餵飯時也讓寶寶拿上一把湯匙，並允許寶寶把湯匙放入碗中，這樣寶寶就會越吃越高興，慢慢地就學會自己吃飯了。

在剛開始讓寶寶拿湯匙的時候，寶寶很可能會在用湯匙取飯菜時將飯菜灑在桌椅上及衣服上，甚至還會把碗碟打翻打碎，弄得到處都是，很難收拾。但即使如此，也不能剝奪寶寶學習的機會。可以給寶寶準備一套無毒的塑膠碗碟，每次取少量飯菜放在寶寶的碟子裡供他練習，減少灑落。鼓勵寶寶自己進餐，不僅可以強化了寶寶對食物的認知並吸引寶寶對進餐的興趣，而且還能訓練寶寶的手眼協調能力和生活自理能力，培養寶寶的自信心。經過這種訓練的寶寶，一般到了12個月左右的時候，就能自己用湯匙吃飯了。

◆給予磨牙的食物

出牙期的寶寶牙齦會很癢，因此他們總是喜歡咬一些硬的東西來緩解這種不適感，幫助他的小乳牙萌出。目前有很多專爲嬰兒設計的磨牙玩具，如磨牙器、固齒器等，但爸爸媽媽會發現，寶寶在用磨牙玩具磨牙時特別不老實，總是咬一咬就隨手扔到一邊了，等到他再想起來磨牙時，磨牙玩具上已經沾滿了口水和灰塵，一般擦拭很難維持衛生，而次次消毒又太麻煩。

其實，食物是寶寶最好的磨牙工具。可以給他一些餅乾、麵包、烤饅頭片等食物，讓他自己拿著吃。剛開始時，寶寶往往是用唾液把食物泡軟後再吞下去，幾天後就會用牙齦磨碎食物並嘗試咀嚼了，因此也就達到了磨牙的效果。

媽媽可以把新鮮的蘋果、黃瓜、胡蘿蔔或西芹切成手指粗細的小長條給寶寶，這些食物清涼脆甜，還能補充維生素，是磨牙的最佳選擇。磨牙餅乾或其他長條形餅乾既可以滿足寶寶咬的欲望，又能讓他練習自己拿著東西吃，一舉兩得。有些寶寶還會興致高昂地拿著這些東西往媽媽嘴裡塞，以此來「聯絡」一下感情。不過要注意的是，不能選擇口味太重的餅乾，以免破壞寶寶的味覺培養。

不過有一點要做好心理準備，就是當寶寶吃完這些磨牙食品後，通常都會弄個「大花臉」，這時就需要你多花點耐心來收拾這個「殘局」了。

◆哪種便器比較好

目前市場上有許多種不同外形、顏色和功能的嬰幼兒專用便器，爸爸媽媽要如何爲寶寶選擇一款合適的坐便器呢？

給寶寶選擇坐便器，最重要的就是適合寶寶的身體狀況，讓寶寶坐得舒適。選擇坐騎款式的比較安全，前面有擋，可以防止寶寶前傾而摔倒。如果要選擇座位款式的，就要特別注意前面的保護，這種款式比較適合大一點的寶寶。下蹲式的坐便器同樣也是適合大一點的寶寶，對於還不會站立的寶寶，就不適合用這種坐便器。儘量不要使用後背和扶手太多的坐便器，否則冬天衣服穿得比較多的時候就不太方便寶寶坐便。可以選擇一些富有童趣設計的樣式，讓寶寶能安心地坐在上面排便，但整體樣式功能也不能太奇特太像玩具，如可發聲或是更高檔更多功能的坐便器，否則容易分散寶寶排便時的注意力，不會用心排便，或是養成一邊玩一邊排便的壞習慣。

再有，坐便器最好買那種內膽容器可分離的設計，這樣倒便和清潔都比較容易。

◆出牙護理

有些家長可能會認爲，乳牙遲早會被恒牙替換掉，保護恒牙才是最重要的，而乳牙即使長得不好也無大礙。這種想法是錯誤的，乳牙的好壞很多情況下會對日後恒牙的情況起著決定和影響作用，例如，乳牙發生齲齒、發炎腫痛，就會殃及未萌出的恒牙牙胚，導致牙胚發育不良，影響恒牙的生長和美觀。此外，乳牙不好也會影響寶寶日常的飲食和情緒，對他的健康成長尤爲不利。因此，保護好寶寶的乳牙同樣重要。那麼，面對寶寶這些剛剛萌發的乳牙，爸爸媽媽應該如何照顧，才能讓他擁有一口健康的好牙呢？

首先，在寶寶長牙時期，應幫寶寶做好日常的口腔保健，這對日後牙齒的健康也有很大的幫助。因爲由於出牙初期只長前牙，爸爸媽媽可以用指套牙刷輕輕刷刷牙齒表面，也可以用乾淨的紗布巾爲寶寶清潔小乳牙，在每次給寶寶吃完副食品後，可以加餵幾口白開水，以沖洗口中食物的殘渣。等到乳牙長齊後，就應該教寶寶刷牙，並注意宜選擇小頭、軟毛的牙刷，以免傷害牙齦。

其次，由於出牙會令寶寶覺得不舒服，爸爸媽媽可以用手指輕輕按摩一下寶寶紅腫的牙肉，也可以戴上指套或用濕潤的紗布巾幫寶寶按摩牙齦。這樣做除了能幫助寶寶緩解出牙時的不適外，還能促進乳牙的萌出。

再有，除了磨牙食物外，爸爸媽媽還可以多爲寶寶準備一些較冰凍、柔軟的食物，如優格、布丁、起司等，在鍛鍊咀嚼能力的同時還能讓寶寶覺得舒服點。平時多注意爲寶寶補充維生素A、C、D和鈣、鎂、磷、氟等礦物質，多給寶寶吃些魚、肉、雞蛋、蝦皮、骨頭湯、豆製品、水果和蔬菜，這些食物能有利於乳牙的萌出和生長。

最後，在出牙期仍要持續母乳餵養，因爲母乳對寶寶的乳牙生長非常有利，且不會引發齲齒。在平日裡要多帶寶寶到戶外曬曬太陽，以促進鈣的吸收，幫助堅固牙齒。

◆睡眠問題

這個月的寶寶每天大約需要14～16小時的睡眠時間，白天可以只睡2次，上午和下午各一次，每次2小時左右，下午睡的時間比上午稍長一點；夜裡一般能睡10小時左右，傍晚不睡覺的寶寶大概到了晚上八九點就入睡了，一直能睡到隔天早上七八點。如果半夜尿布濕了的話，只要寶寶睡得香，就可以不馬上更換。但如果寶寶有尿布疹或屁股已經紅了，則要隨時更換尿布。如果寶寶大便了，要立即更換尿布。

當寶寶睡覺的時候，爸爸媽媽要時刻關注寶寶的冷暖，特別是冬季和夏季更要注意。如果是冬季，可以給寶寶穿上連身的寬鬆套裝，如果使用睡袋的話，只要給寶寶穿件背心，裹上尿布就可以了。寶寶在裡面非常舒適，晚上也不會有把毯子或被子踢開。如果是夏季，則不用給寶寶蓋什麼東西，只要給寶寶穿件背心就可以了。如果天氣有些涼的話，可以給寶寶蓋一條小涼被。

如果總是擔心寶寶睡覺時過冷或過熱，因不好掌握而總放心不下的話，可以用手摸一摸寶寶的後頸，摸的時候注意手的溫度不要過冷，也不要過熱。如果寶寶的溫度與你手的溫度相近，就表示溫度適宜。如果發現頸部發冷時，就表示寶寶冷了，應給寶寶加被子或衣服。如果感到濕或有汗，表示可能有些過熱，可以根據蓋的情況去掉毯子、被子或衣服。

還有些媽媽喜歡緊緊摟著寶寶睡覺。但這麼一來，被摟著的寶寶便呼吸不到足夠的新鮮空氣，吸入更多的是媽媽呼出的廢氣，對生長發育和健康都很不利，同時還可能傳染到媽媽的疾患。此外，摟著寶寶睡還會使寶寶的自由活動空間受到限制，甚至難以伸展四肢，長期會使血液循環和生長發育都受到負面影響。所以，最好是不要摟著寶寶睡覺，讓他在自己的小床上獨立入睡，這也能夠培養今後獨自入睡的好習慣。

◆嬰兒體操

這個階段體操的主要目的是借助各種運動強化寶寶坐起、站立時所要運動的一切肌肉，使各種肌肉的協調功能運動的韻律變得更好，同時用言語指示寶寶運動，藉以培養理解言語的能力。

1. 雙臂舉起放下的運動

讓寶寶的腳部朝家長的方向仰臥，引導寶寶用雙手握住家長的雙手拇指，然後家長用其餘的手指支撐寶寶的手腕，握住他的手，把寶寶的雙臂拉直，手靠在腰部兩側，使寶寶的雙臂保持伸直，慢慢地從前方朝上放，以肩膀為中心劃圓圈，最後落到頸部兩側的地板上，使寶寶的手臂擦著地板，繞回腰部兩側。可以反覆進行這個動作7～8次。

2. 用背部前進的運動

讓寶寶腳部朝家長的方向仰臥，豎起寶寶的膝蓋，使腳掌貼著地板。從寶寶的腳背上用雙手按住他的腳，使之貼著地板，左、右腳分別在地板上往前、往後滑動數次。接著讓寶寶的膝蓋深深彎曲，家長穩穩地按住他的腿，靜靜地等待，這樣寶寶會突然伸直膝蓋，身體向前方彈出去。可以反覆進行這個運動做2～3次。

3. 爬行運動

讓寶寶俯臥，拉直寶寶的雙腿，把雙臂拉到身體前面。然後將右手食指伸入寶寶的雙腳之間，用拇指和中指從腳掌握住寶寶的雙腳並提起來，彎曲他的膝蓋，使腳跟碰到屁股，再把彎曲的腿拉直，回到地板上。重複幾次之後，在做最後拉直動作時，把手放到寶寶的屁股後，使寶寶的雙腿呈蛙式游泳的形狀，用手固定住。在寶寶的前方放一些玩具，引導寶寶向前，寶寶就會伸直膝蓋，但因為腿被按住了，所以只是身體向前。這時家長再深深彎曲他的腿，這樣寶寶就又有前進的欲望。如此反覆，便可以讓寶寶體會到爬行的樂趣。

能力的培養

◆排便的訓練

到了這個月，很多寶寶已經可以坐在便盆上排便了。這時，爸爸媽媽可在前幾個月訓練的基礎上，根據寶寶大便習慣，訓練寶寶定時坐盆大便。在發現寶寶出現停止遊戲、扭動兩腿、神態不安的便意時，應及時讓他坐便盆，爸爸媽媽可在旁邊扶持。開始坐便盆時，可每次2～3分鐘，以後逐步延長到5～10分鐘。

這個月的寶寶依然是離不開尿布的，如果寶寶的小便比較有規律，爸爸媽媽可以掌握並能準確把尿接在尿盆裡固然很好，但要是每次都試圖讓寶寶把尿尿在尿盆裡，那就會非常疲憊，並且也容易令寶寶不適。

給寶寶的便盆要注意清潔，寶寶每次排便後應馬上把糞便倒掉，並徹底清洗便盆，定時消毒。若寶寶大便不正常，要用開水泡洗便盆，如用1%含氯石灰澄清液浸泡1小時後再使用，或選擇適用的消毒液消毒後再使用。冬天要注意便盆不要太涼，以免刺激寶寶引起大小便抑制。如果寶寶一時不解便，可過一會兒再坐，不要讓寶寶長時間坐在便盆上。更不要在坐便盆時，給寶寶餵飯或讓寶寶玩玩具，不能把便盆當做座椅。如果有這種不良習慣，要及時改進，要讓寶寶從小養成乾淨衛生的好習慣。再有，用過的便盆要放在固定的地方，便盆周圍的環境要清潔衛生，不要把便盆放在黑暗的偏僻處，以免寶寶害怕而拒絕坐便盆。

◆手部協調能力

這個月對寶寶手部協調能力的訓練可以繼續上個月的做法，著重訓練寶寶抓取各種物品的能力，訓練寶寶用拇指和食指捏取小的物品。拇指與食指的捏取動作是寶寶雙手精細動作的開端，能捏起的東西越小、捏的越準確，就表示寶寶手的動作能力越強。當然，剛開始寶寶肯定不會像大人期待中那樣準確無誤地把小東西捏起來，這就需要大人耐心地進行重複練習，只要持續練習，寶寶就能掌握這個動作。

爸爸媽媽可以給寶寶找一些不同大小、不同形狀、不同硬度、不同質地的物體，讓寶寶自己用手去抓。在抓的過程中，還可以給寶寶講講這些東西的名稱、用途、顏色等等，同時發展寶寶的多種感覺，增強寶寶對物體的感受。不過在讓寶寶捏東西的時候，大人一定要小心照顧，以防寶寶把抓起來的東西放進嘴裡。

還可以給寶寶準備一些小塊的磨牙餅乾、小水果塊、蔬菜塊等，讓寶寶自己抓著放到嘴裡吃，當然有可能一開始的時候他還不能把東西準確地放進嘴裡，但過不了多久，他就能熟練的自己抓著東西吃了。

◆早期智力的發育

寶寶此時有了看的針對性和初步記憶，會有興趣、有選擇地看，會記住某種他感興趣的東西，如果看不到了，可能會用眼睛到處尋找。當聽到某種他熟悉的物品名稱時，就會主動用眼睛尋找。這時訓練寶寶把看到的東西和其功能、形狀、顏色、大小等結合起來，進行直觀思維和想像，這是潛能開發的重點。如果爸爸媽媽經常指著燈告訴寶寶：「這是燈，晚上天黑了，會把房子照亮。」慢慢的，媽媽問：「燈在哪裡？」寶寶就會抬起頭看房頂上的燈了。另外，平時還可以給寶寶買些嬰兒畫冊，讓寶寶認識簡單的色彩和圖形，指導寶寶在畫冊上認識人物、動物、日常用品，再和實物進行比較，發展寶寶的記憶和對比能力。

這個月的寶寶手眼協調能力增強，可以將眼睛看到的和自身的身體動作建立聯結反應，而且在清醒的時候經常在玩自己的雙手，兩手在眼前握著，手指亂動狀。爸爸媽媽可以向寶寶做鬼臉，觀察寶寶會不會試著去模仿；或是和寶寶對坐，問寶寶五官位置，讓寶寶指出自己的五官，一開始的時候寶寶可能會指錯，但只要經過一段時間訓練，寶寶就能準確指出五官。

這個月的寶寶還會能夠辨別說話的語氣，喜歡親切、和藹的語氣，聽到訓斥會表現出害怕、哭啼。爸爸媽媽可以利用寶寶的這種辨別能力，培養寶寶認識什麼是應該的，什麼是不應該的。

如果寶寶音樂感很強，那麼在這個階段聽到音樂就會興奮地想跳舞，可能還會因為音樂的節奏不同而改變爬行的姿勢。給寶寶聽些節奏輕快的好聽的音樂，或是多給寶寶念唱一些兒歌，在培養寶寶音樂才能的同時，也能促進寶寶智力的發育。

此時寶寶的思維能力經過前幾個月的積累，也已經有了很大的提高，這時已經會去學著理解「裡」「外」的概念，還會回憶自己做過的行爲，對不同大小、顏色和材質的物品，也有著強烈的興趣，並且能做適當的區分。爸爸媽媽可以把一個寶寶熟悉的玩具先拿給寶寶看玩一會，然後把玩具藏起來，觀察寶寶會不會嘗試去尋找不見的玩具，以及寶寶會不會在你觀察他的時候也在看著你。

這時的寶寶還會區分「1個」、「2個」的概念，數理邏輯能力有了很大的提高。可以給寶寶不同數量的同類物品，不時變換數量，然後問問寶寶東西是不是少了、多了，讓寶寶自己去發現、去感受這種數量的變化，對寶寶的數學邏輯能力發展大有好處。

家庭環境的支持

◆室外活動

這個月寶寶各方面的能力都有了明顯的增強，因此戶外活動就顯得更為重要、意義也更大了。最好能每天戶外活動1～2個小時，可以分開上下午兩次活動或是三次活動，如果一次活動時間過長的話，會使寶寶感到疲累，耽誤進食。

此時的戶外活動除了讓寶寶進行空氣浴、多呼吸新鮮空氣之外，還要發展寶寶的認知能力和交往能力。當帶著寶寶到戶外時，要讓寶寶多看、多聽不同的東西，告訴寶寶他看到、聽到的東西是什麼樣子的，還可以讓寶寶摸摸某些東西，例如花草等，讓寶寶從觸覺上對這些事物形成認知。還可以借此鍛鍊寶寶的記憶和思維能力，例如給寶寶看兩種不同顏色的花，告訴寶寶你現在看到的這朵花是什麼樣子的，剛剛看到的那朵又是什麼樣子。雖然寶寶此時對這些內容的感受還很模糊，但這會為他將來這些能力的進一步發展打下扎實的基礎。

這個月的寶寶會對媽媽有明顯的依戀情緒，很難離開媽媽，並能區分出熟人和陌生人，陌生人很難將他從熟人懷裡抱走。有些寶寶有明顯的「認生」表現，看見陌生人走過來就鑽進媽媽懷裡哇哇大哭。帶著寶寶到戶外，接觸和他一樣的小朋友以及小朋友的爸爸媽媽，鼓勵寶寶多和小朋友接觸交流，可以有效改善寶寶「認生」的現象，還能初步培養寶寶與人交往的能力。

讓寶寶接觸更多的人和物，才能真正做到發展寶寶的能力。如果只是把寶寶悶在家裡教這些「知識」而不讓寶寶親身去感受的話，那麼這種教育是很難收到成效的。

◆引導孩子多多爬行

爬行是寶寶成長發育過程中的一個階段性的進步，對寶寶的發育十分關鍵。這個月的寶寶還不能很好地爬，快到8個月了可能會肚子不離床匍匐爬行，但四肢運動是不協調的。有的寶寶比較早就會爬，有的寶寶很晚了才會爬。但無論早晚，爸爸媽媽都要把爬作爲訓練的重點。不能因爲怕寶寶危險就不讓寶寶爬，應該用各種方式鼓勵寶寶爬行，以促進寶寶的健康成長。

寶寶從滿7個月開始就進入了爬行的敏感期，這時應當每天都應該做爬行訓練。剛開始訓練時，時間不能過長，以免寶寶太累產生抗拒心理。每天應多次練習，每次時間要短。另外，給寶寶選擇爬行的場地要安全，不能太軟，太軟會增加爬行的難度。一般在地板上鋪上地毯，或者鋪上塑膠地墊都可以。

剛剛開始學習爬行的寶寶有個怪現象，就是在爬行的過程中非但不會向前爬，反而還向後倒退。這是因爲寶寶對向前爬行有恐懼心理，所以爸爸媽媽就要幫助寶寶，使其克服害怕向前爬的心理，克服距離障礙。要讓寶寶知道，向前爬並沒有危險。可以試著在寶寶面前放上他喜歡的玩具，鼓勵寶寶向前爬，搆到玩具，並給予鼓勵；或是站在寶寶的前面呼喚他的名字，鼓勵他自己爬過來，當寶寶爬過來後要把寶寶抱起來並給予鼓勵和讚揚。如果寶寶膽小不敢爬的話，爸爸媽媽可以用自己的手掌心抵住寶寶的腳，施以外力，讓寶寶在後面阻力的作用下，向前爬行。

需要注意的問題

◆可能發生的事故

滿7個月的寶寶能夠自己挪動到房間的任何一個角落，常常有家人看到寶寶爬行只是往後退，就認為寶寶不會挪動太遠，繼而發生一些安全事故。到了這個時候，只是把寶寶枕頭旁邊和身邊的東西收拾好是不夠的，任何對寶寶有危險的物品，如熱水瓶、剪刀、電熨斗等都要收拾好或是放到寶寶搆不到的地方。

夏天如果家裡用風扇的話，要把風扇放到高處。如果擺在地上，寶寶很可能會因為好奇便把手從風扇的縫隙裡伸進去而受傷。最好是選擇那種嬰兒用手摸不到扇頁的種網狀多孔型電扇。這個月寶寶手部的動作能力增強了，能自己抓撿很多東西，所以家裡的抽屜、櫃子門一定要關好，並拿走一切易被嬰兒吞食或可能弄傷手指頭的物品。在餵寶寶吃飯時，如果用紗布代替圍兜，一旦家長在餵完飯後沒及時將紗布拿開，那麼寶寶就有可能將它吃進嘴裡造成窒息。

這個月的寶寶喜歡撕紙張，媽媽可以找些不帶字的乾淨白紙讓寶寶撕著玩，這對訓練手指運動有好處，但不要給寶寶畫報或帶字的紙，因為這樣會養成寶寶撕書的習慣，而且寶寶把撕下的紙放到嘴裡，油墨或墨漬會被吃下。如果發現寶寶把紙放進嘴裡，要及時摳出來，以免噎著寶寶。

帶寶寶進行戶外活動的時候更要看好寶寶了。這個月的寶寶力氣十足，他能自己在嬰兒車裡擺動身體，如果家長不注意的話，寶寶很可能會從嬰兒車裡摔出來或是碰翻嬰兒車把上掛著的東西；寶寶對他看到的一切事物都想抓一抓，一旦被他抓到了，那麼緊接著下一步的動作就是把東西放到嘴裡，所以家長一定要注意不能讓寶寶隨意抓外面的東西，一來不衛生，二來也可能會由於誤吞誤食某些東西造成危險。

◆抽搐

引起嬰兒抽搐的原因有很多種，如果抽搐時有發熱、感冒等症狀，就要考慮高熱驚厥、腦炎、腦膜炎等情況；如果抽搐的時候沒有發熱，抽搐的時候會尖叫哭鬧，則需要考慮嬰兒痙攣；如果是反覆頻繁無熱抽搐，還要考慮癲癇的可能。此外，電解質紊亂、玩具中的鉛中毒、腦部的血管畸形、腎臟病引起的高血壓、心臟病引起的腦血管栓塞等也會引起抽搐。再有些抽搐就是遺傳性的了，需要根據遺傳病症加以考慮。

這個月齡的寶寶最常見的是高熱引起的驚厥抽搐，表現爲體溫高達39℃以上不久，或在體溫突然升高之時，發生全身或局部肌群抽搐，雙眼球凝視、斜視、發直或上翻，伴隨意識喪失，停止呼吸1～2分鐘，嚴重者出現口唇青紫，有時伴有大小便失禁。一般高燒過程中發作次數僅一次者爲多。歷時3～5分鐘，長者可至10分鐘。

當發生高熱驚厥時，家長切勿慌張，要保持安靜，不要大聲叫喊；先使患兒平臥，將頭偏向一側，以免分泌物或嘔吐物將患兒口鼻堵住或誤吸入肺部；解開寶寶的領口、褲帶，用溫水擦浴頭頸部、兩側腋下和大腿根部，也可用冷水毛巾較大面積地敷在額頭部降溫，但切忌胸腹部冷濕敷；儘量少搬動患兒，減少不必要的刺激。等寶寶停止抽搐、呼吸通暢後立即送往醫院。如果寶寶抽搐5分鐘以上不能緩解，或短時間內反覆發作，就預示病情較爲嚴重，必須急送醫院。

一般來講，出現高熱驚厥過的寶寶對很多疫苗有不良反應，因此需要在打疫苗前告知醫生，通常出現高熱驚厥後1年內不會進行疫苗注射。

造成抽搐的原因很多，抽搐發作的形式也常不同，但必須都要帶寶寶到醫院檢查，因爲如果耽誤的話很可能將會對寶寶的身心造成極大的傷害。所以一旦寶寶出現抽搐的話，就要密切觀察抽搐情況，如什麼時候會發生抽搐、抽搐時寶寶是什麼樣子、有沒有大小便失禁、有沒有精神意識改變、抽搐持續多長時間停止、是自行停止還是經處理後停止、抽搐後寶寶的精神狀態如何等等。抽搐有可能會遺留某些後遺症，所以最好是在抽搐急性期或者剛剛抽搐結束後立即到醫院做檢查，做到有備無患。

◆腹瀉

7個月以後的寶寶隨著添加副食品的種類的漸漸增多，胃腸功能也得到了有效的訓練，因此這個時候很少會因爲副食品餵養不當引起腹瀉。如果是因爲吃得太多引起腹瀉的話，寶寶既不發燒，又精力十足，能在排出的大便中看到沒能消化的食物殘渣，這時只要適當減少餵養量，就能解決這個問題。

如果是夏天寶寶出現腹瀉、精神不好、食慾不振，並且發燒到

37℃以上的話，可以懷疑是由細菌引起的痢疾，應儘快去看醫生。如果家裡有其他人也患有痢疾的話，就更要抓緊時間治療，以防傳染性菌痢。

如果冬天寶寶出現腹瀉，大多數是由病毒引起的，同時可能還會出現嘔吐的症狀，這種因爲病毒引起的腹瀉只要及時補充水分，就能緩解症狀，不需要爲了止瀉就給寶寶停食或去醫院打針吃藥。

◆便祕

7～8個月的寶寶通常每天有1～2次大便，呈細條狀或是黏稠的稀便，但如果寶寶2～3天甚至4～5天才大便一次，並且大便乾硬，就可能是便祕。

這個月齡寶寶的便祕誘因很多，如挑食、偏食，活動過少，排便不規律或是患有營養不良、佝僂病等致使腸功能紊亂的疾病，對待不同原因造成的便祕，解決的方法也不盡相同。如果寶寶是因爲挑食、偏食造成的便祕，就要在副食品中多添加蔬菜、水果，平時要多給寶寶飲水，還要適當吃些脂肪類的食物；如果是因爲活動過少引起的便祕，就要加強寶寶日常的活動鍛鍊；如果是由於排便不規律造成的便祕，應加強寶寶的排便訓練，讓寶寶每天早上坐在便盆上排便，幫助寶寶養成按時大便的習慣；如果是因爲某些疾病引起的腸胃道功能紊亂進而造成便祕，那麼就要及時治療這些疾病，以改善便祕的症狀。

如果寶寶是經常性便祕，可以每天早晨給寶寶喝一杯白開水以增加腸蠕動，或是適當服用一些含有正常菌叢的藥物以改善便祕。如果寶寶在便祕同時伴有腹脹、嘔吐等症狀的話，就應想到先天性巨結腸症、腸阻塞等可能，應及時就醫診斷。

◆嘴角糜爛

寶寶經常會在口角一側或雙側先出現濕白，有些小皰，漸漸地轉爲糜爛，並有滲血結痂，也就是我們平時所說的「爛嘴角」。「爛嘴角」即爲口角糜爛，染上此症的寶寶常常會因爲疼痛而苦惱，尤其是在吃飯的時候。

之所以會發生口角糜爛，是因爲寶寶體內缺乏維生素B2。人體內缺少了維生素B2，口角就會出現糜爛、破裂。同時常伴有唇炎和舌炎，嘴唇比正常紅，易裂開而出血，舌面光滑而有裂紋。如果在缺乏維生素B2的同時受到了黴菌感染，那麼就容易染上傳染性口角炎。還有些口角糜爛是由口角皰疹引起的，患兒開始口角皮膚有癢感，繼而發紅有灼熱感。可發生多個小水皰，皰破後結痂，待痂皮脫落後自然痊癒。

染上口角糜爛之後，可以口服或注射維生素B2，在患處局部也可以塗抹一些紫藥水，或是用消毒過的淡鹽水棉球輕輕擦淨口角，待乾燥後把維生素B2粉末粘敷在病變區域，每天早、中、晚臨睡前各塗一次。如果寶寶得了口角皰疹的話，可以在醫生指導下吃一點抗病毒的藥。

此外，對於口角糜爛的寶寶，要特別注意做好日常的照顧工作。要經常保持口角和口腔的清潔，避免過硬過熱的食物刺激口角糜爛的地方；多吃容易消化的富含維生素B2的流質或半流質食物；保持食物餐具的清潔衛生；注意不要讓寶寶用舌頭去舔糜爛的口角，這樣會加重糜爛的程度，還會把沾在口角上的病菌帶入口中。

要預防口角糜爛，平時就應注意補充維生素B2，可以多吃些綠色蔬菜、動物內臟、蛋奶類、豆類、新鮮水果等富含維生素B2的食物，做好飲食的營養搭配；還要注意保持寶寶臉部的清潔和溫暖，吃過飯後要擦乾淨臉部和嘴部，特別是嘴角位置。

◆嬰兒哮喘

嬰幼兒時期的哮喘大多數是由於呼吸道病毒感染所造成的，極少見由過敏引起的。隨著寶寶慢慢長大，抵抗力增加，病毒感染減少，哮喘發作就能逐漸停止；但也有一些患兒，特別是有哮喘家族史及濕疹的患兒，就有可能會逐漸出現過敏性哮喘，最後發展爲兒童哮喘。

如果屬於有哮喘家族史及濕疹等的哮喘，就應及早到醫院根據建議治療護理。但這時候大多數的「哮喘」都不是真正意義上的哮喘，而是積痰引起的痰鳴和胸部、喉嚨裡呼嚕呼嚕的聲音。有這些現象的寶寶大多較胖，是屬於體質問題，不需要打針注射治療，只要平時注意護理、加強訓練就可以了。

有的寶寶在氣溫急劇下降的時候特別容易積痰，所以這個時候儘量不要給寶寶洗澡，以免加重喘鳴。如果晚上特別難受的時候，也可以吃些醫生許可的藥物，但不能長期服用，也不能使用噴霧之類的吸入劑，因爲這些吸入劑雖能及時達到作用，但卻有著類似麻醉藥的中毒作用，對心臟也會有影響。

積痰嚴重的寶寶平時應注意飲食，要多餵些白開水，只要室外的空氣品質較好的話，就應帶寶寶多到戶外進行活動，特別是秋冬季節的耐寒訓練，對提高寶寶呼吸道的抵抗力特別有效。痰多的寶寶，家長平時也可以用吸痰器等幫寶寶將痰吸出來，此外還要讓家裡保持無煙的環境，避免寶寶受到更多的刺激。

◆睡眠不好

這個月齡寶寶的睡眠狀況不好大多數是由於沒有建立起良好的睡眠習慣。如果寶寶白天睡得太多，那麼晚上自然就會睡得晚、睡的時間少、睡眠不安穩、容易驚醒，所以在這個時候，幫助寶寶建立起一個好的睡眠習慣很重要。

雖然幫助寶寶重新分配睡眠時間做起來很困難，但只要有耐心，持續做下去，就能慢慢改善過來。重新調整睡眠時間的方法有很多，例如白天儘量讓寶寶少睡，多陪寶寶玩一會，晚上創造一個安靜的睡眠環境，睡覺之前不要和寶寶玩，睡覺的時候要把門窗關好防止室外噪音干擾，將臥室的燈光調暗，窗簾拉上防止清晨陽光過早照射阻礙睡眠等等。只要多嘗試幾種辦法，總能找到一種對自己寶寶很有效的措施。

有些寶寶在睡眠中有「小狀況」是正常的，例如不易入睡，總是翻來覆去；睡覺的時候總是趴著、撅著；有時突然會睜開眼睛，或是哭鬧幾聲；睡覺的時候易出汗，老是踢被子；不愛枕枕頭睡覺；睡覺的時候反芻等等。當寶寶出現這些狀況的時候，最好是不要打擾寶寶，多數情況下寶寶都能繼續入睡，如果這時立即幫寶寶調整改善這些情況的話，反倒會弄醒寶寶，影響到他的睡眠品質。

◆大便乾燥

大便乾燥是指腸子運動緩慢、水分吸收過多，導致大便乾燥堅硬、次數減少、排出困難。嬰兒大便乾燥是很常見的，也很頑固，雖然絕大多數不是因爲疾病引起的，但家長也應及時妥善處理，如果不注意的話，很可能會形成習慣性大便乾燥，導致便祕或其他問題。

大便乾燥可以透過飲食調理，平時要多給寶寶喝水以及鮮榨的葡萄汁、西瓜汁、草莓汁、梨汁等也可以有效緩解大便乾燥的症狀。對於大便乾燥的寶寶，最好是不要給予任何可能引起上火的食物。

對經常性大便乾燥的寶寶，爸爸媽媽可以每天幫助寶寶做下一腹部按摩，按摩時將手充分展開，以肚臍爲中心，捂住寶寶的腹部，從右下向右上、左上、左下方按摩，每次5分鐘，每天1次，注意手掌不要在寶寶皮膚上滑動。按摩之後讓寶寶坐上便盆，或直接把便，但如果寶寶出現掙扎反抗等動作時，就要停止把便。

再有，平時多到戶外進行活動，多讓寶寶運動運動，也是有效緩解大便乾燥的好辦法。

◆咬乳頭

寶寶在出牙的時候牙床腫脹，會有咬東西減痛的需要，因此開始喜歡咬乳頭。這時寶寶的咬勁不小，如果是咬到媽媽乳頭的話，會把媽媽的乳頭咬破，媽媽在餵奶的時候也會特別緊張痛苦，但又不捨得不讓寶寶吃，有些「進退兩難」；而如果是咬奶嘴的話，很可能會把奶嘴上的矽膠咬下來，如果直接吞嚥到食道裡還不會有太大的危險，但若不慎進入氣管的話，很可能會卡住氣管，那樣的話後果將不堪設想。

寶寶咬乳頭並不是在故意搗亂，是因爲他的生理需要所致。寶寶出牙的時候很不舒服，牙床會有腫痛的感覺，媽媽平時可以給寶寶一些磨牙餅乾或用冰過的固齒器，還可以幫寶寶按摩一下腫脹的牙齦。餵奶的時候，要注意寶寶的吃奶狀況，若是已經吃飽，就該讓寶寶離開乳房，並要保持一定的警覺心，若寶寶稍微將嘴巴鬆開，往乳頭方向滑動，就要留意了，要及時改變寶寶的姿勢，避免乳頭被咬。最好不要讓寶寶銜著乳房睡覺，以免寶寶在睡夢中，因牙齦腫脹而引起咬牙的衝動。當然，必要時可以請兒科醫生開些緩解寶寶長牙時牙齒不適的牙齦藥膏塗抹在寶寶的牙床上，以減輕寶寶的不適。

當寶寶第一次咬媽媽的時候，媽媽由於沒有心理準備大多數會反應比較強烈，但此時若大喊大叫或是立即拉出乳頭，就會嚇到寶寶，寶寶受到驚嚇後反而會將乳頭咬得更緊。如果想要立即拉出乳頭的話，很可能會使乳頭傷得更嚴重。所以，在寶寶第一次咬疼媽媽的時候，媽媽一定要保持沉穩，當被咬的時候，正確的做法是將寶寶的頭輕輕地扣向你的乳房，堵住他的鼻子。寶寶就會本能地鬆開嘴，因爲他突然發現自己不能夠一邊咬人一邊呼吸。如此幾次之後，寶寶會明白，咬媽媽會導致自己不舒服，他就會自動停止咬了。當下次餵奶時感覺到寶寶要咬乳頭了，可以平靜地將手指頭插進乳頭和寶寶的牙床之間，撤掉乳頭，並且堅定地對寶寶說：「不可以咬媽媽。」不要以爲寶寶小，什麼都不懂，其實，他會對媽媽的語氣產生反應。

事實上，一個奶吃得正香的嬰兒是不會咬乳頭的。咬的時候，寶寶一定是已經結束了吃奶。因此那些挨過咬的媽媽在餵奶過程中要注意觀察，看到寶寶已經吃夠了奶，吞嚥動作減緩，開始娛樂性吸吮時，就可以試著將乳頭拔出來，防止被寶寶咬。

對於那些生來就咬乳頭的寶寶，如果只是屬於肌肉張力亢進的話，媽媽可以在餵奶前先幫寶寶洗一個溫水澡或者輕輕地按摩寶寶的四肢，用冷熱水交替擦寶寶的臉，並且嚴格控制寶寶銜乳姿勢，用手指頭堅定地按下寶寶的下唇或者下巴，阻止寶寶咬乳頭。在餵奶過程中，要始終把手按在寶寶的下巴上，這樣也會讓寶寶吃奶吃得更舒服。但如果咬乳頭的情況持續6周～8周以上，應該立刻帶寶寶去醫院檢查，看看是否有神經性的先天缺陷。

◆四季的注意問題

1.春季

寶寶從半歲之後特別容易生病，這個月的寶寶也依然如此，因爲此時他身體裡的抵抗力還很弱。此時應做好寶寶的日常清潔、護理工作，不要讓寶寶與患有某些流行性疾病的寶寶和成人接觸，如無嚴重的病症也不要帶寶寶到醫院就醫。因爲很多時候，寶寶都是在醫院看病的時候被傳染上某種疾病的。

出牙的寶寶在五六月春末夏初時，很容易染上鵝口瘡性口腔炎，表現爲咽喉深處的舌頭兩側出現許多小水皰。而寶寶食慾不振，吃飯哭鬧，這是因爲進食會令寶寶感到疼痛。有的寶寶還會出現發熱的症狀。所以當發現寶寶吃飯哭鬧、咽喉深處紅腫的話，就應該想到有這種疾病發生的可能，而不能單純地認爲寶寶是感冒、扁桃腺發炎。

這種病是由柯薩奇病毒A群引起的，不會引起併發症，也沒有特效藥，通常4～5天後就會痊癒，家長不用擔心。如果寶寶吃東西比較困難的話，可以只餵點牛奶，或者給少量的雪糕，可達到鎮痛的作用。

2. 夏季

到了夏天，寶寶的頭上可能會長出許多膿疙瘩，這可能是因爲寶寶把痱子抓破，化膿菌進入體內所致，也有可能是其他寶寶水皰疹所感染的。這種膿疙瘩少則長3～4個，多則會長滿整個腦袋，通常會引起嬰兒發燒到38℃左右。

由於這種疙瘩帶膿，所以一碰就痛，即使寶寶睡著了，也會因爲翻身或手不小心碰到而痛醒哭鬧，影響到寶寶健康和睡眠品質。所以如果寶寶長痱子了，就要注意把寶寶的指甲剪短，勤換枕巾，保持乾淨衛生，這樣就可以有效防止痱子轉成膿疙瘩。如果出現了膿疙瘩，只要及時治療，就不會發展到十分嚴重的地步。

比較胖的寶寶在夏季裡還容易發生皮膚皺褶處糜爛，痱子膏或痱子粉是達不到預防作用的，最有效的預防措施就是勤給寶寶用清水清洗皺褶處的皮膚，保持乾爽。

3. 秋季

初秋季節寶寶依然有長膿疙瘩的危險，所以不能因爲天氣轉涼就忽視了護理，依然要幫寶寶勤洗頭，注意個人和用品衛生。

寶寶在秋天喉嚨裡經常發出呼嚕呼嚕的聲音，儘管這的確有可能是支氣管哮喘的前兆，但也有可能是寶寶的體質問題，家長應注意區分，沒有必要立即慌張到醫院給寶寶吃藥打針。

滲出性體質的寶寶更容易出現這種現象，這樣的寶寶通常較胖，易出汗，出過嬰兒濕疹，平時不愛活動，不愛吃蔬菜水果，愛吃甜食，水裡不加奶就不喝，較容易過敏，大便較稀。對於這樣的寶寶，唯一減輕這種現象的辦法就是多帶寶寶到戶外加強運動，改善體質。

染上哮喘的寶寶通常除了有痰音之外，還會有呼吸困難的症狀，多出現在夜間。此時就應請醫生診斷，並在醫生的指導下服用藥物治療。

4. 冬季

這個月的寶寶開始會爬了，因此更要小心燙傷的發生，應把所有取暖用品都放的離寶寶遠一點，防止他碰到燙傷。

這個月齡的寶寶在冬天也可以進行戶外活動了。天氣冷的時候會就少出去活動一會兒，天氣好的時候就不妨多出去玩一會兒，儘量每天都能到外面透透氣，因爲如果連續幾天不外出的話，再出去時很容易由於受不住寒冷刺激而發生感冒。而且每次寶寶從戶外回到家之後，最好給寶寶揉揉他的小手小腳。

另外在冬天也一樣要幫寶寶洗澡，一周洗2～3次。平時在室內不要給寶寶穿的太多，這個月正是寶寶學爬行的時期，穿得太多自然會妨礙到他的學習，同時還容易使寶寶外感風寒。

Baby Diary: Year 0.5

第240～269天

Baby Diary: Year 0.5

（8～9個月）的嬰兒

發育情況

這個月寶寶的生長規律和上個月差不多，滿8個月時男寶寶體重爲6.9～10.8公斤，身長65.7～76.3公分；女寶寶體重爲6.3～10.1公斤，身長63.7～74.5公分。本月寶寶的體重有望增加0.22～0.37公斤，身高可增加1～1.5公分，頭圍增長0.67公分，並長出了2～4顆小牙齒。

具備的本領

寶寶這個時候已經可以「坐如鐘」了，他能坐的穩穩當當地，並且坐著的時候會轉身，也會自己站起來，站起來之後可以坐下；坐著時會自己趴下或躺下，而不再被動地倒下；開始能自己向前爬，但四肢運動還不協調，有時仍會用肚子匍匐前進；如果扶著床頭的欄杆可以站起，但不會自己向前邁步，快到9個月時，有的寶寶可以離開手扶物獨站幾秒鐘。

寶寶的身體技能發育在這個月表現爲：能用拇指和食指能捏起細小的東西；喜歡用食指摳東西，例如摳桌面、摳牆壁等；會模仿媽媽拍手，但沒有響聲；能把紙撕碎並放在嘴裡吃；如果把寶寶抱到飯桌旁，他會用兩手啪啪地拍桌子，會拿起湯匙送到嘴裡，如果掉下去，會低頭去找；能拉住窗簾或窗簾繩晃來晃去。

這個月的寶寶僅能夠聽懂你常說的詞語，而且已經能用簡單語言以及較爲清晰的發聲來回答你的問題，也開始喜歡用語言來表達自己的意思和感情；會做3～4種表示語言的動作；對不同的聲音有不同的反應，當聽到大人對他說「不」或「不動」的聲音時，懂得暫時停止手中的活動；連續模仿發聲；當聽到熟悉的聲音時，他能跟著哼唱；會說一個字並帶動作，如說「不」時擺手、「這、那」時用手指著東西；雖然這時他還不能說出任何詞彙和單詞，但是已經有了很高的理解能力，已經能夠理解很多詞語的含義了。

聽覺方面，寶寶在這時懂得區分音的高低，例如在和寶寶玩擊木琴時，寶寶有時會專門敲高音，有時又專門敲低音，不久便會知道敲長的木條聲音低，敲短的木條聲音高。隨著學會區分音高，寶寶對音樂的規律也有了進一步的瞭解，透過父母的引導，寶寶可以根據音樂的開始和終止揮動雙手「指揮」。如果播放節奏鮮明的音樂，讓寶寶坐大人腿上，大人從身後握住寶寶前臂，帶領寶寶跟著音樂的強弱變化手臂幅度大小進行「指揮」的話，經過多次訓練後，寶寶就能不在大人帶領下，跟著音樂有節奏地「打拍子」。

視覺方面，寶寶學會了有選擇地看他喜歡看的東西，如在路上奔跑的汽車，玩耍中的兒童，小動物，也能看到比較小的物體了。他會非常喜歡看會動的物體或運動著的物體，比如時鐘的秒針、鐘擺，滾動的扶梯，旋轉的小擺設，飛翔的蝴蝶，移動的昆蟲等等，也喜歡看迅速變幻的電視廣告畫面。

隨著視覺的發展，寶寶還學會了記憶，並能充分反映出來。他不但能認識爸爸媽媽的長相，還能認識爸爸媽媽的身體和穿的衣服。如果家長拿著不同顏色的玩具多告訴他幾次每件玩具的顏色，然後將不同顏色的玩具分別放在不同的地方，問他其中一個顏色，那麼他就能把頭轉向那個顏色的玩具。

此時的寶寶對性別有了初步認識。如果總是爸爸抱著寶寶玩，寶寶就喜歡讓和爸爸年齡差不多的男人抱；媽媽抱得多的寶寶，就會比較喜歡讓和媽媽年齡差不多的女人抱。

這個月寶寶的認知和數理邏輯能力迅速提高，他特別需要新的刺激，總是表現出一副「喜新厭舊」的樣子，當遇到感興趣的玩具，他總是試圖拆開，還會將玩具扔到地板上；而對於那些體積比較大的物品，他知道單憑一隻手是拿不動的，需要用兩隻手去拿，並能準確地找到存放喜歡的食物或玩具的地方；在玩玩具的時候，他已經學著去觀察不同物品的構造，會把玩具翻來翻去看它的不同面。

寶寶在擺弄物體的過程中，也發展了他的想像能力，他能夠初步認識到一些物體之間最簡單的聯繫，如敲打物品可以發出聲音等。另外，這時候的寶寶偶爾會有點「小脾氣」，例如他會故意把玩具扔在地上，讓你揀起，然後再扔，他覺得這樣很好玩。

認知方面，本月齡的寶寶已學會了認識自己的五官，能夠認識圖片上的物體，並能有意識的模仿一些動作。此外，他還知道了害羞，能懂得大人在談論自己，對自我的認知進一步加強。

這時的寶寶對媽媽仍然很依戀，但對穿衣服的興趣在增強，喜歡自己脫襪子和帽子；與大人的交流會變得容易、主動、融洽一些，懂得透過動作和語言相配合的方式與人交往，如給他穿褲子時，他會主動把腿伸直；聽到他人的表揚和讚美會重複動作；如果別的寶寶哭了，那麼他也會跟著哭。

養育要點

◆營養需求

這個月寶寶的營養需求與上個月沒有什麼差別，副食品量和奶量也沒什麼變化。食量較大的寶寶在這個月會開始發胖，還比較容易積食；而食量小的寶寶這個月則可能會被判為營養缺乏。個別寶寶可能因爲缺乏鐵元素的攝取導致輕微貧血，缺鈣的可能性不大。這個月仍要注意防止魚肝油和鈣補充過量，否則會致使維生素A或維生素D中毒症，以及軟組織鈣化。

◆斷奶

滿8個月的寶寶可以自由地向自己想去的地方挪動了，有時會主動趴到媽媽懷裡要求吃奶。如果媽媽奶水還比較充足，能夠滿足寶寶的日常所需，那麼寶寶基本就不怎麼喝牛奶和副食品。但是，寶寶到了8個月還以母乳爲主的話，就會因母乳中含鐵量不足而導致營養失調或貧血。所以，用母乳餵養的寶寶一滿8個月，即使母乳充足，也應該逐漸實行半斷奶，一天餵3～4次即可。因爲母乳中的營養成分已不能滿足寶寶生長發育的需要，所以這個時候必須要給寶寶添加副食品，而這個時候的寶寶也都愛吃副食品了。

雖然這個月沒有必要完全斷奶，但也應該爲斷奶提前做好準備。寶寶在這個月愛吸吮媽媽的乳房，更多的是對媽媽的依戀，而不是爲了進食。媽媽的乳汁如果不是很多，可以在半夜醒來的時候，以及早上起床和晚上臨睡覺前餵母乳，其他時間吃牛乳和副食品。沒有奶水的時候不能讓寶寶吸著乳頭玩，這會爲以後斷奶帶來困難。

◆偏食

偏食是指由於某種原因，寶寶挑剔食物種類，只吃自己喜歡的幾種，如愛吃肉，不吃蔬菜和瓜果；喜吃甜食、冷飲和零食，不吃主副食品；也有的只吃主食、鹹菜，不吃魚肉副食等等。長此下去，勢必會導致某些營養素的缺乏，直接影響寶寶的正常生長發育和消化功能的減退。

除了吃飯的時候挑挑揀揀，吃得慢、吃得少以及吃飯不定時也是偏食的表現。一般而言，越是味覺敏感的寶寶，越容易挑食，長此以往就會養成偏食的習慣。造成偏食的主要原因是家長缺乏正確的指導，這個月齡寶寶的偏食還很好糾正，只要爸爸媽媽多花點心思，把一種食品換著作法地做給寶寶吃，例如把菜切成泥後放在粥裡餵粥給寶寶吃，或把食物做成寶寶喜歡的形狀，如小動物形狀、菱形、三角形，或改變食物的顏色，使食物變得好看等，都會提高寶寶對吃飯的興趣。再有，家長不要在寶寶面前表現出對某種食物的喜惡，否則也會影響到寶寶的行爲。對待偏食的寶寶，不能強迫他吃某種他不愛吃的食物，更不能懲罰寶寶，否則會引起寶寶更強烈的抗拒情緒甚至是厭食。

家長要知道，這麼大的寶寶有一個特點，就是有可能現在不愛吃的東西，過一個月就愛吃了；或是以前很愛吃的東西，現在怎麼給都不吃了。這就要求家長多給寶寶一些選擇，增加食物種類的多樣性，這樣當寶寶拒吃一種食物的時候，還可以用另外一種營養價值相當的食物來代替，寶寶一般都不會營養不良或是某種營養缺乏。再有，即使寶寶再愛吃的東西，也不能一次讓他吃個沒完，否則很可能過不了多久，寶寶就吃膩了，變得不愛吃這種東西了。最後，給寶寶做副食品一定要多花點心思和時間，給寶寶多換些花樣，讓寶寶在吃飯的時候永遠有發現新食物的驚喜和快樂，這樣寶寶就能高高興興地吃飯了。

◆牛奶餵養

牛奶餵養的寶寶這個月每天牛奶攝入量仍以500毫升爲基準，最多不要超過800毫升。這個月寶寶喝牛奶的目的主要是爲了獲取足夠的蛋白質和鈣質，如果寶寶食量較小或是不愛喝奶的話，可以隨著寶寶的胃口給予他能吃下的份量，不足的部分用肉蛋類副食品來彌補所需的蛋白質。需要注意的是，如果寶寶長時間不喝奶的話，很可能以後會變得對奶味比較反感。

對於半夜總是醒來哭鬧的寶寶，如果餵些牛奶可以讓他安靜下來的話，就可以給他餵牛奶。以往認爲半夜給寶寶餵奶會把寶寶寵壞的想法是不對的，餵奶之後的寶寶多半都能滿足地繼續睡去，而不餵奶的寶寶很可能會哭鬧不止，最後形成習慣性的夜啼，那樣的話家長更難糾正，而且對寶寶的成長發育也更爲不利。

◆本月副食品的基本要點

這個月齡寶寶的副食品安排為每天2餐，第一餐可安排在早上11點左右，第二餐安排在晚上6點左右，中間穿插加兩次點心水果。副食品的量要根據寶寶的狀況而定，一般情況下每次為100克左右。

雖然這一月齡寶寶的消化能力已經有了一定的基礎，但副食品添加仍要遵循從少量到多量，每次加一種，逐漸增加的原則。待寶寶適應且沒有不良反應後，再增加另外一種，值得注意的是，寶寶只有處於饑餓狀態下，才更易接受新食物，所以寶寶的新食物應在餵奶之前餵食，還要讓寶寶逐漸認識各種味道，兩餐內的副食品內容最好不一樣，某些肉與菜的混合食物也可開始嘗試添加。

寶寶的食物中依然不宜加鹽或糖及其他調味料，因為鹽吃多了會使寶寶體內鈉離子濃度增高，此時寶寶的腎臟功能尚不成熟，不能排除過多的鈉，使腎臟負擔加重；另一方面鈉離子濃度高時，會造成血液中鉀的濃度降低，而持續低鉀會導致心臟功能受損，所以這個時期的寶寶儘量避免使用任何調味料。

此外，這個月副食品除了考慮營養因素外，還有一個重點，就是要注意食物要有一定的硬度，比如烤麵包片、魚片、蝦球等用手抓著吃，可以提高營養量和幫助長牙、學習吃飯。咀嚼是一個必須學習的技巧，如果寶寶沒有機會學習如何咀嚼，日後他們可能只會吃質感精緻的食物，難以接受其他食物。隨著有硬度食物的添加，可以適量減少過於稀軟或缺少動物性食物的副食品。

餵食副食品時，可將食物盛裝於碗或杯內，以湯匙餵食寶寶，讓寶寶逐漸適應成人的飲食方式及禮儀，如將牛奶和副食品混合製作時，儘量以湯匙餵食寶寶，避免以奶瓶餵食。

◆副食品的變化

這個月的寶寶有些已經進入了咀嚼期，有些則還沒有。判斷寶寶是否進入拒絕期的標準是：一餐中主食、蛋白質、蔬菜結合起來能吃10湯匙左右，則進入咀嚼期。這時如果寶寶很能吃的話，就可以增加咀嚼期食物的硬度，來訓練寶寶的咀嚼能力。

咀嚼期是嬰兒用舌頭弄碎粒狀或有形的食物，同時有意識地去咬的時期，這時如果經常給他糊狀的食物，那麼就很難訓練他咬的能力。給寶寶吃的食物的硬度可以以豆腐爲標準，大人可以用手指弄碎來試，能輕易用手指弄碎開的程度最爲適宜。當然，也有的寶寶喜愛硬的食物，但不能很快增加食物的硬度，要讓寶寶有意識地學會用舌頭弄碎食物，再有牙齒咬和咀嚼，這是很重要的。

雖然寶寶進入了咀嚼期，但也不能立即讓他吃硬的食物。對於難以吃下硬食物的寶寶，可以在像吞嚥期那種硬度的糊狀食物食譜中加入一些粒狀的食物，讓寶寶逐漸習慣咀嚼。在此期間，比起糊狀食品，有些寶寶更喜歡吃有形狀的、容易弄碎的食物，那麼就可以在煮熟的南瓜、滑溜的馬鈴薯泥中加入碎蔬菜或剔下的魚肉等給寶寶吃。

這個月的寶寶吃副食品也有些會「囫圇吞棗」，即當食物餵進寶寶嘴裡後，他不咀嚼就直接吞下去。出現這種情況一般有兩種可能，一是過去一直給寶寶餵很軟的食物，當突然被餵進較硬的食物時，寶寶的舌頭無法破碎食物，只好囫圇吞下。二是寶寶一直被餵很軟的食物，已經習慣了不必咀嚼的吃東西，所以就沒有咀嚼的意識。這時可以將食物煮熟後改變硬度，試著餵寶寶，看他能否咀嚼著吃，也可以在吃的時候由家長先示範，讓寶寶看著大人怎麼咀嚼，鼓勵寶寶去模仿。

寶寶到了8個月以後，可以把蘋果、梨、水蜜桃等水果切成薄片，讓寶寶自己拿著吃；香蕉、橘子、葡萄可以整個讓寶寶拿著吃，但吃葡萄等顆粒狀的水果時，家長要在一旁看著，以防寶寶整個吞下卡住喉嚨。讓寶寶自己吃水果，既能訓練寶寶咬和咀嚼的能力，還能發展寶寶手部的活動能力。

再有，由於此時寶寶的活動量更大，所以很難讓他坐在床上餵食了，寶寶常會吃到一半就開始玩。這時不妨將寶寶帶到自己的小飯桌上，用他自己專用的餐具，這樣會更好餵一些。

◆宜吃的副食品類型

1. 能讓寶寶用手抓取的食物：任何容易讓寶寶用手握住的食物，如馬鈴薯泥、全麥麵包、麵食以及小塊的雞、魚片、切片的水煮蛋等。香蕉和煮熟的胡蘿蔔也非常容易握取，纖維少的新鮮蔬菜、水果可先去籽去皮，切成片狀、棒狀或容易握住的形狀。注意蔬菜不要切得太碎，儘量多讓寶寶嘗試不同香味、形狀、顏色的食物，以刺激寶寶的食慾。

2. 丁塊狀的食物：這類食物口感粗糙，最適合這一階段寶寶的需要，可幫寶寶訓練咀嚼能力，對寶寶有益。但要確定這些丁塊食物是否安全，即使寶寶不小心吞食了整塊，也仍然能夠消化，是寶寶安全的選擇。

3. 富含維生素的食物：維生素A、維生素D、維生素C是構成牙釉質、促進牙齒鈣化、增強牙齒骨質密度的重要物質；而蛋白質、鈣、磷則是牙齒的基礎材料。因此，在出牙期間，乳類、排骨湯、菜汁、果汁都是不可缺少的輔助食物。

◆不宜吃的副食品類型

1. 所有加糖或加人工甘味的食品。經過加工的糖類不含任何維生素、礦物質或蛋白質等營養物質，但卻足以令寶寶發胖，並且影響食慾，所以應注意避免。玉米糖漿、葡萄糖、蔗糖也屬於糖，經常使用於加工食物中，要避免標示中有此添加物。

2. 太冷的食物。太冷的食物會刺激寶寶的腸胃，對寶寶的牙齒生長發育也無益，所以應少給寶寶吃。即使是在炎熱的夏天，也不宜讓寶寶吃生冷的水果、霜淇淋等。

3. 有刺激性的飲料。如酒、咖啡、濃茶、可樂等，以免影響寶寶神經系統的正常發育。

4. 糯米製品。如湯圓、粽子等，這些食物很難被寶寶的腸胃消化，容易引起寶寶消化不良。

5. 太甜、太鹹、油膩和辛辣食物。如肥肉、果凍、巧克力等，同樣會使寶寶消化不良。

6. 某些貝類和魚類。如烏賊、章魚、鮑魚以及用調味料煮的魚貝類小菜、乾魷魚等。

◆副食品的注意點

1. 分量不要太多

寶寶的食量較小，餵食副食品的分量不需要太多，以免寶寶積食消化不良。

2. 粥飯分開

有的家長為了圖省事，就把副食品和粥和在一起給寶寶吃，但這樣是不利於寶寶吸收和消化的，也不利於寶寶對不同食物的味覺體驗。應該把粥和別的食物分開，粥就是粥，飯就是飯，這樣可以讓寶寶嘗到不同食物的味道，享受進食的樂趣。

3. 一次餵食一種新的食物

給寶寶添加副食品的一個最重要的原則就是一次只添加一種，而且有時需加點湯或開水拌成泥狀，少量的給予，避免寶寶腸胃無法接受而帶來不適感。

4、觀察寶寶的反應

當餵食一種新的食物時，應連續餵食幾天，並注意寶寶的身體反應，確定寶寶一切正常，沒有腹瀉、嘔吐、出疹子等症狀，就可以繼續添加下去。

5. 避免過敏

有些寶寶天生對某些食物具有遺傳性過敏，如果家人對某種食物過敏的話，那麼寶寶也可能會對其過敏。對於易過敏的寶寶，一般此時最容易引起過敏的就是蛋白質和牛奶，其他比較容易引發過敏的食物有：小麥、玉米、豬肉、魚（包括貝殼類）、番茄、洋蔥、包心菜、草莓、核桃、香料、柑橘類和巧克力。

6. 靈活掌握

家長要知道，餵養寶寶沒有千篇一律的方式，添加副食品也是如此。在給寶寶餵副食品的時候，家長沒有必要照搬書本，要根據自己寶寶的特點做靈活調整。只要寶寶吃得好、吃得高興，並且生長發育都正常就可以了。

◆能和媽媽一起睡嗎

培養良好的睡眠習慣，不但要求寶寶能夠按時睡、按時醒，而且還要培養寶寶自動入睡，不要過分依賴爸爸媽媽。所以說，良好的睡眠習慣既是一種生活規律的培養，更是一種自立精神的培養，這對於寶寶的成長大有好處。

有的爸爸媽媽爲了使寶寶能儘快入睡，就總是抱著寶寶連拍帶搖，甚至又是抱著又是哼唱催眠曲地哄著寶寶入睡。雖然這樣可以令寶寶儘快入睡，但會讓寶寶對此形成依賴，一旦把寶寶放到床上，寶寶即使不馬上醒來也往往睡不安穩，常常因一點聲響或其他干擾就會醒來，如果要想讓寶寶重新入睡，必然還要重複以上做法，長此以往勢必會影響寶寶的睡眠品質。

這個月的寶寶儘量讓他獨立入睡，不要讓他含著媽媽的乳頭入睡。如果寶寶已經養成必須含著媽媽的乳頭才能入睡的習慣，媽媽一旦將乳頭從寶寶嘴裡移出來，寶寶就有可能被驚醒。即使當時沒醒，如果因爲夜裡撒尿或因其他什麼原因醒來後，要想讓寶寶重新入睡，寶寶必然要求同樣的條件，不給寶寶含上媽媽的乳頭就會哭鬧不止。

這樣除了會令寶寶的睡眠品質大打折扣外，也會使寶寶形成依賴，再想戒掉就很難了。

◆和父母一起吃飯

有些寶寶到了這個月，會對大人吃飯很感興趣，大人吃飯的時候他總愛過來湊熱鬧，並表現出強烈的參與欲望。這時可以利用寶寶的特點，讓寶寶和爸爸媽媽一起吃飯，這樣既能滿足寶寶的喜好，也能節省爸爸媽媽的時間，可以有更多的時間用來做戶外活動和親子遊戲。

由於寶寶活動能力的增強，所以在抱著寶寶上餐桌吃飯的時候，一定要注意安全，不要把熱的飯菜放到寶寶身邊，以免寶寶碰到飯菜甚至是將飯菜整個打翻燙傷。寶寶的皮膚非常嬌嫩，可能有的時候大人並不覺得燙的東西，也會把寶寶燙傷。吃飯的時候要培養寶寶的好習慣，不要讓寶寶邊吃邊玩，也不要讓寶寶拿著湯匙或筷子敲敲打打，要教會寶寶規規矩矩的進食。在寶寶吃飯的時候，家長也不可以逗寶寶，以免分散他的注意力，引起嗆咳等。

雖然可以給寶寶和大人一樣的飯菜，但給寶寶的菜還需要特別加工才行，例如要煮得爛一些，少放鹽、糖、醬油、味精等調料，不能放任何刺激性的調味料。要知道，和爸爸媽媽一起吃飯並不等於可以給寶寶吃和大人一模一樣的食物，所有給寶寶的食物，都要經過精心的烹調才可以。

◆不可讓寶寶離開大人視線

這個月的寶寶隨時都能發生大人意想不到的狀況，只要一離開大人的視線，他的安全就大打折扣。沒有大人的照顧，好奇心重的寶寶有可能到處走動、到處探索，他能夠自己從嬰兒床的欄杆翻出來，能爬向任何他想去的地方，對任何東西都想去摸一摸、抓一抓，只要東西抓在手裡就有可能放進嘴裡，所以有的時候家長會感覺防不勝防。即使寶寶睡著了，也有可能在中間醒來的幾分鐘內發生意想不到的危險。所以這個時候，無論寶寶是醒著還是睡著，都不能讓他自己待著，絕對不能讓寶寶離開大人的視線。

如果因爲家人的疏於看護令寶寶發生比較嚴重的意外，必須要送院治療的話，很可能會由於大人沒有看見事件經過而很難向醫生準確描述事情發生的經過以及寶寶身體狀況的改變，這有時候會令醫生難以及時作出判斷，爲準確及時的救治造成困難。所以，家長千萬不要求一時的方便，而讓自己懊悔。

再有，要給寶寶創造一個絕對安全的家庭環境。無論是寶寶活動的空間還是睡覺的空間，都必須確保是無危險性的。最好是在寶寶睡覺的床沿和地板上，以及寶寶活動的地方都鋪上柔軟的墊子或毯子，這樣即使寶寶不慎跌落，也能最大限度地減少危害。家裡所有有棱有角的地方最好都能用布或其他東西包起來，以避免寶寶撞到受傷。要把浴室的門關起來，以防寶寶趁著大人不注意單獨進入浴室，發生跌入浴缸、馬桶裡的危險。只要平時多注意生活中的細枝末節，寶寶的安全性也就能大大提高了。

◆儘量兩個人看護

由於寶寶的自主活動性越來越強，所以一個人看護時難免會分身乏術，想要把餵養、活動、訓練、遊戲、日常護理和保護安全同時做好幾乎很難，只要稍一疏忽，就有可能發生意外。因此，到了這個月，最好是有兩個大人同時看護寶寶，這樣即可以讓寶寶的生活更舒適、訓練更全面，也能更大限度地保障寶寶的安全。

如果是雙薪家庭，最好是由一方的父母同時看護或是請保姆共同看護。當週末爸爸媽媽休假時，看護的責任自然會落到爸爸媽媽身上。爸爸媽媽與寶寶的親密接觸非常重要，對寶寶的身心發育也有極大的好處。所以，最好的看護者仍然是爸爸媽媽，只要爸爸媽媽有時間，就要盡可能地多陪陪寶寶。

◆教寶寶一些禮節動作

雖然寶寶在這個月還很難理解大人的語言，但對於大人日常的行為習慣、表情、動作、言語態度都有著極其敏銳的感受，他可以從中察覺出一些行為方式的規律並試圖模仿大人的行為。因此，從這時候開始，家長就要注意在寶寶面前的言行舉止，不要認為未滿周歲的寶寶什麼都不懂，在寶寶面前就不注意自己的言辭和舉止，這樣很可能會為寶寶帶來不良的影響。

半歲到周歲的這半年，是培養寶寶禮儀的入門時期。這一時期的寶寶會從感受大人的行為舉止和臉部表情，發展到認真模仿。寶寶不懂什麼是對的、什麼是不對的，所以良好的禮儀習慣和行為舉止都是大人影響出來的。有些爸爸媽媽自己的行爲動作就不加檢點，當發現寶寶模仿著做出同樣的行爲時，非但不加制止糾正反而感到十分高興，這無疑會助長寶寶這種不好的行爲習慣。因爲寶寶看到自己的行爲會讓周圍的人高興，他也會特別高興，從而更加頻繁的重複這些行爲動作，時間長了形成習慣，再要糾正就比較困難了。

因此，這一時期家長除了有意識的注意自己的言行外，還要在寶寶面前多說一些「謝謝」、「請」等禮貌性字眼，平時和寶寶說話、念兒歌的時候，也要多使用這些禮貌的言語，在行爲上也要爲寶寶起到表率作用。當外出活動的時候，可以透過與他人的接觸，教寶寶一些基本的社交禮儀。例如，當看到鄰居叔叔阿姨的時候，可以拿著寶寶的小手對著叔叔阿姨揮一揮，教寶寶和叔叔阿姨打招呼；如果有人遞給寶寶東西的時候，要教寶寶說「謝謝」。雖然這時候寶寶還不會真的說出這些字詞，但他可以聽懂，從而在他的腦海裡建立起一種條件反射，讓他明白在什麼情況下，要做出什麼樣的反應，這會爲寶寶今後真正地學會禮儀打好堅實的基礎。

◆教寶寶學會雙手拿東西

大腦的發育離不開手部活動的促進，這個月的寶寶手部的活動能力又有明顯的進步，他能用拇指和食指把東西捏起來，會模仿著大人拍手，會把紙撕碎並放進嘴裡。如果把寶寶抱到飯桌上的話，寶寶會用兩隻手啪啪地拍桌子，會拿著湯匙送到自己的嘴邊，還會拉著窗簾或窗簾繩晃來晃去。

教會寶寶雙手的協調和配合能力很重要。很多寶寶在這個月玩的時候不再只玩一樣東西，可以同時玩兩個或者兩個以上的物體。喜歡用一樣東西去碰擊另一樣東西，例如一隻手拿起一塊積木對敲，拿起搖鈴敲桌子，也不管自己的手是否會敲痛。這正是寶寶訓練手部運動和探索活動的開始，爸爸媽媽在鼓勵寶寶的同時，也要注意觀察寶寶會不會同時用雙手抓握、敲打這些東西。有的寶寶在這個月，還總是用一隻手抓握玩具玩，而另一隻小手似乎總是「閒置」著。這樣的寶寶很可能在這個時期還不懂得可以同時運用雙手活動，爸爸媽媽可以耐心的啓發、誘導他們，例如先遞給寶寶一件玩具，然後再遞給寶寶第二件玩具，看寶寶的反應。如果寶寶真的是扔掉手裡的玩具再接新的玩具的話，就說明他們還沒能意識到可以用另外一隻手來接玩具，這時候爸爸媽媽就應該告訴寶寶「寶寶還有另外一隻手可以拿玩具啊」，並有意識地把玩具遞到他的另外一隻手上，讓寶寶學會雙手持物。

有的寶寶在這個時候開始出現破壞行爲了，他會把手裡的紙撕碎，然後放進嘴裡。爸爸媽媽不要小看寶寶撕紙的動作，這正是訓練寶寶手腕肌肉和手部協調能力的大好時機。如果寶寶喜歡撕紙，爸爸媽媽不能因爲怕寶寶把東西撕壞就制止他，這樣無疑是剝奪了寶寶學習的機會，大可以任由他撕著玩。但需要注意的是，不能給寶寶報紙和其他印刷品紙張，因爲上面沾染的油墨會對寶寶的身體健康形成危害。

◆睡眠問題

這個月寶寶的睡眠時間一般在14個小時左右，有的寶寶白天睡2

次，午前睡的時間稍短；有的寶寶午前不睡，午後睡的時間較長，多爲2～3個小時。如果寶寶睡眠比較規律的話，基本上都是在晚上8～9點入睡，半夜醒1～2次，早上6～7點起床。睡的比較多的寶寶可能一天能睡14個小時以上，但超過16個小時的很少見；睡的比較少的寶寶可能一天睡眠時間在12個小時左右，但低於10個小時的很少。睡眠的時間是因人而異的，有的寶寶天生比較愛睡覺，也有的寶寶天生睡眠就比較少。只要寶寶每天的睡眠時間不低於10個小時，並且精力旺盛、吃喝排便都無異常、生長發育也良好的話，爸爸媽媽就沒有必要擔心，可能是寶寶天生就不愛睡覺。

這時宜給寶寶建立一個每晚固定的睡前模式，這對大人和寶寶都有好處。可以在睡前給寶寶洗個澡、讀一篇睡前故事，並給他蓋好被子，輕拍或按摩寶寶的背部，讓他入睡。家長也可以在寶寶仍然醒著時離開，否則會令寶寶習慣於將自己的入睡與家長的從旁照顧緊緊聯繫在一起，只要家長不在，他就會惱怒不已、號啕大哭，不利於培養寶寶的獨立睡眠。要確保每天晚上都按照同樣的模式進行。穩定有序的生活習慣有利於寶寶健康成長，當寶寶能夠知道接下來會發生什麼的時候，他會更有安全感。

這一時期的寶寶正在努力提高各種身體的技能，如爬行、站立等，這可能會令他因爲太過興奮而無法入睡，或者在夜間醒來繼續練習技能。如果寶寶在醒來後不能讓自己安靜下來重新入睡，就會哭鬧著找媽媽了。這個時候媽媽要起來輕聲安慰一下寶寶，動作不宜太大，這樣寶寶就能很快繼續沉沉地睡去了。

能力的培養

◆排便訓練

如果前幾個月持續排便訓練的話，那麼在這個月的寶寶多數都能乖乖地坐在便盆上排便了。需要注意的是，吃副食品之後寶寶尿便的顏色可能會因爲副食品的原因在某一天突然呈現異樣，只要在沒有吃這種副食品的時候尿便能恢復正常，就沒有問題。此外，冬天裡有的時候寶寶的尿液會發白混濁，這是因爲尿酸鹽結晶析出的原因，並不是腎炎，家長不用擔心。

當然，此時的寶寶依然還不能真正做到自理，所以當家長掌控不好的時候，寶寶把尿便排在尿布裡，也是常有的事。

嬰兒大小便能否自理與智力無關。中國的傳統觀念，特別是老一輩的都認爲，寶寶大小便訓練越小開始越好，聰明的嬰寶寶不尿褲子。其實這是一種錯誤的觀念，嬰兒是否能大小便自理，和嬰兒的智力無關。智力是由頭腦來決定的，與控制大小便的膀胱相隔很遠。

要做到大小便自理，嬰兒首先要能識別需要排泄的感覺，並透過語言、動作或其他方式表達這種感覺。其次，嬰兒要能在短時間內控制肛門和尿道的肌肉運動。最後，嬰兒要能理解並配合在適當的地點排泄。這些都只有等嬰兒生理發育成熟到一定程度才能做到。如果家長在這個階段硬要訓練寶寶主動排尿排便的話，未免有些揠苗助長了。

每個嬰兒的實際情況不同，所以也不存在一個訓練尿便的固定的最佳時機。只有在嬰兒樂意並主動配合大人時，訓練才能事半功倍。所以對於寶寶的尿便訓練，應本著順其自然的態度，不要總是奢望這麼大的寶寶真正懂得自己排尿解便。

◆站立的能力

寶寶能扶物站立，練習邁步，是學走的第一步。雙腳練習，寶寶用單腿支撐體重，並且練習站立平衡，爲獨走做準備。這種練習比學步車更能訓練寶寶的身體平衡能力，也更爲安全健康。

8～9個月的寶寶抓著東西就能站立，這個動作能大大鍛鍊寶寶的身體平衡能力，是學會邁步走路的序曲。在這個月，爸爸媽媽可以開始訓練寶寶站立的能力了。

訓練寶寶站立最好不要用學步車，可以借助爸爸媽媽的手、椅子、嬰兒床的欄杆等。在訓練寶寶獨自站立時，可以先讓寶寶的兩條小腿分開，後背部和小屁股貼著牆，腳跟稍離開牆壁一點，然後用玩具引逗寶寶，寶寶就會因張開小手或想邁開腳步而身體晃動，這樣就訓練了寶寶腿部的力量和身體的平衡能力。或是將家裡的椅子排成行，每張椅子相距30公分，讓寶寶扶著椅子邁步，伸出胳膊扶著一張張椅子走過去。還可以手拿一個塑膠圓環，讓寶寶抓住圓環的一邊而自己抓住圓環的另一邊，在不用力牽拉的情況下讓寶寶自己抓住圓環並站起來。這樣的站立完全要靠寶寶自己來完成，他必須動員上肢、下肢、腰、背、胸、腹部肌肉的全部力量才行。

在沒有大人從旁協助的情況下，寶寶在搖籃上最容易扶欄坐起，因爲小車上的欄杆易於抓到且高度適宜，寶寶也會扶著椅子的扶手、沙發的扶手或用床上被垛支撐而自己努力站起來。要鼓勵寶寶自己扶欄坐起，用自己的力量改變體位，擴大視野。透過扶欄坐起可以鍛鍊胳膊的力量，也可以鍛鍊腰和腹肌的力量。同時使寶寶產生自信，學會用自己的力量去改變自身的狀況。、

在剛開始練習站立的時候，要注意訓練的時間和強度，最好每次都不要超過5分鐘。這是因爲，相對體重而言，寶寶下肢的支撐能力是不足的，過早過多地站立會影響下肢的形狀，但也不會成爲O形腿或X形腿。

在訓練的時候，爸爸媽媽不要怕寶寶摔著就過分呵護，這樣會使寶寶變得嬌弱；也不要急於求成而失去訓練的耐心。當寶寶站不穩時，家長要趕快扶住寶寶，以免寶寶因害怕而不願接受繼續訓練。

◆模仿力的培養

寶寶從出生的那一刻起就已具備模仿的能力，這個月大的寶寶更愛模仿大人的動作。爸爸媽媽可以根據寶寶的特點，多給寶寶做好的影響和示範，讓寶寶儘快地學習更多的動作和技能。

這時的寶寶如果給他一個玩具的話，他就能立刻意識到，他不僅可以將他攥緊，也可以鬆手扔掉。這種意識可以促使他將行爲與目的結合起來，此時模仿就可以對促進寶寶的行爲發展起到很大作用。例如，當大人把手裡的紙張揉成一團發出聲音，寶寶會好奇地學著嘗試，是否他也可以用手和紙製造出同樣的音響效果。

最典型的模仿訓練就是語言的模仿，從模仿中學習語言表達，

是人類學習語言的重要方式之一。平時爸爸媽媽可以發出各種聲音，並配合表情、肢體動作，讓寶寶從中學習並模仿聲量、高低或節奏的變化。比如模仿各種動物的聲音給寶寶聽，讓寶寶瞭解同一種聲音在不同狀況下也會有所不同。在引導寶寶模仿著大人學說話的時候，請儘量讓寶寶看清楚大人的嘴型，並透過聲調和表情的變化來刺激寶寶集中注意力。

動作模仿也是比較常見的模仿訓練。當寶寶在練習某種技巧或遊戲的時候，剛開始都需要爸爸媽媽來做引導，特別是一些有難度的動作訓練，如開關燈、拿取物品等，一般都要求爸爸媽媽先當著寶寶的面做動作，然後和寶寶一起重複動作，最後鼓勵寶寶獨立完成動作。透過這種模仿，就可以讓寶寶很快地掌握各種技能，對促進成長發育大有益處。

爸爸媽媽要知道的是，要寶寶模仿並不是教他，而是應陪著他一起做寶寶要學的動作，等到寶寶做熟了之後，如果有不對的地方還要提醒他去修正。如果僅僅是「動口不動手」，那麼寶寶很難真正的從模仿上得到鍛鍊。

◆事物認知的能力

1. 拉繩取物

用不同顏色的線分別綁住四五個彩色積木，把積木放在遠處，線放在寶寶身邊。媽媽先用手拉紅線，就能取到紅積木。透過示範，讓寶寶看清線與積木的關係，知道自己不必爬過去，就能牽線取物。經過多次示範後，讓寶寶自己收取積木。

2. 看圖識物

抱著寶寶看牆上的掛圖，媽媽說出一個名稱，讓寶寶用手去拍圖畫，寶寶最先學會指認最喜歡的圖畫或照片。如果寶寶不明白什麼意思，可先做示範。做這個遊戲時，家長一定要有耐心，多重複幾次，使寶寶逐漸學會。

3. 味覺遊戲

可以給寶寶嘗嘗有些刺激性的味道，例如一把湯匙舀一點醋，放在寶寶的鼻子前讓他聞聞，或是讓寶寶嘗嘗，寶寶就會轉過頭去躲開這種刺鼻的味道，或是寶寶嘗了之後酸得咧開嘴。這個時候，爸爸媽媽就可以同時告訴寶寶「這是醋」，讓寶寶知道不同食物的味道。也可用苦辣味進行此訓練，這種遊戲能刺激寶寶舌頭上的味蕾，開發嗅覺、味覺與動作的聯繫。但需要注意的是，不要用醬油和鹽水來嘗試，因爲寶寶腎臟的排鹽功能有限，鹽會增加腎臟的負荷。這種遊戲也不能玩得太多，以免引起寶寶的反感。

4. 玩玩具

多給寶寶不同質地、不同手感的玩具，使寶寶對拿到手的東西能產生各種感覺上的認知體會，如布娃娃是軟的，塑膠球是硬的，橡皮玩具有彈性，玩具汽車的車身表面光滑、車底凹凸不平，讓寶寶明白，一種感覺和另一種感覺不同。各種不同的感覺越多，寶寶對周圍世界的興趣就越濃。家長不要禁止寶寶吃玩具，寶寶吃玩具是早期學習的一種方式。有的家長怕寶寶啃咬玩具，就把玩具收起來，不讓寶寶看見；怕寶寶抓東西吃，就整天抱在懷裡，不讓下地；一看見寶寶吃玩具，就立即奪過來，還用自己那並不乾淨的手替寶寶抹手，抹嘴邊的口水。這使寶寶失去了自發學習和探索的機會，對寶寶是極為不利的。

◆手的技能訓練

1. 遞給媽媽物品

媽媽可以把幾個玩具放在一個箱子裡或盒子裡，讓寶寶站在箱子旁邊，讓寶寶把一件玩具遞給媽媽。例如，媽媽可以對寶寶說：「寶寶把小汽車拿給媽媽好嗎？」寶寶聽到媽媽的請求，就會用眼睛去看箱子裡的玩具並尋找指定的玩具，然後把玩具拿起來給遞給媽媽。當寶寶準確無誤地將玩具拿出來並遞到媽媽手裡的時候，媽媽要及時鼓勵寶寶，並表現出高興的神情。當寶寶看到媽媽高興的表情時，就會有一種勝利和滿足感，也可能再次把箱子裡的其他玩具拿出來給媽媽。

2. 把物體投進小桶子裡

媽媽可以拿著一個小桶子，讓寶寶拿著玩具，告訴寶寶「把你手裡的玩具放到這個小桶子裡。」如果寶寶沒有聽明白，媽媽可以示範給寶寶看，或讓爸爸把他手裡的物體投到桶子裡，寶寶就會模仿爸爸的動作，把玩具放到桶子裡。開始訓練的時候，距離不宜太遠，可以隨著寶寶的熟練程度逐漸拉遠寶寶與桶子的距離，訓練寶寶投物的準確性。

3. 收拾玩具

準備一個大箱子，把玩具散亂的放在寶寶周圍，讓寶寶把玩具一個個放到箱子裡，收拾起來。這既能發展寶寶手部的技能，還能讓寶寶懂得玩過的東西要收拾整齊的道理。

4. 開關盒子

給寶寶一個帶蓋子的小盒子，媽媽先示範給寶寶看，用兩手把盒子打開，再把盒子蓋上，也可以在盒子裡放一個小球發出嘩啦嘩啦的響聲，增加寶寶打開盒子的興趣。然後鼓勵寶寶自己打開盒子、拿出小球再關上盒子。等寶寶學會了打開盒蓋後，可以進一步教寶寶擰瓶蓋，這個動作更複雜，但是越複雜難學的動作，對寶寶越有益。

5. 撿小東西

這個遊戲可讓寶寶練習用食指和拇指拿取細小物品的能力。在白色餐巾紙上放幾小片饅頭，媽媽先撿起一片放進嘴裡，說「真好吃」，寶寶也會用手去撿，如果用手掌不能拿到，寶寶會學習媽媽的樣子，用食指和拇指去拿取。

6. 使用湯匙

餵食副食品時拿一個塑膠或鐵質的湯匙，讓寶寶自己在碗中攪動，有時寶寶自己也能把食物盛入湯匙中並送入口中。要鼓勵寶寶自己動手吃東西。不要因為害怕寶寶把飯菜撒得到處都是就不讓寶寶自己用湯匙，這樣會扼殺寶寶自己動手的積極性，不但會降低寶寶的食慾，還會阻礙寶寶運動能力的發展。用湯匙吃飯，是這個月嬰兒喜歡做的事情。從這個月開始訓練的寶寶，一歲以後就能自己拿湯匙吃飯了。

◆全方位訓練綜合能力

對於這個月寶寶的潛能開發，依然是要在遊戲中進行，讓寶寶在玩耍的同時學習，不可揠苗助長，讓寶寶接受過多的超前教育。很多適合這個月齡寶寶的遊戲，都能夠同時發展寶寶多種的能力。

1. 聽講故事

聽講故事是寶寶發展語言能力和理解事物能力的好辦法，寶寶會在傾聽中學會交流、理解和記憶。隨著寶寶漸漸長大，他就能隨著爸爸媽媽的提問，用手指去指圖中的事物回答問題，這非常有利於寶寶思考力的進步。

每晚在寶寶睡覺之前，爸爸或媽媽可以給寶寶講個故事，用一本有彩圖、情節和一兩句話的故事書給寶寶朗讀。剛開始的時候，可以握著寶寶的小手邊讀邊指圖中的事物，這時寶寶的表情也會隨著書中的情節發生變化，時而著急，時而舒緩。可以反覆地給寶寶念講一個故事，慢慢的聲音越來越小，直至寶寶完全入睡。

2. 手語示意

這個階段的寶寶，已經能夠用雙手拱起，上下運動，表示「謝謝」；小手搖搖，表示「再見」。每個寶寶的模仿動作表達意思的方式有所不同，但不斷練習、重複就能學會。如「鼓掌」、「握手」、「不」、「好」等。在平時的日常生活中，可以鼓勵寶寶多用手語表示語言，多教給寶寶怎麼樣表示謝謝、怎麼樣表示不客氣等，這樣就能夠讓寶寶學習用動作表示自己的語言、意願和情緒，引起寶寶和人交往的意願。

3. 傳物遊戲

讓寶寶練習把東西遞給指定的人，可以訓練寶寶手部的動作技能，同時還能讓他知道，把自己的東西遞給別人自己還會得到另一樣新東西，從而初步建立起交換的概念，還能讓寶寶學會分享。

爸爸媽媽可以拿一件寶寶最喜歡的玩具，然後告訴寶寶「把你手中的玩具給媽媽，媽媽就把新的玩具給你」，這樣寶寶會很樂意用自己手裡的玩具換另一件自己喜歡的玩具。或是全家人圍在一起，把玩具小車給寶寶，讓寶寶遞給爸爸；把小球給寶寶，讓寶寶傳給媽媽；把布娃娃給寶寶，讓寶寶丟給奶奶，依此類推。如果寶寶做對了，就抱起來親親，或是給一些小點心當鼓勵。

4. 敲打鈴鼓

爸爸媽媽用手指敲打手鼓或者用棍子敲打空罐頭盒發出響亮的聲音，會引起寶寶的興趣，並學著用手或用棍子去敲打。這些聲音是寶寶喜歡聽的，用不同的動作使不同的玩具發出聲音，如果在玩小鼓時配上音樂，寶寶可以按節拍和媽媽一起敲打。透過敲敲打打可訓練手的技巧，寶寶要用手或小棍敲中鼓面才能發出聲音。寶寶透過聽音樂可以改進自己打鼓的技巧，使手、眼、耳互相協調而使技巧進步。

家庭環境的支持

◆防止對某些物品的依賴

這個月開始，寶寶除了吮吸手指、啃手指之外，還可能會吮吸身邊的枕巾、毛巾被、衣服的袖口等等。這種吸吮物品的現象，如果不及時加以糾正的話，長期下去就可能會使寶寶對這些東西形成依賴，變成戀物癖。有的寶寶到了六七歲甚至更大，還會在睡覺的時候找自己的枕巾、被單等，如果沒有這些東西在枕邊的話就很難睡著或睡不安穩，這就是對物品的一種依賴。這種依賴一旦形成習慣，就很難戒掉，所以從現在開始，爸爸媽媽要注意觀察自己的寶寶，如果寶寶有這方面的傾向的話，一定要及時予以糾正。

分散寶寶的注意力是最好的防止辦法，當寶寶總是拿同樣的東西吮吸，無論吃飯、玩耍還是睡覺都離不開這種東西的話，爸爸媽媽可以多給寶寶一些玩具，或是抱著寶寶到戶外看看花草，使寶寶暫時忘記手裡的東西。另外，要勤給寶寶更換身邊的衣物，讓寶寶沒有固定的物品可以依賴。再有，平時要多陪寶寶，多和寶寶交流、玩耍、互動，當寶寶在睡覺的時候，要清除身邊一切多餘的東西，不要讓寶寶咬著或抱著東西睡覺。

◆多和寶寶說說話

大約從6個月開始，由於視覺能力和運動能力的發展，寶寶不再滿足於和媽媽面對面的兩人互動，開始對外界物體表現出極大的興趣。這時家長就可以改變策略，在洗澡、吃飯、遊戲、看圖等日常活動中，和寶寶共同注意、探索並交流外界的事物，在交流中提高寶寶的認知能力，同時還能促進寶寶的語言發展。

寶寶學會說話並不是一蹴而就的，離不開爸爸媽媽的引導和互動。這個月大的寶寶經常會發出一些單音節的字和簡單的複音節，爸爸媽媽也要多多回應寶寶，不能置之不理。研究表明，寶寶更喜歡大人緩慢的語速、誇張的語氣和高揚的聲調，這種說話方式可以幫助寶寶從一串串連續的語句中識別某些重要的詞語，從而使他更好的理解並學習這些詞語。因此，當寶寶發出咿咿呀呀的語言時，爸爸媽媽要用這種兒童話的語音予以回應和交流，這種互動一方面有助於加強促進親子關係的順利發展；一方面也可以幫助寶寶日後成爲一個樂於與人交往的人。

要知道，寶寶學會說話與爸爸媽媽日復一日的重複性的交流密不可分。父母是寶寶第一任語言老師，因此爸爸媽媽要儘量用清晰標準的發音和寶寶對話，對話時儘量面對著寶寶，讓寶寶看到你的口型，並鼓勵他去模仿。寶寶學習語言要有語言環境，要和周圍的情景、實物聯繫起來，而透過電視、廣播、電腦光碟等讓寶寶學語言的方式，是非常不可取的。

剛開始說話的寶寶，語言不清楚、片斷化是很正常的，即使爸爸媽媽不明白寶寶在說什麼，但也要保持安靜、專注的神色傾聽寶寶的表達。安靜的神色和饒有興趣的表情能鼓勵寶寶更有信心的把自己的想法和感受表達出來，這會大大提高寶寶語言的發展速度。

◆室外活動

這個月寶寶的戶外活動範圍可以增大了，可以帶著寶寶到稍遠一點的公園，讓寶寶有機會看到更多的外界景觀。還可以讓寶寶認識自然景觀，給寶寶指認著太陽、月亮、星星、雨、霧等等，提高寶寶的認知能力。

可以告訴寶寶更多的東西，比如告訴寶寶，太陽一出來，天就亮了；太陽一落山，天就黑了，星星就出來了，好像寶寶的眼睛一樣一眨一眨的。不要認為寶寶什麼都不懂，要儘量將周圍的事物描述給寶寶聽，這樣寶寶很快就能認識並瞭解這些東西。

除了說給寶寶聽之外，也可以讓寶寶自己去親身感受。比如下雨的時候，可以讓寶寶伸出小手接一接雨水，讓寶寶感受雨水落在手心上的感覺，但注意不能讓寶寶淋雨。遇到有風的天氣，可以讓寶寶感受一下風吹在臉上的感覺，但不能讓寶寶吹太猛烈的風。這些感覺上的體驗都有助於強化寶寶的知覺，會讓寶寶留下更深的記憶。

隨著寶寶運動能力的加強，出去玩的時候危險性也就隨著加強，所以帶著寶寶到戶外活動的時候，家人必須一刻不離地盯著寶寶，同時也要遠離任何可能會給寶寶帶來危險的場所，例如公園的水池、社區裡的電線電纜箱等。

◆多練習爬行

爬行是嬰兒期最重要的感覺綜合練習，能夠促使前庭和小腦發育、腰部的肌肉發育，也能促使脊柱延長從而使身體長高，還能使骨骼強健，爲以後鍛鍊耐力打下基礎。經常練習爬的寶寶神經纖維聯繫成網較早，視聽動作協調靈敏，分辨能力高，對以後的學習、成長會產生深遠影響。絕大多數的寶寶在這個月已經能靈活自如的爬行了，但也有些寶寶依然還顯得比較笨拙、還有爬行倒退，或是比較膽小的寶寶還不敢自己向前爬。因此，在這個月爸爸媽媽依然要讓寶寶多多練習爬行。

練習爬行可以從翻滾練起。讓寶寶躺在柔軟、平整的墊子上玩，家長把小球或小車從寶寶身邊推出一小段距離，讓寶寶去搆取，寶寶就會想辦法地翻轉360度去搆取。

當寶寶順利地搆到玩具後，必然會感到興奮和自豪，此時的興致也特別高昂，此時爸爸媽媽就可以趁勢讓寶寶練習爬行。在練習的過程中，可以把家裡的小席子捲成圓柱狀，讓寶寶趴在席子上，將席子一邊壓在身下，然後家長推動席子，讓寶寶隨著席子的展開而朝前爬；還可以讓寶寶趴在地上或床上，爸爸和媽媽一個人在寶寶前面，一個人在寶寶後面，前面的人牽寶寶的右手，後面的人就推寶寶的左腳，牽寶寶的左手時，就推寶寶的右腳，讓寶寶掌握手腳的配合；或是用一條浴巾將寶寶腹部兜住，爸爸把浴巾提起，這樣寶寶的體重就會落在手和膝上，然後推動寶寶左手、右腳，前進一步後，換推動寶寶右手、左腳，輪流進行，寶寶就能輕快地爬行。在做爬行訓練的時候，要注意目標放置地不能離寶寶過遠，要放在寶寶透過努力就能到達的地方，這樣可以使寶寶更有自信，從而更有動力的主動學習爬行。

此外，在訓練中要注意適時休息，且要多給寶寶讚揚和鼓勵。

需要注意的問題

◆可能出現的事故

這個月的寶寶最常見的安全小事故，就是想站卻沒站好而摔倒、手裡沒有抓穩東西而滑倒。這時候的寶寶身體上的磕碰是常有的事，所以最好是把家裡有棱角的傢俱都包好、有危險的用品都收到寶寶拿不到的地方。需要注意的是，如果把刀子、打火機、藥物等危險物品放到比較低的抽屜裡，一旦抽屜門沒有關上，那麼寶寶還是能把這些東西掏出來，所以應該把這些東西放在比較高的位置，這樣寶寶無論如何都碰不到了。一般的磕碰對此時的寶寶都沒什麼大礙，這個月更需要留意的是墜落、燙傷和吞食異物。

這麼大的寶寶能夠爬上一個比較矮的椅子，一旦重心不穩就會摔下來，如果是爬上椅子後再翻過陽臺的護欄那後果將更可怕；他還會不經意間把熱水瓶撞翻、把桌子上的熱菜熱湯打翻，所以也很容易被燙傷。此外，這時的寶寶也有發生頭朝下掉進浴盆、栽到馬桶裡的危險，家長要特別小心。

當寶寶好不容易站立起來之後，馬上又要摔倒時，家長都會忙不迭地過去接他，這時如果只拉他一隻手的話，一不小心就會使寶寶肩關節脫位或錯位。比較妥當的辦法是拉住寶寶的雙手，這樣就比較安全了。這個時候最好不要給寶寶使用學步車，除了不利於寶寶的身體發育之外，也會有一定的危險因素。因爲此時寶寶的腿部已經很有力氣，當速度很快碰到物體上的時候，就有戳傷手指或碰傷頭部的可能。

再有，平時不要讓寶寶把湯匙含在嘴裡玩，因爲如果養成習慣的話，湯匙一旦戳進嘴裡，就會使口腔受傷。冬天的暖爐、電暖氣和夏天的電風扇，最好都能加上防護，防止寶寶亂碰亂摸造成危險。

帶著寶寶出門的時候，如果用嬰兒車應注意檢查好嬰兒車是否安全牢固，特別是車軸和掛鉤的位置，防止某些零件突然鬆脫給寶寶帶來危害。

◆斷奶症候群

傳統的斷奶方式往往是當決定給寶寶斷奶時，就突然中止哺餵，或者採取母嬰隔離的方式。一旦在寶寶斷奶之後沒有給予正確的營養，比如沒有及時供給足夠的蛋白質，那麼時間一長寶寶就容易出現進食量減少、體重不增加、哭鬧、腹瀉等症狀，有時身上的皮膚還會由於乾燥而形成特殊的裂紋鱗狀。這些由於斷奶不當而引起的不良現象，在醫學上稱爲「斷奶症候群」。

要預防斷奶症候群，關鍵在於斷奶期間的均衡餵養，特別是要注意補充足夠的蛋白質，同時還要多吃新鮮水果和蔬菜來補充維生素。

斷奶期的寶寶由於原有的餓了就吃奶的飲食規律被打亂，如果沒有及時調整的話，很容易陷入飲食混亂無條理的狀態，所以在斷奶期間要幫助寶寶規律一日三餐，例如這個月的寶寶可以在每天上午10點、下午2點和6點安排吃三餐副食品，早上起床後和晚上睡覺前吃兩次奶。而到了9個月時，除了在睡前吃奶，其他的飲食和大人一樣，按照早、中、晚三餐吃副食品，可以在午餐前後加一次點心。到了10個月，可以漸漸延長睡前餵奶的間隔時間，直到最終完成斷奶。

斷奶期的飲食要特別重視早餐。因爲寶寶早晨醒來的時候食慾最好，這時就應餵營養高、量充足的早餐，以維持寶寶上半天的活動需要；午餐的食量是全日最多的，晚餐宜清淡些，以利睡眠。

斷奶期間的副食品應該選擇質地軟、易消化並富於營養的食物，注意副食品中澱粉、蛋白質、維生素和油脂的平衡量；在烹調上要切碎燒爛，可以採用煮、煨、燉、燒、蒸的方法，但不宜用油炸；每天的進餐次數以每天4～5餐最好；製作方法可以豐富多變，否則時間一長，寶寶會產生厭煩情緒，影響食慾而拒食。

◆燙傷

這個月的寶寶發生燙傷的很多，除了家長在照顧過程中不小心之外，寶寶的調皮搗蛋也會令自己受傷。

燙傷的情況不一樣，如果是碰到了菸頭燙傷的話，一般都比較輕，只把手指表皮燒紅，不用管它也會自然痊癒。但是如果打翻了熱水瓶，或是撞翻了剛剛煮好的熱湯，那這種燙傷就比較嚴重了，多半會使表皮迅速起水泡、脫皮、組織液滲出，這時就必須在簡單的緊急處理後立即送到醫院救治了，這種燙傷一旦拖延時間的話，就有可能使傷口感染、化膿，如果燙傷面積較大的話，甚至還會有生命危險。

當手、腳等裸露部位發生燙傷時，必須馬上仔細檢查燙傷部位。如果燙傷的範圍很小，如手指的一小部分或手掌的極小部分，燙傷處的皮膚只是稍微有點發紅，可以用冷水沖洗燙傷處後擦乾皮膚，在患處塗上抗生素軟膏，用紗布輕輕包紮，並注意及時更換清潔就可以了，通常不會有什麼大問題。如果燙傷處起水泡、脫皮了，就要立即去醫院請醫生處理，絕不能自己在家把水泡挑破，或是在患處塗抹麻油、醬油等東西，這些自行處理的辦法往往是引起化膿，使燙傷部位留下傷疤的主要原因。

如果寶寶被開水潑到了身上，不能急著先脫衣服，應該先用自來水大面積沖洗開水燙到的部位，儘量降低開水的溫度，緩解皮膚的疼痛。由於開水燙傷的情況多數比較嚴重，燙傷處會起水泡、脫皮等現象，所以最好是用剪刀直接把寶寶的衣服剪開，因爲這時衣服的某些地方很可能已經和破皮的皮膚粘連，脫衣服硬拉硬扯的話極有可能加大寶寶皮膚上的創傷面，這樣就更難處理了。

如果寶寶是被硫酸、鹽酸、硝酸等燒傷的話，應先用清水沖洗後立刻就醫。當然，這種情況是比較少見的。

寶寶被燙傷以後都會大聲哭鬧，並且表現的痛苦，這時候的家長千萬不能看到寶寶痛苦就慌了手腳，當看到寶寶燙傷後，應第一時間先用自來水爲燙傷處降溫以緩解疼痛，然後再根據燙傷面積的大小、嚴重程度做進一步處理，但不能用冰塊直接敷在患處降溫，過冷的刺激會對皮膚造成更大的傷害；或是在患處搽醬油，這也不能起到對燙傷的緩解治療作用；也不能塗抹護膚霜，避免引起進一步的過敏症狀。

◆腹瀉

現在寶寶的腹瀉很少是由細菌引起的了，如果家裡沒有大人腹瀉的話，那麼寶寶一般都不會因爲受到細菌感染而引起腹瀉。這個月齡寶寶的腹瀉，多數是和添加的副食品有關。

超量餵食引起的腹瀉非常常見。如果寶寶的腹瀉物粗糙，呈綠色水樣或糊樣，量多，泡沫多，有酸臭味，有時可以看到糞便中有小白塊和大量的食物殘渣，或未消化的食物，而且每天排便次數多達10次以上，那應該是碳水化合物過量，主要是因爲吃了太多澱粉類食品如米糊、米粉等造成胃腸內澱粉酶相對不足，導致腸內澱粉異常分解而引起發酵性消化不良，進而出現脹氣和嚴重腹瀉；如果寶寶的排泄物呈灰白色稀便或糊狀，量較多，外觀似奶油，內含較多奶塊或脂肪粒，臭味較重，每日排便3～5次或更多，那就是脂肪過量。

過食性腹瀉是餵養方式失誤造成的，對於過食性腹瀉患兒首先應大概計算一下，按生理需求需要多少蛋白質、澱粉和脂肪，根據病情和消化功能，予以調整。

相對過食性腹瀉，也有的寶寶是因爲吃得太少而引起腹瀉。寶寶的食量少，營養攝入自然就少，進而也會引起胃腸消化功能的紊亂。由於吃得少引起腹瀉的寶寶，大都伴有類似感冒的症狀，但不發燒，活動力好，食慾也好，只是體重增加緩慢或是不增加。只要給寶寶適當添加副食品的量，等到寶寶的體重開始增加的時候，就表示營養已經恢復，腹瀉不久也會停止。

初冬季節，寶寶如果嘔吐又不喝牛奶，大便呈水樣腹瀉的話，就應考慮是冬季腹瀉，這種腹瀉在9個月以上的寶寶中較常見，但這個月齡的寶寶也決非沒有。

◆墜落

這個月的寶寶從高處摔下來也是比較常見的，最多的就是從大床上摔下來，或是翻過嬰兒床的欄杆頭朝下的跌下來。這種1米以內的墜落雖然會讓寶寶立即哇哇大哭，但大多數都不會有什麼嚴重的問題，也不會留下什麼後遺症。

如果寶寶墜落後立即哇哇大哭，且哭聲洪亮有力，哭一會兒自己就能停止，又能像以前一樣玩耍、吃東西的話，就沒什麼問題，家長不需要太擔心，注意觀察寶寶就行了。比較麻煩的是寶寶墜落後不哭不鬧，面容呆滯，或是暫時性的失去知覺，這時就需要馬上帶著寶寶到醫院做進一步的檢查。如果寶寶墜落後出現嘔吐的話，也應立即抱到醫院請醫生診治。

由於嬰兒頭重腳輕，所以一旦墜落，多半都是腦袋首當其衝被撞個大包，這是由於頭骨外部血管受傷引起出血所造成的腫塊。這個時候千萬不能揉腫塊，否則會令出血更爲嚴重，應用冷敷的方式來加快淤血的散去。如果寶寶外傷出血比較嚴重的話，就不能自行處理，需要到醫院請醫生幫忙處理。

除了在家裡墜落，從樓梯上摔下來的情況也是有的。這種情況和從床上跌落一樣，寶寶哇哇地哭一會，頭上磕起了包，沒有任何異常症狀，基本都不嚴重。也有只注意頭部而忽略了其他部位的創傷，儘管這種情況很少，但也絕非沒有，偶爾會出現因爲從樓梯上墜落而傷了脾或腎的。如果傷了腎，小便會因出血而發紅；如果傷了脾而出血，臉色會發灰，肚子腫脹，情緒不好，不愛吃東西。一旦發現有上述症狀，就要立即送到醫院，必要時需要透過手術止血。比較容易忽略的是鎖骨骨折，表現爲墜落一兩天之後一抱寶寶的腋下，寶寶就因爲疼痛而哭泣，讓寶寶舉起雙手時，鎖骨骨折這側的手很難舉起來。

◆夜啼

前幾個月一直有夜啼習慣的寶寶在這個月可能依然會夜啼，爸爸媽媽只要像以往那樣哄一陣基本就能解決這個問題。對寶寶的夜啼，爸爸媽媽要有耐心和信心，要相信隨著寶寶慢慢長大，夜啼的習慣都能慢慢消失。

當寶寶夜裡哭鬧的時候，如果爸爸媽媽將寶寶抱起來，又是哄又搖，這非但不能令寶寶安靜下來，還會造成一定的危險。嬰兒的腦袋無論長度、重量在全身所占的比例都較大，加上頸部柔軟，控制力較弱，大人的搖晃動作易使其稚嫩的腦組織因慣性作用在顱腔內不斷地晃蕩與碰撞，從而引起嬰兒腦震盪、腦水腫，甚至造成毛細血管破裂。所以這種行爲是堅決要避免的，以免給寶寶帶來不必要的傷害。

如果前幾個月從不哭鬧的寶寶在這個月突然開始哭鬧，就要想到某些疾病的可能。因爲一般來說，以前沒有夜啼的寶寶在這個月不太可能出現夜啼，只要出現就表示可能有某些異常問題出現了，最好是請醫生看一看。若寶寶只哭鬧一陣後就停下來，過個3～5分鐘又開始哭鬧，然後再安靜下來。如此反覆的哭鬧就有腸套疊的可能，特別是比較胖的男寶寶更應高度懷疑，必須請醫生幫忙診治。

◆愛咬指甲

這個月的寶寶直接咬指甲是比較少見的，大多數都是由吮吸手指變成了啃指甲，這種行爲和乳牙的萌出有關。不對寶寶進行任何干預是不對的，但也不能採取強硬的措施硬性干涉。最好的辦法是轉移寶寶的注意力，給他手裡遞些玩具，把他的手拿出來拉拉拍拍，都是比較不錯的辦法。

指甲和指甲縫是細菌滋生的場所，蟲卵在指縫中可存活多天。寶寶在咬指甲時，無疑會在不知不覺中把大量病菌帶入口腔和體內，導致口腔或牙齒感染，嚴重的還會引發消化道傳染病，如細菌性痢疾、腸道寄生蟲病如蛔蟲病、蟯蟲病等。

對於平時愛吮吸手指和咬指甲的寶寶，應注意做好手部的清潔衛生，勤給寶寶剪指甲，以免寶寶將手上的細菌帶入口腔。當把寶寶的手從嘴裡拿出來的時候，要把手上和嘴角的口水擦洗乾淨，以免長時間口水的堆積使手指或嘴角的皮膚發白潰爛。

一般來說，周歲以上到學齡前後的寶寶咬指甲可能與缺鋅或是某些心理問題有關，但這個月齡的寶寶咬指甲通常和這些是沒什麼關係的，只要合理轉移寶寶的注意力，基本上隨著寶寶的成長，這種行爲就會消失。

◆用手指摳嘴

寶寶吮吸手指的動作在這個月開始「升級」，演變爲用手指摳嘴，嚴重時甚至會引起乾嘔，如果剛吃完奶的話很可能會把奶摳出來。即使寶寶摳嘴摳到了乾嘔、吐奶，往往過不了幾分鐘後又會重蹈覆轍，繼續摳，讓爸爸媽媽很是頭疼。

摳嘴是這一月齡寶寶的一個特徵，過了這段時間就會好了，但是摳嘴既不衛生，也會影響寶寶的發育，因此爸爸媽媽還是應當予以糾正。這個月的寶寶之所以愛摳嘴，一是因爲手的活動能力增強了，可以自由支配自己的手指，二是因爲出牙導致牙床不舒服，於是寶寶就試圖把手指伸到嘴裡去摳，希望能緩解出牙的不適。

當明白了寶寶爲什麼摳嘴，爸爸媽媽就知道如何去解決了。平時可以多給寶寶一些方便咀嚼的食物，讓他磨磨小乳牙，以促進牙齒的生長，緩解牙床的不適，或是用冷紗布幫寶寶在牙床處冷敷，也能起到舒緩的作用。當看到寶寶摳嘴的時候，可以輕輕地把他的手從嘴裡拿出來，給他點別的東西讓他拿在手裡，轉移他的注意力。也可以輕輕地拍打一下他的小手，嚴肅地告訴他「不可以」，但不能嚴厲地打罵，否則會令寶寶恐懼大哭，也起不到任何積極有效的作用。

這麼大的寶寶還聽不懂爸爸媽媽長篇累牘的大道理，但對於大人的語氣、表情和一些簡單的如「好」「不好」之類的判斷詞還是能夠感受和理解的。所以家長即使再著急再生氣，也不能把寶寶拉過來大聲呵斥，更不能體罰，也沒必要給寶寶贅述一堆大道理，只要用嚴肅認真的表情告訴寶寶「好」、「不好」或是「對」、「不對」就可以了。要知道，寶寶不會一直都這麼做，只要過了這一階段，就能慢慢地好起來。

◆嬰兒肺炎

以往嬰兒的肺炎主要是由肺炎菌引起的，只要看到寶寶有突然發燒、呼吸困難、咳嗽，並有疼痛表情，就可以確定爲急性肺炎，用聽診器聽胸音時，呼吸音反常，用手指叩診也能感到聲音不好。但現在由肺炎菌引起的肺炎已經很少了，大部分嬰兒肺炎都是由病毒和支原體所引起的。因此，患有感冒、發燒、咳嗽的寶寶，家長一般很難判斷到底是單純的感冒發燒還是已經引起了嬰兒肺炎。如果寶寶平時身體較差、並有氣喘痰鳴的話，當寶寶感冒時，用聽診器就能聽到「囉音」，並出現高燒，就基本可以診斷爲肺炎，但也要根據肺部X光照射檢查來判定病症。

由病毒引起的肺炎目前還沒有特效藥，但多數能夠自癒。由支原體引起的肺炎可以用抗生素予以治療，但要嚴格掌控用法和用量。

如果寶寶經診斷罹患了肺炎，應特別注意室內的環境，要保持安靜、整潔和舒適。室內要經常通風換氣，並維持必要的空氣濕度，一般相對濕度以55%左右爲宜，必要時可以用加濕器進行調節。

寶寶咳嗽嚴重的時候，可以抱著他，這樣比讓他躺著更容易咳痰。如果寶寶的氣喘仍然不見好轉的話，則需要給予氧氣治療。

由於患了肺炎的寶寶通常高熱，致使呼吸加快，水分消耗大大增多，因此應注意維持足夠液體的攝入量，可多給一些牛奶、白開水、糖水、米湯、菜水和果汁等。當寶寶退燒之後，可以給予稀粥、湯麵、蛋羹等半流質食物，並根據病情的好轉而不斷增加，以維持患兒足夠的營養。

◆拒絕把尿的寶寶

這個月的寶寶可能會讓媽媽成功把尿，但如果希望寶寶能把所有的尿都尿到尿盆裡，那幾乎是有些難爲寶寶了，因爲這時候的寶寶還不能控制自己的小便。

白天把尿一般都比較順利，到了晚上如果寶寶因爲膀胱裡存尿不舒服醒了的話，媽媽把尿也能比較順利，但如果強行給叫醒寶寶把尿的話，寶寶自然就會反抗。如果寶寶晚上熟睡的話，那麼就不要打擾寶寶，讓寶寶把尿尿到尿布上就可以了，畢竟這個月的寶寶依然還是離不開尿布的。

◆不會爬的寶寶

爬行可以促進寶寶四肢和軀體的協調平衡能力，使全身肌肉得到鍛鍊；還可以促進寶寶感知覺以及深度知覺的發展，有助於增進寶寶的理解判斷力。絕大多數寶寶在這個月都會用四肢向前爬了，但也有的寶寶還依然使用肚子匍匐向前，不懂得用四肢向前爬，或是還依然向後爬，再或者就是把腿收起來，屁股翹著利用上身向前拱著走。

對於寶寶這些奇奇怪怪的爬行問題，爸爸媽媽只要持續耐心的訓練，幫助寶寶做好四肢的協調運動，寶寶慢慢就能學會爬行。不能因爲寶寶不會爬就認爲寶寶比較笨或是運動能力發育落後，只要寶寶懂得協調身體的兩側，就沒有什麼問題。可以繼續加強爬行訓練，在寶寶可以觸及的範圍內放置一些引誘寶寶向前的玩具，鼓勵寶寶前行，不能因爲寶寶不會爬就經常將他抱在手上，這樣就剝奪了寶寶自己玩耍、爬行的機會。雖然有的寶寶到了10個月才會爬，但爸爸媽媽還是要盡最大的努力讓寶寶及早學會爬行，因爲爬行對促進寶寶的大腦發育有著非常重要的作用。

也有些寶寶，沒學會爬行就先會走路了，這時也沒有必要非得讓寶寶學爬不可。但如果寶寶走路的姿勢異常、不對稱、動作不協調、運動技能明顯落後的話，就需要做進一步的評估，看寶寶是不是有醫學或發育方面的問題。

◆不出牙的寶寶

大多數寶寶到了這個月，都能萌出2～4顆乳牙了，有些出牙早的寶寶甚至能長出6顆乳牙，但也有的寶寶此時的乳牙還依然是「猶抱琵琶半遮面」，遲遲不肯出現。

嬰兒出牙的早晚有很大的個人差異，一般來講，女寶寶比男寶寶牙齒鈣化、萌出的時間要早，營養良好、身高體重較高的寶寶比營養差、身高體重較輕的寶寶牙齒萌出早。另外牙齒萌出的早晚與種族、環境、氣候、疾病等都有著密切關係。寶寶的乳牙早在胎兒期時就已經長出了牙齦，只是沒有破床而出，長牙是遲早的事。也有的寶寶可能遲遲不長牙，但突然有一天，牙齒就像雨後春筍般冒了出來，所以此時的寶寶不長牙，爸爸媽媽可以耐心等待一段時間，沒有必要視爲異常，一周歲之後才出牙的寶寶也是有的。

爲了長牙，就給寶寶補充大量的鈣和魚肝油是不可取的。因爲過量的鈣和魚肝油非但對寶寶乳牙萌出沒有任何積極的促進作用，反而有可能導致維生素過量甚至中毒，或是鈣過量引起大便乾燥，嚴重者還會造成肝、腦、腎等軟組織鈣化。爲了促使寶寶的牙齒儘快長出來，可以多給寶寶吃點有咀嚼性的東西，例如磨牙棒、餅乾、麵包等等。

家長要知道的是，嬰幼兒的長牙週期都不盡相同，雖說應在約6個月左右時長出第一顆牙齒，不過就乳牙而言，出牙的時間差距在半年之內都算正常，而恒牙萌出時間的合理差距甚至可延長至1年。所以，一般情況下沒有必要過度擔心，通常寶寶只是長牙時間的快慢不同，並不會影響到牙齒的功能。

◆愛哭鬧的寶寶

嬰兒哭鬧的原因有好多種，只要在哭鬧的時候沒有其他異常不適的症狀，如腹脹、發燒、大便異常等，就不是疾病原因。但寶寶如果每天總是無緣無故的持續哭鬧好幾個小時，怎麼哄都哄不停的話，那麼家長就要耐心尋找當中的原因了。

寶寶這種持續性的哭鬧，有可能是因爲食物過敏不適所造成的。對於母乳餵養的寶寶，媽媽要嘗試改變他們自身的飲食習慣，減少對乳製品和咖啡因的攝入，避免辛辣和容易產生腸氣的食物，例如洋蔥或白菜等，觀察寶寶是否會隨著媽媽飲食的改變而減少哭鬧；對於人工餵養的寶寶，可以嘗試著改變配方奶的品種，如疑爲牛奶蛋白過敏的話，就改爲大豆蛋白配方奶餵養；對於添加副食品的寶寶，如對某種副食品過敏，除了哭鬧之外還會出現消化、排便等其他異常表現，只要爸爸媽媽耐心觀察，就能找到這種過敏食物。

改變寶寶的感覺刺激也能緩解寶寶的持續性哭鬧，如當寶寶哭鬧的時候，豎著將寶寶抱起來，讓寶寶緊貼在媽媽的身體上，頭靠著媽媽的肩膀，聽著媽媽的心跳；輕輕搖動並安慰寶寶，用一塊大而薄的毯子把孩子包在繈褓中，讓他覺得有安全感；播放一些有助於平靜的聲音，如風扇的嗡嗡聲或心跳的聲音，這些能讓寶寶回想起在胎中時的聲音有助於使他們平靜下來；用按摩油對寶寶進行腹部按摩，或是把溫熱的熱水袋放在寶寶的腹部，但要注意水溫不要太燙，避免將寶寶燙傷；抱起寶寶看看外面的環境或是新鮮的事物，轉移寶寶的注意力；還可以給寶寶洗個溫水澡，也能調整寶寶哭鬧的狀態。

如果寶寶哭鬧並伴有枕禿、生長發育遲緩的話，就要考慮是缺鈣的原因，應適當給寶寶補鈣，多曬曬太陽，補充些含鈣豐富的副食品。

◆易出汗的寶寶

汗是由皮膚汗腺分泌的，汗腺是人體皮膚調節體溫的重要結構之一。嬰幼兒皮膚的含水量較高，皮膚表層微血管分佈較多，加上汗腺開始變得發達、新陳代謝越來越旺盛、平時活動量越來越大，因此寶寶特別容易出汗，身上總是溼答答的，特別是夏天的時候更是如此。

寶寶多汗大多是正常的，醫學上稱為生理性多汗，多在吃飯、睡覺、跑跳和遊戲後出汗，大多數都是頭部和頸部出汗。對於易出汗的寶寶，爸爸媽媽要注意及時為寶寶擦乾身上的汗水，保持身體的清潔衛生，按時洗澡，平時多注意補充水分，不要穿得過多，睡覺的時候被子也不要蓋得太厚。如果看到自己的寶寶出汗比別的寶寶多，就認爲寶寶是不正常的，這是完全沒有必要的。每個人的體質都不相同，只要寶寶沒有任何異常情況，活動力十足，多出些汗也是無妨的。

◆頭髮稀黃的寶寶

有的寶寶剛出生的時候頭髮又濃又黑，但是慢慢地就開始變得又稀又黃了，做家長的難免會開始擔心寶寶是不是營養不良或是缺少某些微量元素了。

寶寶在1歲以內頭髮稀黃屬生理現象，一般來說不是疾病。寶寶剛出生時的髮質與媽媽懷孕時的營養有很大的關係，而出生後的髮質與自身營養、遺傳和護理都有關係。如果出生後營養不足，體內缺鋅、缺鈣的話，就會使髮質變差，但這個月齡的寶寶由於缺乏營養而致使頭髮發黃的還很少見。如果爸爸媽媽一方髮質原本就不好的話，那麼寶寶的髮質也就有可能不太好。

判斷寶寶是否是由於營養不良引起的頭髮稀黃很簡單，如果寶寶的頭髮不但發黃髮稀，還缺乏光澤、像乾草一樣的話，就表示可能是營養攝取不足；但如果寶寶的頭髮除了比較黃之外，有光澤又柔順的話，那就不是營養不良。

如果是因爲營養問題造成的頭髮稀黃，可以在日常飲食中增加一些含鐵、鋅、鈣比較多的食物，如牛奶及乳製品、豆類、蔬菜、蝦皮等鈣含量較高的食物，以及肝臟、肉類、魚類、油菜、莧菜、菠菜、韭菜等含鐵量較多的食物。

以往有些老人家認爲寶寶頭髮突然變得稀黃，剃光了再長出來髮質就能好起來，但事實上，這種做法非但可能達不到將頭髮養黑養亮的效果，還可能造成外傷。當寶寶的頭皮受傷以後，由於對疾病抵抗力較低，很容易使細菌侵入頭皮，引起頭皮炎或毛囊炎，從而影響頭髮的正常生長。

◆小腿彎曲的寶寶

隨著月齡的增長和能力的發展，有的寶寶漸漸出現了小腿彎曲的現象。當發現寶寶的小腿彎曲時，多數爸爸媽媽都會擔心寶寶是不是有O形腿、X形腿，但其實在這個月齡的寶寶，小腿出現彎曲不一定都是患病的表現，有些是正常的。

1歲以內的嬰兒，其兩條小腿看上去常顯彎曲，是因爲小腿內側的一根長骨（即脛骨）所附著的肌肉較外側的要薄，所以乍看上去，寶寶的兩條小腿就有點彎曲感，這其實是一種錯覺。此外，這個月齡的寶寶由於剛剛開始學站，雙腿還不能很好地承受自己的身體重量，所以暫時會出現小腿彎曲，一般到2～3歲即能恢復正常。這種正常的小腿彎曲在X光片上是看不出佝僂病的表現的，所以爸爸媽媽如透過醫生的檢查發現無異常的話，可以照常對寶寶進行站立的訓練，還可以幫助寶寶向前邁幾步，但注意時間不能過長，一般一天2～3次，一次幾分鐘即可。

不正常的小腿彎曲即佝僂病，是由於缺鈣而使骨質疏鬆、軟化所引起的。患有佝僂病的寶寶在站立的時候，由於下肢不能負重，就會出現小腿彎曲，也就是平時所說的O形腿、X形腿。佝僂病O形腿患兒小腿的彎曲程度比正常現象的彎曲要嚴重，檢查時若將兩踝關節併攏，兩膝關節往往分開不能併攏，兩膝之間的空隙超過3公分。而X形腿則是兩膝關節併攏而踝關節不能併攏，兩腳踝之間的距離在3公分以上。X光片上不僅僅小腿骨彎曲，還有其他佝僂病的特徵表現。

但是畢竟佝僂病的情況還是比較少見，多數這個月齡寶寶的小腿彎曲都是發育過程中的正常現象，爸爸媽媽沒有必要盲目擔心。

◆四季的注意問題

1. 春季

剛剛開春的時候，有的寶寶在睡著後特別容易出汗，這是因爲爸爸媽媽給寶寶蓋得太多了，可能有些爸爸媽媽還爲寶寶加開暖氣保暖。雖說爸爸媽媽是爲了怕寶寶著涼才給他保暖，但是到了春天，還是應該適當減少衣物爲好，不要讓寶寶還是穿蓋冬天的衣服被子，平時穿衣只要比大人多穿一層單衣就可以了，同時換上薄被，否則寶寶因爲半夜出汗踢被子會更容易著涼。

春天外面的風沙和懸浮物都比較多，所以帶寶寶到戶外要選擇晴朗的好天氣，天氣惡劣的話就不要帶寶寶出去了，因爲空氣中的污染物很可能會使寶寶吸入後染上支氣管哮喘。這個時候寶寶的活動多了，外出活動時要小心，不要讓皮球、小石塊等誤傷到寶寶。

6個月以後的寶寶在春季裡要小心腦膜炎。一般發生腦膜炎的話，寶寶會出現高熱、精神委靡不振、臉色蒼白、食慾差，嚴重者甚至還出現抽筋的症狀。一旦出現上述症狀，一定要第一時間儘快入院搶救治療。

2. 夏季

由於天氣炎熱，很多這個月大的寶寶喜歡在涼席上翻身俯臥著睡覺，以此來給自己的身體降溫。為了防止寶寶的肚子著涼，可以在涼席上面鋪上一層薄被，這樣即使寶寶趴著睡，也不會被涼席冰到小肚子。

如果寶寶特別容易出汗的話，一定要幫他勤洗澡勤換衣服，並且多喝水；睡覺的時候在他的肚子上蓋上一層薄被或毛巾被就可以了。

這個月的寶寶已經越來越常和大人吃一樣的東西了，所以在夏天為他做副食品的時候，要儘量注意不要把不乾淨的東西誤混到裡面，也不要用外面買來的現成熟食餵寶寶。夏季寶寶的腸胃比較敏感，因此副食品最好是在家裡親自做，也儘量不給或少給寶寶吃冷飲。

3. 秋季

這個月大的寶寶秋季裡重點預防的疾病仍是秋季腹瀉。當腸胃功能一向較好的寶寶突然出現腹瀉時，不要單純地認為是消化不良，首先應想到的就是秋季腹瀉，應及時補充流失的水分和電解質，不要拖到需要靜脈補液的程度，給寶寶帶來痛苦。

為了讓寶寶更好地適應季節交替的氣候變化，這時不要過早地給寶寶加衣服。讓寶寶去經歷天氣變化的過程，將有利於他適應冬天的寒冷。此外，要繼續持續戶外活動，提高寶寶的抵抗能力。

4. 冬季

容易積痰的寶寶到了冬天特別容易咳嗽，有時還會把剛吃過的晚飯吐出來。寶寶自己不懂得清痰，總是有口痰在嗓子裡來回滑動，特別是到了晚上睡覺時，這種呼嚕呼嚕的痰鳴聲就更厲害。這時可以透過調整其睡覺的姿勢來減輕這種症狀。

對於這樣的寶寶要有的放矢的治療：如果寶寶比較胖的話，就要及時調整飲食結構，降低體重的增加速度；如果寶寶是由於缺乏維生素A、D和鈣導致的氣管內膜功能低下，就要及時給予補充這些營養元素；缺鋅的寶寶容易反覆感冒、咳嗽，應在醫生的指導下補充鋅元素；如果寶寶是過敏體質或家族中有哮喘病史，那麼寶寶患支氣管哮喘的機率就偏高，應進行抗過敏和預防支氣管哮喘的治療；如果寶寶痰很多的話，可以使用吸痰器幫寶寶清理痰液，平時要多給寶寶喝水，使痰變得稀薄，更容易讓寶寶咳出，也方便家長幫助清理。

不要把經常咳嗽的寶寶當成重症病人，只要寶寶精神狀態好、能吃能睡，就應該帶他到室外去活動，增強寶寶對寒冷空氣的耐受性，有利於減輕這種症狀。

第270～299天

◆—— Baby Diary: Year 0.5 ——◆

（9～10個月）的嬰兒

發育情況

這個月寶寶的體重和身高增長速度與上個月沒有太大的差別。男寶寶在這個月體重約9.22～9.44公斤，身高約72.5～73.8公分；女寶寶在這個月體重爲8.58～8.8公斤，身高71.0～72.3公分。本月寶寶體重將增0.22～0.37公斤，身高仍和上個月一樣，增長1～1.5公分。

寶寶的頭圍增長速度依然和上個月一樣，平均一個月增長0.67公分。

大部分的寶寶到了這個月，已經很難看到前囟搏動了。除了可能會在發高燒時看到之外，平時僅僅能看到一個小小的淺凹；頭髮濃密的寶寶則什麼也看不出來，但也有的寶寶前囟門依然明顯，還能清楚地看到寶寶的囟門跳動。此外寶寶在這個月將長出4～6顆乳牙。

具備的本領

這個階段的寶寶能迅速爬行，能夠獨自站起來，並且靠著學步車或大人拉著慢慢地走幾步；這個月是寶寶向站立過渡的關鍵時期，一旦他會獨坐後，幾乎就很難老老實實地坐了，總是想站起來，剛開始時，他會扶著東西站著，雙腿只支持大部分身體的重量。如果運動發育好些的話，這時他還會扶著東西挪動腳步或者獨站，不需要扶東西。有的寶寶已經學會了一手扶著物體蹲下撿東西。

寶寶的動作能力更靈活了。他可以一隻手拿兩塊小積木，手指的靈活性增強，兩隻手也學會了分工合作；學會了隨意打開自己的手指，開始喜歡扔東西；如果大人將小玩具放在他坐的椅子的托盤或床上，他會將東西扔下，並隨後大聲喊叫，讓別人幫他撿回來，然後又重新扔掉；如果你向他滾去一個大球，起初他只是隨機亂拍，隨後他就會拍打，並能使球朝你的方向滾過去。

這時的寶寶可以主動地叫媽媽了，也很喜歡模仿人發聲；會不停地重複說一個詞；懂得爸媽的命令，對要求他不去做的事情會遵照爸媽的要求去做。嬰兒發出可識別詞彙的年齡有很大差異，有些寶寶周歲時已經學會2～3個詞彙，但大多數寶寶在周歲時的語言只是一些快而不清楚的聲音，這些聲音具有可識別語言的音調和變化。只要寶寶的聲音有音調、強度和性質改變，他就在爲說話做準備。而且在他說話時，家長反應越強烈，就越能刺激他進行語言交流。

寶寶的聲音定位能力已發育很好，有清楚的定位運動，能主動向聲源方向轉頭，也就是有了辨別聲音方向的能力。家長可以手拿搖鈴，分別在寶寶的上方和下方晃動出聲，觀察寶寶是否會跟著聲音上下抬頭，低頭。

寶寶的眼睛在這個月，開始具有了觀察物體不同形狀和結構的能力，成為認識事物，觀察事物，指導運動的有利工具。他開始會看鏡子裡的形象，有的嬰兒透過看鏡子裡的自己，能意識到自己的存在，會對著鏡子裡的自己發笑；會透過看圖畫來認識物體，並很喜歡看畫冊上的人物和動物；他還學會了察言觀色，尤其是對父母和照顧者的表情，有比較準確地把握，如果大人對著他笑，他就明白這是在讚賞他，他可以這麼做；如果大人對於他的某種行為面帶怒色，那麼他便知道這是在責備他，他不能這麼做。但這時的寶寶還不具備辨別是非的能力，所以家長沒有必要也最好不要跟他講大道理，否則會使他感到無所適從。

此時的寶寶能夠認識常見的人和物。他開始觀察物體的屬性，從觀察中他會得到關於形狀、構造和大小的概念，甚至他開始理解某些東西可以食用，而其他的東西則不能，儘管這時他仍然將所有的東西放入口中，但只是為了嘗試。遇到感興趣的玩具時，他總是試圖拆開看裡面的結構，對於體積較大的的東西他知道要用兩隻手去拿，並能準確找到食物或玩具的存放地方。另外，這時的寶寶仍然喜歡東瞧瞧西看看，這是他在探索周圍的環境。而對於他的玩具，他已經會學著估計玩具的高度、距離，還會去比較兩個物品的不同。

這個月寶寶的情緒開始會受到家長情緒影響，如果家長不安或沮喪時，他也會顯得不高興；如果家長十分輕鬆快樂的話，那麼他也表現得很興奮。他喜歡主動親近小朋友，自我概念意識也更加成熟，當有其他小朋友在旁邊或者想分享他的玩具時，寶寶會顯示出對玩具明顯的佔有欲，寶寶會認爲全部的東西是自己的，不願和別人分享。

養育要點

◆營養需求

這個月寶寶的營養需求和上個月相比沒有太大的變化，注意添加補充足量維生素C、蛋白質和礦物質的副食品，還要透過牛奶補充足夠的鈣質，透過動物性副食品如瘦肉、肝臟、魚類等補充必需的鐵質。

◆日常飲食

大多數寶寶到了9個月以後，乳牙已經萌出四顆，消化能力也比以前增強，可以進食的種類也越來越多。如果此時母乳充足的話，除了早晚睡覺前餵點母乳外，白天應該逐漸停止餵母乳，吃母乳的寶寶大多數在添加副食品上都會遇到一些困難，所以此時要特別控制好餵母乳的時間。對於牛奶餵養的寶寶，此時牛奶仍應維持每天500毫升左右，如果寶寶不愛喝牛奶的話，少喝一些也沒關係，只要將肉蛋類等富含蛋白質的副食品加上即可；如果寶寶愛喝牛奶，就可以多加蔬果類的副食品，蛋白類的副食品少加，但注意每天攝入的牛奶最多不能超過1000毫升。

這個月寶寶的中餐、晚餐應以副食品爲主，副食品可以是軟飯、瘦肉，也可在稀飯或麵條中加肉末、魚、蛋、碎菜、馬鈴薯、胡蘿蔔等，量應比上個月增加，可以切得稍微大一些、食材要硬一些，以鍛鍊寶寶咀嚼的能力，促進牙齒的發育。除了副食品之外，還應開始在早午飯中間增加餅乾、烤饅頭片等固體的小點心。這時的寶寶已經能將整個水果拿在手裡吃了，所以家長可以讓寶寶自己拿著水果吃，但要注意在寶寶吃水果前，一定要將寶寶的手洗乾淨，將水果洗乾淨，削完皮後讓寶寶拿在手裡吃。

可以多給寶寶吃穀類胚芽的食物，因爲此類食物有很高的營養成分。將胚芽混在寶寶的食物當中，不僅提供相當成分的維生素、礦物質以及蛋白質，而且可以培養寶寶對此口味的喜好，等寶寶長大後，這樣的嗜好有助於寶寶選擇富於營養的食物。

需要注意的是，不能給寶寶餵食以下食物：湯圓、粽子等糯米製品；肥肉、巧克力等不易消化的食物；花生、瓜子、果凍等易誤入氣管的食物；咖啡、濃茶、可樂等刺激性較強的飲料。另外，味道太重的食物也不宜給寶寶吃，這時候的寶寶飲食還是要以清淡爲主。

◆母乳斷不了怎麼辦

此時已然沒有必要完全給寶寶斷奶，只要掌握好餵奶的時間，不要讓寶寶對母乳形成依賴就可以了。一般來說，這個時候除了在早上起床、晚上臨睡和半夜餵母乳之外，其餘的時間都應該讓寶寶吃副食品。這個月齡的寶寶很多時候想要吃母乳並不是因爲餓，而純屬是一種撒嬌和依賴的心理。只要控制好餵奶的時間，不斷給寶寶更換副食品的花樣，絕大多數的寶寶都能在白天高高興興地吃副食品。

◆副食品的給法

9～10個月的寶寶副食品要逐漸增加，以滿足寶寶的營養需求：這個時期應該給寶寶增加一些馬鈴薯、紅薯等含糖較多的根莖類食物和一些粗纖維的食物，來促進寶寶的腸胃蠕動和消化。另外，這時寶寶已經長牙，有了咀嚼能力，所以可以給他啃一些比較粗粒的食物，有些片狀的食物也可以，但不能給寶寶糖果吃。這時的寶寶也不用再給果汁了，可以讓他直接吃番茄、橘子、香蕉等，蘋果可以切成片，草莓可以磨碎。

一日副食品舉例：

早晨6點：餵母乳或牛奶；

上午10點：稠粥1碗，菜泥或碎菜2-3湯匙，蛋羹半顆；

下午2點：餵母乳或牛奶；

下午6點：餵稠粥或爛麵條1碗，蛋羹半顆，除了菜泥外還可在粥中加豆腐末、肉末、肝泥等；

晚上10點：餵母乳或牛奶。

這個月副食品的種類變得多樣，而且寶寶可以嘗試小塊的食物。大多數的寶寶已能吞嚥常規的固體食物了，當然首先要把食物搗碎。此外，每當讓寶寶嘗試一種新的食物時，寶寶都會吞嚥的很慢，媽媽要耐心地等待寶寶把東西吃完後再餵。

這個月要停止給寶寶餵泥狀食物。如果給寶寶長時間食用泥狀的食物，寶寶會排斥需要咀嚼的食物，而愈來愈懶得運用牙齒去磨碎食物。這對於攝取多樣化的營養成分，以及對寶寶牙齒的發育，有很大的影響和阻礙。

因爲寶寶現在是以吃食物爲主了，而食物本身已有天然的鹽分，寶寶並不需要多餘的鹽，所以媽媽在準備寶寶的食物時別再放鹽，更別提供鹹的零食，以免寶寶口味太重。

再有，這個時候要讓寶寶儘量多接觸多種口味的食物，只有這樣他們才更願意接受新食物。當寶寶對添加的食物作出古怪表情時，媽媽一定要有耐心，多餵寶寶吃幾次，寶寶大多都能接受。如果發現寶寶的食慾下降，也不必擔憂。吃飯時不要強餵硬塞·不要嚴格規定寶寶每頓的飯量，以免引起寶寶厭食，只要一日攝入的總量沒有明顯的減少，體重繼續增加即可。

還要注意的是，如果家族史中有明確過敏的食物，那麼一定要避免給寶寶吃此類可能引起敏感反應的食物，以免寶寶也發生過敏反應。

◆給點好吃的小點心

寶寶到了這個月，可以在母乳、牛奶和副食品之外給些小點心吃了。吃點心對寶寶來說，也是生活的樂趣之一，能夠提高寶寶對進食的興趣。由於此時寶寶的胃容量相對較小，加上寶寶活動得較多，所以比較容易饑餓，因此就要相應增加進餐的次數。一般來說，可以在一日三餐之外再加兩次點心。

雖然9個多月的寶寶由於牙齒還沒有長齊，但除了較硬的酥脆餅乾和糖果之外，一般的點心都可以吃，爲了豐富嬰兒的生活樂趣，應儘量讓嬰兒吃些香甜的點心，如麵包、蛋糕、餅乾等，但如果寶寶比較胖的話，就要控制這些點心的攝入量，可以給些水果、優酪乳等來代替麵包、餅乾。

適當的點心對寶寶的成長是有益的。如果點心類的小零食給的恰當的話，就更能滿足寶寶的身體對多種維生素和礦物質的需要，是寶寶獲得營養的重要途徑。據調查，在三餐之間加吃點心的寶寶，比只吃三餐的同齡寶寶更易獲得營養平衡。

需要注意的是，給寶寶的點心零食應定時集中給予而不能零散著吃，否則會破壞寶寶一日三餐的進食規律，不利於寶寶養成良好的飲食習慣。另外，選擇零食的時候要考慮寶寶的年齡特點、咀嚼和消化能力，要選擇適合寶寶月齡的點心。每次在寶寶吃完點心後，要給寶寶喝些白開水，以便將沾在牙齒上的食物清洗掉，也能達到清潔口腔的作用。

◆水果的給法

儘管水果對寶寶的好處多多，但在給法上也應該有一定的講究。

首先是水果選擇的講究。水果的選擇不僅僅是注重新鮮的程度，還要根據寶寶的體質、身體靈活狀況選擇不同的種類。例如，舌苔厚、便祕、體質偏熱的寶寶，最好給吃寒涼性水果，如梨、西瓜、香蕉、奇異果、芒果等，它們可以降火；當寶寶缺乏維生素A、維生素C時，多吃含胡蘿蔔素的甜瓜及葡萄柚，能給身體補充大量的維生素A和維生素C；在秋季氣候乾燥時，寶寶易患感冒咳嗽，可以經常做些梨子粥給寶寶喝，或是用梨子加冰糖燉水喝，因為梨子性寒，可潤肺生津、清肺熱，從而止咳祛痰，但寶寶腹瀉時不宜吃梨子；秋冬季節寶寶患急慢性氣管炎時，可以吃些柑橘；當寶寶皮膚生癤瘡時不宜吃桃，這樣會使寶寶病情更爲加重。

其次，要注意水果的量。有的水果雖然好吃又有營養，但過多食用會給寶寶的身體健康帶來危害。例如，荔枝汁多肉嫩，口味十分吸引寶寶，但吃的過多的話會使寶寶的正常飯量大爲減少，影響對其他必需營養素的攝取，而且還會讓寶寶突然出現頭暈目眩、臉色蒼白，四肢無力、大汗淋漓的症狀。如果不馬上就醫治療，便會發生血壓下降，暈厥，甚至死亡的可怕後果。這是由於荔枝肉含有的一種物質，可引起血糖過低而導致低血糖休克所致。再比如，西瓜屬生冷食物，性比較寒，如果食用太多，不僅會使脾胃的消化能力更弱，而且還會引起腹痛，腹瀉等消化道症狀，寶寶在感冒、口舌生瘡和患有腎臟疾病導致腎臟功能不全時，一定要慎食西瓜。因此，給寶寶的水果一定要控制量，原則上來說，無論什麼水果，每次給寶寶的量都是以50～100克爲宜。

再有，給寶寶水果要掌握好時間。有些家長喜歡從早餐開始，就在餐桌上擺放一些水果，以供寶寶在餐後食用，認爲這時吃水果可以促進食物的消化。但由於水果中有不少單糖物質，極易被小腸吸收，但若是堵在胃中，就很容易形成脹氣，以至於引起便祕。而餐前也不宜給寶寶吃水果，因爲此時的寶寶胃容量還比較小，如果在餐前食用，就會佔據胃的一定空間，由此，影響正餐的營養素的攝入。吃水果最好是放在兩餐之間，或是中午午睡醒來後，這樣，可讓寶寶把水果當做點心吃。

最後，吃水果還要講求一些搭配上的禁忌。例如，寶寶吃柑橘前後的一小時不宜喝牛奶，不然的話，柑橘中的果酸與牛奶中的蛋白質相遇後，即可發生凝固，影響柑橘中的營養吸收。

◆讓寶寶抓食

這個時候的寶寶開始變得有獨立性了，他總是希望自己去完成一些事情，尤其是在吃東西的時候，可能不愛讓媽媽餵了，更願意自己去抓東西吃。有些家長認爲寶寶抓食不衛生，是沒規矩的行爲，因此會去糾正寶寶的這種行爲。但實際上，這種抓食的願望是寶寶成長發育的需要，是寶寶訓練手部能力的大好機會，只要把寶寶的小手洗乾淨，讓他抓食也沒什麼問題。

寶寶用小手抓弄食物，不僅是爲了吃，還是認識食物的一種方式，透過抓弄可以認識和瞭解各種食物的形狀、性質、軟硬、冷熱等。從科學的角度講，沒有寶寶不喜歡吃的食物，關鍵在於寶寶是否熟悉它、寶寶抓食各種食物，有利於預防挑食、偏食的壞習慣。再有，讓寶寶自己體會到進食是一件令他感到愉悅的事，可以增進他的食慾，提高他進食的信心。

當寶寶學著抓食時，自然也會存在一些安全隱患。最常見的就是寶寶將一些危險的、有毒的東西誤吞了進去，或是卡在食道、氣管裡。但是，並不能因爲擔心危險的發生，就剝奪寶寶學習的機會，因此家長在日常生活中要絕對的細心，要把所有顏色或氣味相近、大小適合抓起並可能被寶寶吞食的東西收好，不要讓寶寶有機會拿到。

即使是吃東西的時候，寶寶也有被噎到的可能。當寶寶噎到的時候，家長千萬不要著急，一定要冷靜處理和對待。如果噎住寶寶的物體處於位置較淺的情況下，可以讓寶寶採取俯臥位，用手適當用力捶壓背部，就能使物體被吐出；但是如果被噎住的位置比較深，那麼一定要馬上將寶寶送往醫院，路上注意不要讓寶寶平臥，要採取俯臥的姿勢。

◆補充益生菌

健康足月的寶寶，自出生後腸道從最初細菌定居到形成菌叢平衡大約需要2周的時間，此時的益生菌約占腸道的95%以上，也是益生菌最多的時候，但腸道免疫系統尚未建立和成熟。

由於寶寶的免疫系統尚未成熟，所以寶寶在成長過程中很容易受到外界病菌感染，促使有害菌大量繁殖，導致寶寶體內益生菌減少，出現食慾下降、厭食不振、消化吸收功能下降、體質瘦弱、反覆生病等病症，久而久之就會使體質變差，經常生病。寶寶生病之後很多時候都會使用到抗生素，這就會將寶寶體內的有害菌和有益菌一起殺死，使寶寶腸道缺乏免疫保護。此外，寶寶生病、飲食不當、水土不適、食用殘留農藥的蔬果等，都會破壞體內的益生菌，引起菌叢失調。如果此時能夠及時為寶寶補充益生菌，就能幫助寶寶恢復腸道免疫力，促進消化吸收，從根本上解決寶寶厭食、體弱多病等症狀。

益生菌是一種有助改善宿主腸內微生物的平衡的物質，它包括很多種，如乳酸桿菌（俗稱A菌）、比菲德氏菌（俗稱B菌）、酵母菌、保加利亞乳酸桿菌等，這些菌種可以產生有機酸及天然的抗生素，並啓動免疫細胞，促進產生黏膜抗體IgA，起到調整腸道菌落的組成、抑制有害菌的作用，進而增強消化道的防疫能力。除此之外，益生菌還可以產生B群及K群維生素，能夠促進鈣、鐵、磷、鋅的吸收。

目前市場上的益生菌產品五花八門，有添加益生菌的嬰兒配方奶粉、優酪乳、優格、益生菌粉劑、益生菌膠囊等，而寶寶對益生菌的攝取主要是透過飲用優酪乳、添加具活性的乾燥粉末於嬰幼兒配方奶或果汁中及醫生開給的膠囊劑型來完成。對於不足一歲的寶寶來說，由於此時腸胃消化系統發育尚未完全，所以不宜食用優酪乳和優格等牛奶發酵製品中的益生菌，最好的方式是餵哺母乳，或者使用含腸道益菌的合格嬰兒配方牛奶。

◆給寶寶餵藥

給寶寶餵藥是父母的一項大工程，如果技巧不好的話，很可能會令寶寶哭鬧掙扎拒絕，吃了也會吐出來，家長也往往是累得滿頭大汗。那麼，應該如何才能順利地給寶寶餵藥呢？

在餵藥之前，爸爸媽媽要做好必要的準備工作。把要餵的藥準備好，再仔細看一遍說明書上註明的用法和用量，確認清楚所有注意事項；然後準備好餵藥的工具，常用的有吸管、針筒、湯匙、藥杯等；還可以準備一些寶寶愛吃的小零食，如水果、餅乾等。

藥水類的藥物比較容易餵，餵的時候媽媽採取坐姿，讓寶寶半躺在媽媽的手臂上，然後用手指輕按寶寶的下巴，讓寶寶張開小嘴，用滴管或針筒式餵藥器取少量藥液，利用器具將藥液慢慢地送進寶寶口內後輕抬寶寶的下頜，幫助他吞嚥。當將所有藥液都餵完後，再用湯匙加餵幾湯匙白開水，儘量幫助寶寶將口腔內的餘藥嚥下。

如果是餵藥粉類的藥物，要先將粉末倒在湯匙上，加上少許開水調勻。讓寶寶張開小嘴，將藥直接送入口中，然後將裝有適量白開水的奶瓶給寶寶吮吸，以利於寶寶將藥嚥下。當寶寶吃完藥之後，可以給寶寶一些小塊的水果零食，以減輕寶寶嘴裡的苦味。

一般情況下，給寶寶的餵藥時間應選在兩餐之間，但如果怕寶寶因進食而導致嘔吐，可以在進食前30分鐘到1小時餵藥，因爲此時胃已排空，還可以避免服藥引起的嘔吐。對於某些對胃有較大刺激的藥物，如鐵劑等，可以選在餐後1小時餵服，這樣就可以防止藥物損傷胃黏膜。

給這個月齡的寶寶餵藥，如果寶寶表示抗拒的話，可以利用他喜歡的玩具分散他的注意力，趁機將藥送到寶寶嘴裡。不過更好的辦法是以遊戲、比賽的方式進行，例如把藥水準備好，然後告訴寶寶「和媽媽比賽，看誰吃得快」，然後給寶寶餵一芍藥水，媽媽就用另外一個湯匙喝口水，這樣寶寶就能很順利地把藥吃下去了。再有，餵藥的時候鼓勵也很重要，有的時候，只要爸爸媽媽一句諸如「寶寶真棒，能大口大口地把東西吃下去」，寶寶就真的能順順利利的服藥了。

需要注意的是，稀釋藥粉一定要用溫涼的開水，因爲熱開水會破壞藥物的成分。不能用牛奶或果汁和藥，否則也會降低藥效。再有，餵藥的時候不能捏著寶寶的鼻子，也不要在寶寶哭鬧時餵藥，這樣不僅容易使寶寶嗆著，還會讓寶寶越來越害怕，並抗拒吃藥。

能力的培養

◆排便訓練

這個月的寶寶有可能會出現「能力倒退」的情況，即以前把尿把便都順順利利的，但是這個月突然開始把尿時不尿、放下就尿，坐便盆的時候也開始不合作，甚至有的時候會反抗到把便盆踢翻，令爸爸媽媽懊惱不堪，認爲寶寶越長大反而越不如以前了。

其實，這並不是寶寶的能力真的在退步，只是因爲寶寶長大了，有了自己的選擇。寶寶這個時候本來就不具備控制尿便的能力，爸爸媽媽只是根據寶寶在排便前的反應判斷後順勢接便，如果大人判斷失誤或是寶寶不願意服從指揮讓大人把的話，自然就會失敗。

如果寶寶不喜歡大人把尿把便的話，那麼不妨順其自然及時放手，這樣才能平息寶寶的反抗情緒。對於寶寶的排便訓練，家長要有充分的耐心和信心，要相信寶寶最終是可以學會控制大小便的。

◆走路訓練

寶寶快到10個月的時候，就會從之前的扶著床欄站立發展成扶著床欄橫步走了，這就預示著嬰兒學走路的開端。但從嬰兒扶著床欄走到真正學會走路，還需要一定的過程。在這個過程中，家長無疑要起到輔助作用。同時，家長還應多學習一些嬰兒動作發展方面的知識，以做到正確恰當的輔助寶寶學會走路。在這個月，家長需要做的，就是了解這方面的知識，爲下個月真正的訓練寶寶走路打下基礎。

家長首先要知道的是，嬰兒學習走的動作發展，通常是分爲5個階段的：

第一階段：寶寶10～11個月時，此時是寶寶開始學習行走的第一階段。這時候的寶寶已經能夠扶著東西站得很穩、有的甚至還能單獨站一會兒，當寶寶具備這些能力時，就可以開始訓練他走路了。

第二階段：寶寶11～12個月時，蹲是此階段重要的發展過程，家長訓練的重點應放在訓練寶寶站一蹲一站的連貫動作上，由此可鍛鍊寶寶腿部的肌力，以及訓練身體的協調度。

第三階段：寶寶12個月，此時的寶寶已經可以扶著東西行走了，這時就要訓練他放開手獨立行走，過程中需要著重訓練寶寶的平衡能力。

第四階段：寶寶13個月，這一時期的訓練內容除了繼續訓練腿部的肌力及身體與眼睛的協調度之外，還要著重訓練寶寶對不同地面的適應能力。

第五階段：寶寶13～15個月：這時大多數寶寶已經學會走路了，同時他對四周事物的探索也逐漸增強，家長應該在這個階段儘量滿足他的好奇心，使其朝正向發展。

其次，家長還應知道，當寶寶開始走路，就表示他已經能夠自主性的握拳，並隨其意志主動支配他的手指及腳趾，而且腿部肌肉的力量也已經足以支撐自己的重量，並且可以很靈活的轉移身體各部位的重心，懂得運用四肢，上下肢各動作的發展也已經協調得很好。上述變化就表示，寶寶的發育到了一個新的階段。

最好，家長還應明白，寶寶剛一開始走路時不可能像成人一樣筆直著雙腿穩步前行，他會出現各式各樣的怪姿勢，比如雙腿交叉著、拖拉著、搖搖晃晃地像個醉漢，隨著他慢慢地成長、慢慢地練習，這些怪姿勢自然會消失的。

在寶寶學走路的過程中，可能會出現踮著腳尖走路的行爲。這種行爲有的時候是正常的，有的時候則是異常的，可以根據其踮腳尖走路的頻率來判斷其究竟是否正常：如果寶寶有時踮著腳尖走路，有時恢復正常狀態，家長則不必過於擔憂；但如果寶寶總是踮著腳走路的話，家長就應注意觀察一段時間，如確定這是其「正常」走路狀態的話，就應及時到醫院檢查清楚，看看是否有什麼異常病症。

◆體能訓練

1. 扶物蹲下撿玩具

當寶寶扶著椅子站立時，可以把玩具推到寶寶身邊，讓寶寶一手扶椅子，另一手將玩具撿起來。這個動作可以訓練寶寶從雙手扶物進步到單手扶物，且彎腰移動後能保持身體平衡。當寶寶學會一手扶椅子，彎腰後仍能保持平衡再站起來的時候，就可以使身體與走路方向一致，而不是橫行跨步了。

2. 練習平衡

能很好地學會走路，不僅需要有力的腿部肌肉，身體的平衡性也是很重要的。在剛開始練習平衡感時，可以讓寶寶背部和小屁股貼著牆，兩條小腿分開些，但是腳跟要稍微離開牆壁一點。這時，媽媽可以用小玩具在寶寶面前左右搖晃，寶寶自然也會時左時右地跟著玩具的運動方向搖晃身體。這樣的練習，有助於寶寶掌控身體的平衡感，讓寶寶更快的學會走路。

3. 起立蹲下

這個動作比較有難度，需要全身協調，並且平衡感要好。剛開始訓練的時候，先讓寶寶蹲著，爸爸媽媽用手指勾著寶寶的手指，邊鼓勵寶寶站起來，邊用力向上拉。隨著練習次數的增多，勾起的力度要逐漸減小，直到寶寶完全不用借助外力就能站起來。

4. 向前起步走

如果寶寶此時能夠一手扶傢俱向前走的話，就表示寶寶的身體可以維持平衡，就能進行向前邁步走的訓練了。剛開始訓練時，可以讓寶寶站在媽媽的前面，媽媽牽著寶寶的雙手，同時邁開右腿再邁左腿；或是讓寶寶和媽媽面對面，媽媽牽著寶寶的雙手倒退，鼓勵寶寶跟著媽媽向前走。一般來說，兩個人相對著會讓寶寶覺得更安全，但另外一種方式會讓寶寶的視野更寬廣。如果寶寶的膽子比較大的話，可以完全放開寶寶，讓他扶著東西獨自站立，媽媽站在離寶寶不遠的地方，拍手鼓勵寶寶向前邁步。當寶寶試圖向前邁步的時候，媽媽可以伸開雙臂來鼓勵，並注意做好保護，在寶寶重心不穩向前傾倒的時候要立即把寶寶接到懷裡，防止寶寶摔倒。

家庭環境的支持

◆室外活動

多到室外活動是非常重要的，如果沒有人幫忙的話，家長可以儘量簡化副食品的製作，多騰出時間來帶寶寶到室外活動。這個月大的寶寶可以吃和大人一樣的飯菜了，這就會爲副食品的製作減輕不少負擔。

這個月的寶寶活動量愈來愈強，也有了主動要求，早上一醒來就會要求爸爸媽媽抱到外面去玩耍。家長應滿足寶寶的要求，多帶寶寶到戶外去活動，可以用小車推著到外面去玩，也可以抱出去散步、曬太陽，使寶寶呼吸到新鮮空氣，同時還能使寶寶開闊眼界，心情愉快，學會與人交往，有利於寶寶的身心健康發展。

把寶寶抱到外面進行站立邁步的訓練也是不錯的選擇。一方面，寶寶的活動範圍更開闊，另一方面室外的空氣流通也比較好，對寶寶的呼吸系統循環非常有利。但在室外進行這項訓練的話，更要注意做好保護工作。另外這個月齡的寶寶在戶外訓練可能還有些難度，家長應當視寶寶的能力發展程度量力而行，不必強求。

一般來說，每天的戶外活動時間都不應少於2小時，但具體安排要根據氣溫和個體反應而定，體質較弱的寶寶要相對減少戶外活動的時間，生病的寶寶要視情況決定減少戶外活動的時間或是暫時停止戶外活動。冬天氣溫較低的時候，可以選擇在太陽下玩耍；夏天則應選擇在早晚進行戶外活動，避免中午陽光的直射；而在春秋季節，如果天氣晴朗無風的話，白天任何時候都適宜出去玩耍。另外，一天中的戶外活動要分次進行，每次時間不必太長，以防止寶寶過度疲勞。

◆幫助寶寶站立

寶寶到了這個月，可能會越來越不安分，他已經不願意總是一個姿勢或總在一個小範圍活動了，也不滿足總是爬著運動，開始表現出想要站立的欲望。這時就要爲寶寶準備安全自由的活動空間，如帶欄杆的小床、遊戲床，或是在沙發前、床前空出一塊地方，讓寶寶扶著或靠著練習站立。剛開始的時候，寶寶可能像個不倒翁一樣的搖搖擺擺，這時爸爸媽媽可以扶住寶寶的腋下幫助寶寶站穩，然後再輕輕地鬆開手，讓寶寶嘗試一下獨站的感覺。或是剛開始的時候讓寶寶稍靠著物體站立，以後逐漸撤去作爲依靠的物體，讓寶寶練習獨自站立，哪怕只是片刻。但注意一定要保護好，以免摔倒而影響下一次的練習。

爸爸媽媽也可以先扶住寶寶的腋下訓練寶寶從蹲位站起來，再蹲下再站起來。逐漸發展成拉住寶寶的一隻手，使寶寶借助爸爸媽媽的扶持鍛鍊腿部的力量。經過這樣的訓練，如果讓寶寶扶著欄杆站立，寶寶常常會稍稍鬆手，以顯示一下自己站立的能力，有時甚至能站得很穩，這時最好不要去阻止，而要及時給予鼓勵和表揚。

還可以利用起立一坐下的練習，幫助寶寶練習腿部肌肉的力量。練習的時候，可以先扶著寶寶站著，然後有意識地把一些玩具放在他的下面，鼓勵寶寶自己坐下去拿。剛開始的時候，寶寶可能是一下子摔坐下去，這時要注意保護好，可以扶著寶寶，給他一些輔助力量，讓他可以緩慢地屈髖坐下。

在訓練時，寶寶由於剛學會站，有時動作還不夠穩定，這就需要繼續加強訓練，以提高站立的穩定性和持久性。但要注意的是，不要讓寶寶的站立時間太長，以免因身體疲勞而使寶寶對學站失去興趣。有的長輩總是擔心讓寶寶站得過早，會長成O型腿，但每天如果只訓練5分鐘，是不會有問題的，況且寶寶在這個月齡的時候大多數都是小腿向外側彎的，這是屬於生理性的，所以不必要擔心小腿彎曲。

需要注意的問題

◆可能出現的事故

與上個月相比，這個月的寶寶更加活潑淘氣，任何東西都可能給寶寶帶來危險。嬰兒更加活潑，因而發生事故的危險也多起來。

室內使用的任何可能燙傷寶寶的物品，包括電熨斗、水壺、電熱器、熱菜熱湯等；可能割傷劃傷寶寶的物品，如小刀、剪刀、針、玻璃製品等；可能被寶寶誤吞的物品，包括藥物、香菸等，都要放到寶寶拿不到的地方。

嬰兒在學著站立邁步時的摔倒一般都沒有什麼大的危害，最多是讓寶寶大哭一陣，但是要避免寶寶從高處墜下。這時的寶寶動作力強力度大，以往能護住寶寶的被子、墊子等在這個時候幾乎沒有任何作用了，甚至他還能夠翻過嬰兒床的欄杆，或是坐在嬰兒車裡的時候使勁向外翻，結果連人帶車一塊摔倒。最安全的辦法是，家長一刻不離的看著寶寶，這樣才能做到防患於未然。

◆輪狀病毒腹瀉

秋冬季節寶寶若出現腹瀉，要留意是否爲輪狀病毒腹瀉。輪狀病毒腹瀉是由輪狀病毒引起的，嬰兒感染後一般出現以急性胃腸炎爲主的臨床症狀，即水樣腹瀉，伴有發燒、嘔吐和腹痛，腹瀉物多爲白色米湯樣或黃綠色蛋花樣稀水便，有惡臭，嚴重者可因脫水及肺炎、中毒性心肌炎等併發症導致死亡。

輪狀病毒腹瀉好發於6個月到5歲的寶寶，以1歲半以下的尤爲常見。這種腹瀉具有很強的傳染性，主要經糞—口途徑傳播，也可經呼吸道傳播，寶寶可透過接觸被污染的手和玩具等物品而感染。由於腹瀉嚴重且伴有脫水和電解質紊亂以及毒性代謝產物的釋放增加，若患兒沒能及時治療或治療方法不正確的話，可引發消化道外感染、鵝口瘡、病毒性肝炎、營養不良和維生素缺乏以及急性腎功能衰竭等併發症。嚴重時還有可能因爲脫水致死。

目前對輪狀病毒腹瀉的治療主要採取對症治療，改善脫水症狀維持電解質平衡，預防併發症的出現。當寶寶患病後，需要及時要調節飲食，多喝鹽糖水補充流失的電解質和水分，症狀較輕的話不必禁食，只需減少哺乳次數，縮短哺乳時間；而患病較重的話則要禁食6～24小時，進食必須由少到多，由稀到稠，避免油膩食物。

輪狀病毒疫苗的免疫接種對象爲2個月以上的兒童，主要爲6個月至3歲的嬰幼兒。接種方式爲口服，免疫療程爲每次一劑，每年免疫一次。發燒、患嚴重疾病、胃腸疾患、嚴重營養不良、有免疫缺陷和接受免疫抑制劑治療者不要接種或暫緩接種。

◆高熱

寶寶發熱尤其溫度較高時，常因身體感覺極度不舒服而躁動哭鬧不安，並可能伴有心跳加速、呼吸加快、食慾不振、全身乏力等現象。對於寶寶發燒，爸爸媽媽不必大驚小怪，但也不能掉以輕心，導致病情不可收拾。只要學會適當的處理，就能幫助寶寶緩解病情。

當寶寶發燒的時候，家長可以將寶寶身上衣物解開，用溫水毛巾在全身上下輕拍，如此可使寶寶皮膚的血管擴張將體氣散出，另外，水汽由體表蒸發時，也會吸收體熱，起到降溫的作用；如果寶寶四肢及手腳溫熱且全身出汗，就表示需要散熱，可以少穿點衣物；還要保持室內環境的流通，如果家裡開冷氣的話，要將室內溫度維持在25℃～27℃之間；給寶寶吃的食物要清淡，以流質為宜，並多給寶寶喝白開水，以助發汗，並防脫水。可以給寶寶貼上退熱貼，退熱貼的膠狀物質中的水分汽化時可以將熱量帶走，不會出現過分冷卻的情況。

如果寶寶的中心溫度（肛溫或耳溫）超過38.5℃時，可以適度的使用退燒藥水或栓劑，必要的情況下要到醫院請醫生治療。

◆嘴唇乾裂

嘴唇與皮膚的性質不一樣，它屬於黏膜組織，與皮膚相比來說角質層較薄，皮脂腺也不如皮膚的那麼豐富，分泌的皮脂相對較少，因此，嘴唇比皮膚更加嬌嫩、更加薄弱，也更容易受到損傷。尤其是在多風乾燥的秋冬季節，由於空氣濕度低、天氣寒冷，寶寶的嘴唇很容易因為缺水而變得乾燥脫皮、皸裂，甚至嘴唇周圍一圈都發紅、發乾，更嚴重的則會導致舌舔皮炎。

這個月齡的寶寶嘴唇比較容易出現乾燥，特別是趕上秋冬季節就更常見。除了補水量不夠、飲食不均衡等原因外，這個月的寶寶口水分泌較多，加上總愛啃手指頭，口水長時間刺激嘴唇及周圍皮膚，就會使嘴唇出現不適。吃飯後沒有清潔嘴唇，尤其是吃完偏酸或偏鹹的食物後不及時清洗，也同樣會刺激嘴唇及周圍皮膚而出現炎症。

當寶寶嘴唇乾燥的時候，會下意識地用舌頭去舔，希望以此來緩解乾燥的感覺。但舔過之後的口水特別容易揮發，就會使乾燥的感覺更明顯，於是導致寶寶更頻繁地去舔，這樣就會形成乾燥—舔舐的惡性循環，最終導致寶寶嘴唇出現皸裂、脫皮等炎症反應。由於口水中含有的消化酶和酸性成分對嘴唇有一定的刺激，所以會加重嘴唇的不適和炎症，嚴重的話會導致口唇周圍皮膚紅斑、水腫、乾燥、鱗屑，甚至出現糜爛、滲出和結痂，形成舌舔皮炎。

如果發現寶寶經常用舌頭去舔嘴唇的話，就要特別注意，因爲此時說明寶寶的嘴唇乾了，要注意多給寶寶喝水，以及補充新鮮的水果和蔬菜。如果嘴唇已經乾裂脫皮的話，可以用乾淨的紗布或手帕蘸上溫水，給寶寶濕敷嘴唇，等脫皮處的皮膚完全軟化後再輕輕揭去，然後塗抹上潤唇膏。千萬不要隨意用手去撕，否則會令皮膚損傷更嚴重。潤唇膏要選擇適合寶寶使用的不含香料和色素的。

要預防寶寶嘴唇乾裂，首先就要維持寶寶的飲食均衡，多喝水，多吃新鮮水果和蔬菜，特別要重視維生素B群的攝入，需要的時候可在醫生的指導下適當口服補充維生素B群；寶寶吃完飯後要及時用溫水將寶寶嘴唇及口周皮膚清洗乾淨，避免殘留的菜湯或果汁對嘴唇和皮膚的刺激；還要糾正寶寶吸吮手指和舔嘴唇的不良習慣，平時可以給寶寶塗抹些潤唇膏。如果天氣較冷、風較大的時候，不要讓寶寶在戶外長時間玩耍，尤其是要注意避開風口處。

◆耳後淋巴結腫大

如果發現寶寶耳後或腦袋後面有小豆般大小的筋疙瘩，撫摸按壓的時候寶寶並沒有感覺疼痛不適，就應該是淋巴結腫大。耳後的淋巴結腫大有的在雙側，也有的是單側，可能是由於蚊子叮咬、頭上長痱子引起的，也有可能是急性化膿性扁桃腺炎、反覆感冒，以及一些少見的疾病如淋巴結核、惡性腫瘤淋巴結轉移等引起的，但此時像後者的情況還比較少見，大多數都是由於蚊蟲的叮咬和痱子引起的。

這種筋疙瘩在夏天寶寶長痱子後最爲多見，由於長了痱子後寶寶感覺特別癢，就會忍不住用手指去抓撓。當寶寶用手指抓撓的時候，藏在指甲裡的細菌就可透過撓破的皮膚侵入人體，淋巴結就會主動抵抗病菌侵害身體，因此發生腫大。這種淋巴結的腫大通常不會因爲化膿而穿破，不需要特別處理，它會在不知不覺中自然吸收。

也有些時候，這種腫大的淋巴結要過很長時間才能消失，但也不需要特殊治療。少數可見化膿時周圍皮膚發紅，一按就痛，或是數量增加、腫塊變大，當出現上述情況時，就要到醫院請醫生治療了。

◆仍然不出牙

正常情況下，這個月的寶寶至少能長出2顆乳牙，可如果此時寶寶依然不見牙齒的話，爸爸媽媽就要開始擔心了，有些甚至開始增加給寶寶的補鈣量。而事實上，這個時候不長牙的寶寶也是有的，即使帶到醫院，最多醫生也就是建議拍個牙槽骨X光片，看看乳牙牙根的情況。大多數的寶寶都能見到發育正常的乳牙牙根，這就沒什麼問題，乳牙破床而出只是遲早的事。過多的給寶寶補鈣非但不能促使寶寶萌出牙齒，還可以由於體內鈣含量過多導致軟組織疏鬆。事實上，有些寶寶要到1歲多才會出牙，這與個人的發育情況有關，但並非寶寶此時不長牙就意味著發育落後，只不過是個體之間的差異罷了。

◆表現的倔強

這時的寶寶可能開始越來越多地表現出自己的個性了，如主動要求出去玩、把尿的時候不配合、遇到不愛吃的副食品會很堅定的拒絕甚至把飯碗打翻、當大人要求他做他不想做的動作時他會堅決抗拒絕不合作，這些在大人眼裡有些「不聽話」的現象，其實說明寶寶長大了，開始有自我意識，並形成了自己的個性。

對於寶寶表現出的這種倔強，作爲家長要表示欣慰和寬容，並充分尊重寶寶的想法。還抱有寶寶必須要對大人的話堅決服從、不服從就懲罰的態度就錯了，只有尊重寶寶的個人意願，才能讓寶寶更健康、更快樂的成長，才能使親子關係更加親密和融洽。再說，有的時候，只有寶寶能知道自己的感受，他所做出的行爲完全是出於自己的感受。只要寶寶表現出的倔強不會對自己造成危害，不會形成不好的行爲習慣，家長就沒有必要強行干涉，讓寶寶什麼都順著自己來。

◆男孩愛抓「小雞雞」

寶寶從一出生起就具有探索精神，隨著漸漸的成長，他會對周圍的一切事物充滿好奇和探索心，對自己的身體也一樣。這個時候的男寶寶可能開始愛玩自己的「小雞雞」了，對於這種行爲，家長沒有必要太過害怕和擔心，這是寶寶對自己身體的一種探索，和寶寶摸自己的手臂、腦袋是一樣的，如果此時家長嚴厲呵斥的話，非但不會杜絕寶寶的這種行爲，反而會使其愈演愈烈，或是變得恐懼、憂慮。

也有些家長，對於寶寶出現的這種行爲一點也不干涉，反而還大加讚揚和鼓勵，拿這件事炫耀自己寶寶「可愛」「長本事了」的家長也不是沒有。這個時候的寶寶對大人的表情、語言有著很強的感受，當他感受到他的這種行爲可以爲自己帶來表揚時，他就會更加高興地做出這個舉動，目的是贏來更多的讚揚。還有些家長甚至拿寶寶的「雞雞」當玩具，逗寶寶玩，逗得自己和寶寶哈哈大笑。

但是，這種一時的快樂，很可能給寶寶帶來極大的危害。首先，寶寶的尿道口黏膜薄嫩，經常用手觸摸可引起尿道口發炎，其症狀爲尿道口發紅、腫脹、刺癢、排尿時刺激疼痛，爲寶寶帶來生理上的痛苦。其次，這種行爲對寶寶的心理也會造成不好的影響，嬰幼兒時期經常把玩自己陰莖的寶寶，長大後更容易習慣性手淫，且很可能從幼年時期就開始有這種習慣，這是很不利於寶寶心理健康發展的。

因此，發現寶寶有撫摸把玩自己陰莖的行爲時，要輕輕地把他的手拿開，並用嚴肅的態度告訴他「不可以」。只要告訴寶寶這一簡單的字，再加上寶寶看見爸爸媽媽嚴肅認真的表情，他就能明白，這種行爲是不好的，是爸爸媽媽不喜歡的，他就不會去做了。

◆四季的注意問題

1. 春季

春天是這個月齡寶寶進行戶外活動的最好季節，應維持每天3個小時以上的戶外活動時間，儘量讓寶寶接觸大自然的環境，借此發展寶寶的認知能力和好奇心。

帶寶寶到戶外運動要遠離人多的公眾場合和患有流行疾病的人群，因爲這個時候寶寶對疾病的抵抗能力還很弱。此外，由於寶寶的運動能力加強了，所以出去的時候，不要給寶寶穿的太多，免得妨礙他活動能力的發展進步。

2. 夏季

這個月大的寶寶可以玩水，但一定要有家長在旁邊看護。因爲稍不留神的話，寶寶就有可能跌倒水裡，如果是臉部朝下跌下去的話，後果將不堪設想。

寶寶此時的汗腺已經很發達，加上愛活動，所以更容易出汗，尤其是在吃奶和活動時。當汗液和空氣中的塵土混在一起時，就會堵塞住毛孔，引起痱子和膿皰疹，比較胖的寶寶在皮膚的皺褶處容易糜爛，所以要給寶寶勤洗澡，勤換衣服。給寶寶降溫納涼也最好是扇扇子，少開空調和電風扇。

寶寶和大人一樣，到了夏天難免會食慾不振，體重增長的速度也減緩。此時家長不必擔心，也沒有必要強求寶寶按照以前的食量進食，只要維持日常營養均衡就可以了。在製作副食品的時候要注意衛生，不能給寶寶吃隔夜的食物，食物在冰箱裡儲存的時間也不宜過長，否則會引起細菌性腸炎。

3. 秋季

以前夜間不愛啼哭的寶寶，有的卻從10個月末開始夜啼了，這種現象並不少見。有的寶寶是因爲缺乏活動，運動不足導致不能熟睡引起的，有的是因爲睡覺時小腿或頭部碰到床欄杆引起的，也有其他原因不明的夜啼。對於突然夜啼的寶寶，媽媽可以把他放在自己的床上一起睡。

秋天寶寶的喉嚨裡常發出痰音，這是嬰兒時期常見的現象，多數都不需要治療，到了寶寶1歲半左右時就會自動消失了。如果寶寶平時沒有吃魚肝油、只是補充維生素D的話，可以改服魚肝油或每天額外補充維生素A1200國際單位，這對氣管內膜有一定的修復作用，對痰多的寶寶和易感冒的寶寶有一定的預防作用。

4. 冬季

寶寶能否抓著東西站起來，與衣服的重量和腿部是否裸露在外有相當大的關係。冬天和夏天寶寶穿的衣服完全不同，所以若爸爸媽媽看到別人的寶寶到了10個月時已經能夠扶著東西站起來，而自己的寶寶這個月還顯得比較笨拙也不用擔心，特別是這個月趕上冬季的寶寶，很可能是因爲寶寶身上負重太多、被衣服束縛住腿腳所造成的。

排便也是如此，這個月遇到夏天的寶寶，把他放到便盆上寶寶可能沒什麼反抗就直接排尿了，但如果是遇上冬天的話，寶寶很可能因爲天氣寒冷，不願意讓媽媽換尿布而出現把尿把便困難的現象。這種暫時的「退步」是可以理解的，家長應該順其自然。

這個月大的寶寶在冬天也應該多到戶外運動，接受陽光的照射，進行耐寒訓練，同時也要維持隔天或隔兩天洗一次澡。

Baby Diary: Year 0.5

第300～329天

◆ Baby Diary: Year 0.5 ◆

（10～11個月）的嬰兒

發育情況

在這個月，寶寶的容貌改變要比身高體重看起來大的多，但看起來仍然是一個嬰兒，頭部和腹部仍然是身體的最大部位。

這個月寶寶身高增長速度與上個月一樣，平均增長1.0～1.5公分，男寶寶的平均身高是73.08～75.2公分，女寶寶72.3～74.7公分；體重的增長速度也與上個月一樣，平均增長0.22～0.37公斤，男寶寶的平均體重是9.44～9.65公斤，女寶寶爲8.50～9.02公斤。此時頭圍的增長速度仍然是每月0.67公分，越來越多的寶寶此時前囟已經快要閉合，但有些寶寶的囟門依然還很大。

具備的本領

這個月的寶寶，各方面得能力都進一步增強，與父母的關係也更加親密，能夠聽懂大人說話的意思，也能用多種方式與大人進行交流，表達自己的感情和想法。

此時手的動作靈活性明顯提高，能夠使用拇指和食指捏起東西，還能玩各種玩具，能推開較輕的門，拉開抽屜，或是把杯子裡的水倒出來等等。

這時的寶寶已能平穩地坐在地板上玩耍，也能毫不費力地坐到較矮的椅子上；有的寶寶還會顫巍巍地向前邁步，大人牽一隻手就能走了，但大多還是不協調的交叉步，經常會自己絆倒自己；有的寶寶已經會單手扶著床沿走幾步，會推著小車向前走；還可以執行大人提出的簡單要求，懂得用臉部表情、簡單的語言和動作與大人交流。

在本月，大部分的寶寶都能準確理解簡單詞語的意思，也會叫「爸爸、媽媽、奶奶、姑姑」等發音簡單的詞句，通常女寶寶開口說話要比男寶寶早一些，而且語言表達的能力也強一些。另外，如果爸爸媽媽總是經常有意向寶寶傳達這樣的詞彙資訊，寶寶就會比較早的學會它們。但無論如何，此時的寶寶能開口說話還是很少的，不斷地無意識地發出一些簡單的音節是這個月寶寶的特點。

隨著語言能力的增強，寶寶的聯想能力也在增強，比如他看到小狗，就會想起「汪汪」，對於生活中所見已能去想它的讀音了。

這個月寶寶的認知能力也有了提高，如果給他一本圖畫書的話，他能夠很快指認出圖中有特點的部分，另外也有了對大和小的理解。另外還開始會進行有意識的活動，將事物之間建立聯繫的能力也繼續增強，例如他知道小球和瓶子之間的關係，知道拿起小球投到瓶子裡；逐步建立了時間、空間、因果關係，如看見媽媽把水倒進洗澡盆裡就知道要洗澡了。

寶寶的自我意識在這個月會更強了，並且能夠明顯地表現出自己的好惡，如看見自己喜歡的人向自己走來就快快樂樂的迎接，看到不喜歡的人就會哇哇大哭，出現「認生」的反應。另外，這時候寶寶的好惡明顯會受到情緒的支配，如果想睡了、不高興或是身體不舒服的話，無論如何都很難讓他高興起來，即使給他他平時喜歡的東西，他也很可能將其扔掉，然後繼續大哭。因此，如果寶寶在平時應該情緒良好的時候出現撒嬌不聽話、哭鬧等反常跡象的話，媽媽應該想到，寶寶是不是有什麼地方不舒服了。

大多數寶寶在這個月手部功能更加靈活，可能會把瓶蓋打開，把盒蓋打開，把較輕的門打開，把抽屜拉開，還能雙手拿玩具敲打，能把杯子裡的水倒出來，會用手指著東西提要求。力氣大的寶寶能還會把檯燈、杯子、小凳子等推翻。

寶寶的運動能力在這個月有了一個很大的飛躍，大部分的寶寶這時已經能夠很好地坐立爬行，有的寶寶已經開始能夠扶著東西慢慢地走幾步了。發育較快的寶寶還能鬆開扶著東西的手，自己站一會了。另外，這時候寶寶會想盡各種方法移動自己的身體，例如坐著向前蹭、向前爬、坐著挪或是扶著東西搖搖晃晃地向前走。

養育要點

◆營養需求

這個月寶寶的營養需求和上個月差不多，所需的熱量仍然是每公斤體重110千卡左右。蛋白質、脂肪、糖、礦物質、微量元素及維生素的量和比例沒有太大的變化。注意補充維生素C和鈣，寶寶每天應維持吃到400毫升以上的牛奶；食品中蝦皮、紫菜、豆類及綠葉菜中鈣的含量都較高；小白菜經汆燙後可去除部分草酸和植酸，更有利於鈣在腸道的吸收。

此外，在這個月可以開始用主食代替母乳，除了一日三餐可用代乳食品外，在上、下午還應該給安排一次牛奶和點心，用來彌補代乳食品中蛋白質、無機鹽的不足。中午吃的蔬菜可選菠菜、大白菜、胡蘿蔔等，切碎與雞蛋攪拌後製成蛋捲給寶寶吃。下午加點心時吃的水果可選橘子、香蕉、番茄、草莓、葡萄等富含維生素C的水果。

◆寶寶的飲食

在這個時期寶寶的消化和咀嚼能力大大提高，可以給寶寶一天三餐吃斷奶食品了，一日所需的營養逐漸由這三餐提供，家長需要在均衡營養上下點功夫，如果寶寶的飲食已成規律，食量和種類增加，營養應該能夠滿足身體生長發育的需要。而牛奶只要是在寶寶想喝的時候給予就可以了。當然，這不意味著不再吃奶，而是指不再以奶類爲主食，仍要維持每天起碼三頓奶。

一般情況下，這個時期正是斷奶的完成期，只要按照一般方法做的食物都逐漸能吃了。寶寶的飲食仍要以稀飯、軟麵爲主食，適量增加雞蛋羹、肉末、爛菜（指煮得爛一些的菜）、水果、碎肉、麵條、餛飩、小餃子、小蛋糕、蔬菜薄餅、燕麥片粥等，烹調方法要以切碎燒爛爲主，多採用煮、煨、燉、燒、蒸的方法，不要只是給寶寶吃湯泡飯，因爲湯只是增加味道而已，缺乏營養，且容易讓寶寶囫圇吞入影響消化。

此外，蔬菜的準備要多樣化，同時增添些新鮮水果。還要在副食品中要增加足夠的雞蛋、魚、牛肉等，以免寶寶出現動物蛋白缺乏。對於不易消化，含香料多的菜要儘量少吃，所有的副食品中要少鹽、少糖。

這時候寶寶的進餐次數可爲每天5次，除早、中、晚餐外，上午9點和午睡後各加一次點心，每餐食量中早餐應多些，晚餐應清淡些以利睡眠。

這個月寶寶的飲食個性化差異非常明顯，有些寶寶能吃一小碗米飯，有的能吃半碗，有的就只吃幾湯匙，更少的吃1～2湯匙；有的比較愛吃菜，有的不愛吃菜；有的嬰兒很愛吃肉，有的愛吃魚；一天能和父母一起吃三餐的寶寶多了起來；有的愛吃媽媽做的副食品，有的還是不吃固體食物，有的不再愛吃半流食，而只愛吃固體食物；有的寶寶還像幾個月前那樣，能喝掉幾瓶牛奶，有的則開始不喜歡奶瓶了，愛用杯子喝奶，有的還是戀著媽媽的奶，儘管總是吸空乳頭，也樂此不疲；有的嬰兒能抱著整顆蘋果啃，也不會噎著，有的寶寶吃水果還是媽媽用湯匙刮著吃，或搗碎了吃；有的寶寶特別愛吃小甜點；愛吃冷食、喝飲料的寶寶多了起來，愛喝白開水的嬰兒越來越少了。

在這個時期的餵養，家長在維持寶寶正常生長發育的基礎上，儘量遵從寶寶的個性和個人好惡，給寶寶吃他喜歡的東西，讓寶寶快樂進食。

如果寶寶在進餐過程中開始玩起來，媽媽們就要協助寶寶在一定的時間內吃完，以每餐30分鐘爲好。在乳牙長出期間，家中要每天爲寶寶清除牙齒上的菌斑、軟垢保持口腔清潔，培養寶寶的衛生習慣，所以在飯後一定要讓寶寶刷牙或漱口，也可以用紗布蘸上溫開水給寶寶輕擦牙齦和口腔，以保口腔的清潔衛生。

◆哪些點心零食比較好

零食不是主食的替代品，而是寶寶生活當中的一件快樂事。因爲點心和零食的味道比較好，寶寶喜歡吃，所以這個月的寶寶可以吃些較軟、易消化的小零食和小點心，如餅乾、蛋糕等，以增添他快樂的情緒。但是注意不要吃太甜的東西，磨牙棒是不錯的零食。

在給寶寶零食時，家長要控制好給零食的時間。一般午餐到晚餐之間的間隔較長，在下午3點左右餵零食比較好。此外，早餐到午餐的時間間隔也比較長，也可以在上午10點左右給一次零食。

對於比較胖的寶寶，應謹慎選擇零食的種類，儘量少給蛋糕之類的點心，多給一些好消化又富有營養的水果，如蘋果、橘子等，但香蕉最好不要給，因爲香蕉的熱量很高，含糖量也很高。如果是體重正常的寶寶，可以在正餐之間隨意添加適量的零食，只要是適合寶寶吃的健康食品就可以，但要注意零食的體積不要太大，如糖果、花生之類的硬質零食，很容易噎到這個時候的寶寶，家長應小心，給寶寶吃的時候最好是先給他磨碎了再餵。

◆不同類型寶寶的餵養

此時還依然吃母乳的寶寶，可以繼續在每天早上醒來、中午午睡前和晚上臨睡覺前餵母乳，在每頓母乳中間穿插著增加副食品和小點心。但這時需要注意的是，如果寶寶除了母乳之外什麼都不吃，嚴重影響了寶寶必需營養的攝入的話，就要斷掉母乳。除此之外，母乳此時已經分泌很少，但寶寶即使再餓也不願意吃副食品，或是夜間頻繁夜啼要求吃母乳、嚴重影響到母子的睡眠，有這兩種情況的話，也應及時斷掉母乳，讓寶寶開始吃副食品。

已經斷母乳、愛喝牛奶的寶寶，可以在每天早上起床、下午午睡過後以及晚上臨睡之前各餵180～220毫升的牛奶，其餘時間穿插給些麵包、餅乾、米飯、米粥、麵條、肉類、蛋類、蔬菜、水果等副食品和點心。

已經斷母乳、不愛喝牛奶的寶寶，可一直到早上起來的時候給100毫升的牛奶，然後餵些麵包或餅乾，白天的其餘時間添加米飯、麵條、肉湯、麵湯、米粥、蔬菜、水果等副食品和點心，另外在下午的時候可以加一杯優酪乳或乳酪，然後晚上臨睡前給200毫升左右的摻有牛奶的米粉或米粥。

對於食量較小的寶寶，可以在早上起床後先給100毫升的牛奶，然後隔2小時左右再給予100毫升的牛奶或母乳，並加一個雞蛋。午餐和晚餐可以餵些肉湯、米飯、魚類、蝦類的副食品，早、午、晚三餐之間加一些點心和水果，在晚上臨睡前再給150～200毫升的牛奶，能喝多少算多少。再有，食量較小的寶寶如果夜裡要吃奶的話，就應該給他吃。

如果寶寶食量較大的話，此時要嚴格控制每餐熱量的攝取量。可以在早上起床、下午三點和晚上臨睡前各給200毫升的牛奶或母乳，午餐時給米飯、蔬菜以及蛋類、肉類、魚類、蝦類其中的一種，晚餐給些菜粥，早上9～10點和下午3點時各給一些水果、優酪乳或乳酪，要注意不能給寶寶含糖量高的水果。

◆奶的價值不可忽視

1周歲之前，奶是寶寶最重要的食物，即使副食品的添加再多樣化，也不可忽視奶的營養價值。如果寶寶此時還比較愛喝牛奶的話，可以一天給寶寶500～800毫升的牛奶，中午和晚上和爸爸媽媽一起吃午餐和晚餐，其餘時間給些點心水果。要是寶寶一天能喝1000毫升的牛奶，那麼也可以把副食品只縮減到一餐，這樣既能寶寶維持寶寶的營養需求，也能讓爸爸媽媽騰出更多的時間來陪寶寶玩。

如果寶寶食量較小、或是不愛喝奶，一天喝奶量無論如何也到不了500毫升的話，就要多給寶寶吃蛋類和肉類副食品，以補充所需的蛋白質。

◆對待半夜要吃奶的寶寶

寶寶半夜不吃奶不尿床，一覺能睡到天亮固然很好，但如果寶寶半夜醒來要喝奶、不喝牛奶就不睡覺的話，爸爸媽媽不應該覺得很煩，就不給寶寶喝奶。以往有的人認爲，快要1歲的寶寶，半夜醒來還要吃奶，家長不能縱容他，否則會將他慣壞，但實際上，這種想法是不對的。

對於半夜醒來哭鬧著要吃奶的寶寶，讓他停止哭鬧馬上入睡是主要的目的，如果吃奶能達到這個目的的話，那就不妨給他吃，沒有什麼問題。如果硬是採取不予理睬的態度的話，除了會令寶寶形成習慣性夜啼的習慣、影響睡眠品質之外，對寶寶的心理發展也會造成一定的負面影響。

所以，如果寶寶晚上依然還是醒來要求吃奶的話，爸爸媽媽可以在夜裡餵寶寶喝一次奶。隨著寶寶慢慢長大，這種習慣會漸漸得到改善的。

◆學會對寶寶說「不」

10個月之後的寶寶，已經能夠聽懂大人簡單的指令了。他們在這一時期總是表現的特別淘氣，經常會做出很多試探性的動作，這有的時候是出於好奇心而來的探索，有的時候則是故意試探大人對自己所做行爲允許的尺度。

這麼大的寶寶並沒有安全意識，他不會明白哪些動作行爲可能會給自己以及他人造成危害，這就需要大人來強化寶寶的危險意識，一旦發現寶寶做出可能發生危險的動作，就要果斷的制止。當然，最直接的辦法就是一邊制止寶寶的動作，一邊告訴寶寶「不可以」。有的寶寶在大人對他說「不可以」時，可能會故意裝作沒聽見而繼續重複之前的動作。這個時候，大人就需要用嚴肅的表情，讓寶寶知道「這樣不行，爸爸／媽媽不喜歡」。當寶寶透過大人的表情和語氣，知道他的這種行爲會令大人不快的時候，就不會再繼續了。不過家長此時還沒必要給寶寶累述一堆「爲什麼不行」的原因，因爲寶寶基本上是聽不懂你在說什麼的。

此時的寶寶自我意識比較強，並明顯地表現出了自己的個性，因此這一時期也是寶寶很多不良習慣形成的階段。所以，此時爸爸媽媽學會對寶寶說「不」就顯得尤爲重要，一味順從溺愛的話，只會讓寶寶越來越任性，稍有不順的話就哇哇大哭的鬧情緒。

不要認爲10個多月的寶寶還不懂得什麼叫好，什麼叫壞，不管他做什麼都置之不管，這是不對的。儘管這時的寶寶還不能判斷好和壞，但已能感到大人是高興還是生氣。如果讓寶寶覺得大人絕對不會對自己發脾氣，那就會助長他爲所欲爲的習性。

爲了讓大人的話更有分量，也不要要太輕易而頻繁地對寶寶說「不」，應該在設定重要規矩的時候才用這個詞，不然寶寶就會聽「膩」了，這些禁止的話也就失去了作用。有的寶寶總是做不讓他做的事，對這樣的寶寶，只能在他做特別危險的事時嚴厲的批評，凡是可用來「淘氣」的東西都應該先收拾起來。

但是，無論寶寶多麼淘氣和任性，都不應該體罰寶寶，這是所有家長都應該注意的。

◆教寶寶說話

10個月以後，大部分的寶寶都能說出「爸爸、媽媽、奶奶、姑姑」等發音簡單的詞句了，所以從這個月開始，就可以有意識地教寶寶說話了。

教寶寶說話是家長和寶寶雙方不斷「學習」的過程，寶寶在未開口說話之前就已經注意傾聽和模仿大人的言語，而家長同樣要學會寶寶的「語言」，才更有利於交流。很多人都會發現，當這個月大的寶寶含糊不清地與他人「交談」時，對方幾乎是聽不懂他說的是什麼，但媽媽或每天陪著寶寶的親人卻都能知道他在說什麼。只有當你懂得寶寶的詞語和手勢，以及他指指點點、嘟嘟囔囔是要幹什麼以後，你才能真正地與他交流，教他說話。和寶寶對話是鼓勵他提高語言技能的一個好方法，當寶寶對著一個東西嘟嘟囔囔的時候，你一定要馬上告訴他這個東西的名字，或者你主動指著東西說出名字，幫助寶寶學會叫出這樣東西的名字。

很多家長在跟寶寶說話時，都喜歡用疊字或者嬰兒化的語言，例如把吃飯叫做「飯飯」，把爽身粉、護膚油叫做「香香」。在寶寶很小的時候，你可以這麼哄他，但當開始真正教寶寶說話之後，就不要再這麼與他對話了，一定要用成人的語言把寶寶說的詞語重複說給他聽，比如當寶寶叫「飯飯」的時候，你就應該告訴他「吃飯」。雖然嬰兒化的語言很有意思，但是作爲家長你要知道，只有正確的發音和語言表達，才能有利於嬰兒的健康成長。

教寶寶說話並不需要刻意進行，只需要在生活中潛移默化就可以了。比如，你可以把你自己正在做的事情一步步講給寶寶聽，也可以一邊唱兒歌一邊配合歌詞做動作表演給寶寶看，這樣寶寶就能很快將詞彙和意思聯繫起來，用不了多久，他就會正式地和你「對話」

了。

但是有個問題需要家長注意的是，如果家裡成員來自不同地方、同時用多種方言的話，在教寶寶說話的期間，儘量營造一個說普通話的環境，即家中成員都說普通話，以此來促進寶寶的語言學習。如果做不到都用普通話的話，那就固定用一種方言和寶寶交流、教寶寶說話，否則多種方言容易給寶寶學說話帶來干擾。

◆給寶寶讀點圖畫書

這個月的寶寶看的能力大大增強，是時候準備一些好看的圖畫書了。這時的寶寶大多數都喜歡色彩鮮豔的大塊圖案，圖畫書在此時不僅能夠迎合寶寶的喜歡，還能藉此來提高寶寶的認知力、記憶力和思維能力。

好的圖畫書，畫面的色彩形象應當真實準確，符合實物，並且根據這個月齡寶寶的特點，儘量選擇單張簡單、清晰的圖畫書，最好是選擇實物類的圖畫，而不以選擇卡通、漫畫等，也不要選擇背景複雜、看起來很亂的圖畫書，這會使寶寶的眼睛容易疲勞，辨認困難。

可以給寶寶準備一些認識蔬菜、水果、人物或其他生活用品之類的圖畫書，每天帶著寶寶認1～2種，並把圖片上的東西和實物聯繫起來，比如教寶寶認識圖畫書上「蘋果」的時候，就可以拿著一個蘋果給寶寶看看、抓著玩玩，這樣可以提高寶寶的理解力和記憶力。由於此時寶寶的能力水準有限，所以一次最多不宜讓寶寶識記超過2件以上的物品，否則會使寶寶發生記憶混淆。這麼大的寶寶集中注意力的時間很有限，所以應當遵從寶寶的喜好和心情變化，適可而止，以免寶寶看煩。

每次給寶寶看新的圖畫之前，要先給寶寶看看前一天看過的圖片，以加深寶寶的印象。只有這樣的不斷重複，才會讓寶寶記住所學所看的東西。再有，在給寶寶講述物品名稱的時候，名稱一定要從頭到尾保持固定和準確，以免寶寶產生混亂或錯誤的印象。

◆給寶寶選好鞋

這個月的寶寶開始蹣跚學步了，除了給寶寶創造一個安全的學步環境之外，保護好寶寶的小腳丫也尤爲重要。於是，給寶寶選擇一雙合適的學步鞋就成爲每位媽媽都要面臨的一件事了。

嬰幼兒的足弓正處於發育期，好的鞋子能保護足弓，緩衝在走路時由地面產生的大部分震盪，不僅保護足踝、膝、腰、脊椎，還能保護腦部不受震動的損傷。給寶寶的鞋子，要注意柔軟、舒適的程度和透氣性，最好選擇羊皮、牛皮、帆布、絨布的材質，而不要穿人造皮革或塑膠製成的寶寶鞋子。在選鞋時，要根據寶寶的腳型選，即鞋的大小、胖瘦及足背高低等，學步鞋如果選得不好，會很容易限制寶寶腳趾的彎曲度，所以最好選擇腳後跟包覆良好的鞋款。剛學走路的寶寶鞋底應有一定的硬度，不宜太軟，最好鞋的前1／3可彎曲，後2／3稍硬不易彎折；鞋跟比足弓部應略高，以適應自然的姿勢。再有，寶寶的骨骼很軟，發育還不成熟，所以鞋幫要稍高一些，以後部緊貼腳，使踝部不左右擺動爲宜。鞋子最好用粘扣，不用鞋帶，這樣穿脫方便，又不會因鞋帶脫落，踩到而跌跤。此外，給寶寶的鞋鞋底最好是有防滑顆粒，防止寶寶滑倒。

寶寶的腳發育較快，平均每月增長1毫米，所以買鞋時，鞋子的長度應與寶寶實際的腳長距離約一指寬，以利於腳的生長。同時，還要要經常檢查寶寶的鞋子是否合腳，一般2～3個月就應換一雙新鞋。除此之外，平時還要注意觀察寶寶的腳趾有沒有被壓紅、有沒有出現水泡、寶寶是不是不願意穿鞋、鞋子是不是偏大等，這些也都是衡量鞋子合不合腳的重要線索。

◆睡眠問題

10個月以後，白天睡長覺的寶寶越來越少了，有的寶寶能從晚上8～9點一覺睡到隔天早上的7～8點，白天只睡一小覺；也有的寶寶白天還是能睡2～3次覺，但每次都不超過一個小時。

這時候寶寶的睡眠情況表現出了很大的個體差異。有些寶寶此時已經建立了一套固定的睡眠規律，每天晚上都能按時睡覺，不管周圍的大人們在做什麼；而有的寶寶則不然，如果爸爸媽媽不睡只是哄他睡的話，他很難乖乖睡去，一直要等到晚上10～11點，爸爸媽媽也要睡覺的時候才肯入睡。有些寶寶晚上睡得早，早上5～6點的時候就會醒來，這無疑會影響爸爸媽媽的睡眠。對於這樣的寶寶，如果晚上不是主動入睡的話，可以將哄睡的時間延後一些，這樣寶寶早上也能醒得稍晚一些，不至於干擾爸爸媽媽的睡眠。

當寶寶的體能消耗到一定程度時，自然會需要睡覺。這時，只要讓寶寶在床上安靜地躺一會兒，他就能睡著了。如果寶寶一時沒有睡意，也可以讓他睜著眼躺著，但不要去逗他、哄他，等到睡意上來了他就會自覺進入夢鄉。有的寶寶入睡很快，但睡著後卻愛翻身，睡不安穩。出現這種現象，應先檢查一下寶寶睡覺的床是否有不妥的地方，比如蓋的被子及墊被是否太厚，是否穿的衣服太多不舒服，周圍的環境是否太吵、燈光是否太亮等等。另外，如果睡前寶寶有比較興奮的表現也會睡不安穩。因此，爲了提高寶寶的睡眠品質，在臨睡之前要維持寶寶處於平靜的自然狀態，不要去哄逗他，以免使其過於興奮，影響睡眠品質。

如果半夜寶寶醒來，提出想玩的要求的話，爸爸媽媽就要果斷的拒絕，不能縱容寶寶形成這種不好的睡眠習慣。

◆嬰兒體操

這個階段嬰兒體操主要的目的是讓寶寶聽從大人言語的指示而運動，同時爲促使步行和站立姿勢的機能充分發揮而進行身體的準備動作。

1. 抬腳運動

讓寶寶仰臥，家長把手放到寶寶肚子上方30～40公分的地方，讓寶寶用腳碰大人的手。如果寶寶做到了，就可以適當抬高手的位置，繼續鼓勵寶寶去碰觸。這個動作可以充分鍛鍊寶寶腿部的力量，促進寶寶腿部的肌肉運動。

2. 伸屈雙臂

讓寶寶與大人相對而坐，握住寶寶的雙手，把他的手臂垂直向前拉，然後交互彎曲，伸直，如此交互各做十次，以鍛鍊寶寶手臂肌肉的力量。

3. 前屈運動

讓寶寶在桌子上背對著大人站立，把寶寶的身體拉過來，靠住大人的身體。用右手腕緊緊抱住寶寶的膝蓋，同時用左手腕抱住寶寶的下腹部，用雙手腕支撐住寶寶，不讓他倒下去，然後讓寶寶撿起放在他腳邊的玩具。等寶寶把玩具撿起來之後，再讓寶寶抬起上身，反覆做2～3次。

能力的培養

◆排便訓練

這個月可以繼續前幾個月的排便訓練，培養寶寶獨自坐便盆排便，每次以2～3分鐘爲宜，最多不超過5分鐘。如果寶寶不能順利排便的話，可以過一會兒再坐便盆，切忌強迫寶寶長時間坐在便盆上。另外培養寶寶定時排便的習慣，最適宜的時間是早上。

這時候的寶寶依然還離不開尿布，特別是在炎熱的夏天，由於出汗使小便間隔時間變長，所以經常會有尿濕尿布的情況。這是很正常的，並不是寶寶的能力開始倒退，爸爸媽媽不用著急擔心。

而且，這時候的寶寶越來越機靈了，他如果不想讓大人把尿把便，一看大人要給自己解尿布的時候就會耍賴逃跑，讓他坐在便盆上他就忍住不解，一旦給他裹上尿布，他很快就開始解尿。這種行爲常常讓大人又生氣又無奈，但是既然寶寶做出了這種小抗議，就說明他不喜歡讓大人訓練大小便，爸爸媽媽應該尊重寶寶的選擇。這時候的寶寶沒有尿便控制的能力，所以這也談不上不利於他尿便控制力發展的問題，最多也就是多用了一些尿布罷了。

另外有的寶寶在這個月，晚上能一覺睡到天亮，尿布也不濕；而有的寶寶則半夜還會有將尿尿在尿布裡的情況。只要寶寶不醒，也沒有因爲尿布濕了臀部發紅潰爛的話，家長就不用管他，等到寶寶醒的時候再換尿布也未嘗不可。不要因爲寶寶尿濕了就把他弄醒了換尿布，這樣會使他的睡眠品質大打折扣。如果寶寶真的因為尿濕不舒服的話，他自然會哭吵著要求大人給他換尿布的。

無論怎樣，這個月的寶寶，每晚在臨睡之前，爸爸媽媽都要給寶寶把一次尿，這也有利於寶寶形成良好的排便習慣。

◆走路訓練

當寶寶能獨立邁步時，就可以說已跨入一個重要的發展階段。

這一階段，家長最常用的訓練方法就是，先扶著寶寶的腋下，或在前攙著寶寶的雙手，讓他練習邁步走。等到他可以邁步前進了，家長就可以讓寶寶靠牆站好，然後退後兩步伸出雙手，鼓勵寶寶朝著自己走過來。這時需要注意的是，當寶寶邁出步伐時，最好向前迎一下，避免寶寶第一次嘗試時就摔倒。如此反覆練習，用不了多長時間就學會走路了。

如果寶寶已經有了第一次的嘗試，就可以展開進一步的訓練方式了：

1.讓寶寶扶著站在嬰兒床的一側，媽媽手裡拿一件寶寶喜歡的玩具站在床的另一側，喊寶寶走過來拿玩具。這個遊戲需要反覆進行，訓練的次數多了就能見到效果，很可能一開始寶寶不太愛「搭理」你，或是不肯往前走原地哭鬧，因此家長需要有足夠的耐心。

2.把若干玩具放到寶寶的嬰兒車裡，媽媽和寶寶一起扶著嬰兒車的扶手站好，爸爸蹲在幾公尺之外。媽媽可以先告訴寶寶一起把玩具送過去給爸爸，然後再一起推動嬰兒車，在推的過程中不用使太大的力氣，讓寶寶作為主要的出力者，而媽媽只是去控制車的速度和方向。等到車停穩到爸爸跟前後，鼓勵寶寶拿起玩具送給爸爸，爸爸此時也可以與寶寶保持一步的距離，以此引導寶寶單手扶物行走。

3.準備一條學步帶。讓寶寶站好後，將學步帶套在寶寶的胸前，然後爸爸或媽媽從寶寶的背後拎著帶子，幫助寶寶掌握平衡，讓寶寶帶著媽媽一起往前走。用學步帶最大的好處就是大人不用彎著腰了。如果家裡沒有學步帶的話，也可以用長毛巾或浴巾代替。

4.讓寶寶張開雙臂，媽媽在背後扶住寶寶的手臂，維持寶寶身體的平衡，然後引導寶寶往前走。這種訓練方法可以一直進行，隨著寶寶平衡和協調能力的增強，逐漸由雙手領著寶寶，改爲單手領著寶寶，直到寶寶能夠完全自己行走。

在每次走路訓練前，應該先讓寶寶排尿，撤掉尿布，以減輕下半身的負擔。最好是選擇一個即使摔倒了也不會受傷的地方，特別要將四周的環境佈置一下，把有棱角的、可能會傷害到寶寶的東西都拿開。另外剛開始時每天的練習時間不宜過長，30分鐘左右就可以了。

爲了讓寶寶的訓練更順利，爸爸媽媽應該多陪著寶寶進行獨立的訓練，培養自己和寶寶的勇氣；要做足必要的安全措施，爸爸媽媽更應該在寶寶身後保護，儘量避免磕碰；在幫助寶寶練習走路時，爸爸媽媽可以用一些色彩鮮豔的玩具來引導寶寶，激發寶寶獨立行走的興趣。

在寶寶學步的過程中，很多父母不是急於求成，不斷加大訓練力度，就是因爲怕摔壞寶寶而中斷練習。其實，這些都是不正確的做法。父母應根據自己寶寶的具體情況靈活施教，在初學時應每天安排時間陪著學步，並適當增加宜於學走路的遊戲，這樣也可以增添寶寶的樂趣和愉快的情緒，防止學習太過枯燥。

再次說明儘量不要用學步車給寶寶訓練。寶寶的發育有快有慢，也有一部分寶寶由於各種原因的影響發育會比較慢。家長不要看到別的同齡孩子學步，就擔心自己的孩子學步慢，就給寶寶用學步車。因爲讓寶寶透過學步車學步也許會起到揠苗助長的反效果，由於寶寶的骨骼還沒有完全發育到能支撐身體的全部重量，所以這很可能會導致寶寶以後長大變成O形腿。

◆自我意識培養

這一時期寶寶的自我意識，已經發展到了能夠透過鏡子模模糊糊感覺到鏡子裡面的人可能就是自己的階段，但他們還不能很明確地認識到，鏡子裡的人就是自己。一般來說，這種確切的認知要到一歲之後才能形成，而在這個時期，爸爸媽媽可以做的，就是強化寶寶的自我意識。

照鏡子仍然是發展自我意識的最佳途徑，爸爸媽媽可以在平時多讓寶寶照照鏡子，對著鏡子拿著寶寶的手，讓他指著自己的五官，與此同時讓寶寶朝鏡子裡看，告訴寶寶「這是寶寶的大眼睛」、「這是寶寶的小鼻子」等等。還可以讓寶寶摸摸爸爸媽媽的眼睛、鼻子，然後對著鏡子告訴寶寶「這是爸爸／媽媽的眼睛」，然後再把手放到寶寶的眼睛上，告訴寶寶「這個是寶寶的眼睛」。透過這種方式，可以讓寶寶感覺出自己與他人之別，從而強化寶寶對自我的認知。

◆記憶力培養

這個月的寶寶開始有了延遲記憶能力，對於家長告訴他的事情、物體的名稱等，能夠維持幾天甚至更長時間的記憶。這一時期是對寶寶進行早期教育的開始，如果教育得當的話，可以讓寶寶學會很多的東西。不過這種教學最忌諱的就是揠苗助長，最好的方法是利用遊戲加強訓練學習，讓寶寶邊玩邊學。

例如，這一時期寶寶對於圖畫的興趣很高，所以可以把印有動物、用品、食物等圖片的認知卡放在桌子上，先將每張圖片上的內容名稱告訴寶寶，跟寶寶說這種東西的特點、用處等，然後再由大人說出名稱，讓寶寶在一堆圖片中找出所對應的圖片。透過這個遊戲，除了可以訓練寶寶手腦並用、學會聽聲辨圖之外，還能發展寶寶手部的活動能力。在手、腦、眼的協作下，還能有效提高寶寶的記憶能力。但是，剛開始教寶寶識認這些圖片的時候，往往需要花一些時間，反覆多次進行，並在學習的過程中多予以鼓勵，培養寶寶的興趣。

在玩遊戲的過程中需要注意的是，如果寶寶失去耐心、顯得比較抗拒的話，家長就要停止這種訓練遊戲，以免寶寶對這些小遊戲徹底失去興趣。

◆思維能力培養

這個月的寶寶已經具備了最初的思維能力，所以此時再和寶寶玩遊戲的時候，可以減少直接的遊戲，增加一些能夠促進寶寶思維能力發展的遊戲項目。

傳統的「躲貓貓」遊戲，是很好的發展寶寶思維能力的遊戲，比較適合爸爸媽媽共同陪寶寶玩。爲了提高寶寶遊戲的興趣，爸爸媽媽其中一方在躲起來的時候，可以故意露出身體的一部分讓寶寶看見，然後由另一方來啓發寶寶去尋找，指給寶寶看躲起來的一方露出「馬腳」的地方，讓寶寶自己走過去，將躲起來的爸爸或媽媽「揪」出來。當寶寶成功地找到爸爸或媽媽時，要記得將寶寶抱起來鼓勵鼓勵他，這樣寶寶便會對這個遊戲充滿了興趣，並從中得到了思維方面的鍛鍊。

還有一種找東西的遊戲也很適合這個月齡的寶寶：先在桌子上擺上1～2件寶寶喜歡的小物品，吸引寶寶的注意，然後用布把這些物品蓋起來，問問寶寶「東西去哪了」。有的寶寶剛開始可能會顯得有些不知所措，但只要家長稍加提示，很快寶寶就能明白，東西被布遮蓋住了，只要把布拿起來，就能看到東西還在裡面。當他明白這一點後，就會主動地伸出手去把遮蓋著物品的布拉開，然後很得意地抓起小物品放在手裡搖搖。寶寶能夠明白東西即使被蒙住了，也依然存在這件事，就是思維能力的一個發展過程。

當寶寶能夠很好的玩這個遊戲以後，可以繼續升級遊戲方式：準備幾種不同的玩具，如塑膠小鴨子、塑膠小貓、軟布球等，分別讓寶寶看，然後當著寶寶的面，拿走其中一樣背在身後，再問寶寶「小鴨子呢？」，看看寶寶會不會主動去扒大人的身後，找出這樣玩具。

◆好奇心的建立

嬰兒時期的寶寶好奇心特別強，他想要學習一切他所接觸到的事物。此時寶寶手部大肌肉和腿部大肌肉已經有所發展，所以這時他經常是使用手和腳來探索世界。

這個月寶寶的好奇心又在進一步增強，他對所有沒見過、不知道的東西都特別感興趣，而且還喜歡和大人「作對」，越是大人不讓摸、不讓碰的東西，他就越想摸一摸、碰一碰；大人越不讓寶寶把什麼東西放進嘴裡，他就偏喜歡把這些東西趁大人不注意時塞到嘴裡啃啃嘗嘗。而且從會爬開始，寶寶的視野範圍和活動範圍都在增強，幾乎能觸及到家庭的所有角落，並且對家裡的小角落和小洞洞特別好奇，經常會一個人在角落裡咿呀比劃著探索。所以，對於家裡的這些小角落，家長們一定要在這些地方加強防護，保持角落的乾淨，不要有玻璃等危險品，並維持所有的電源插座上都有蓋子。

在對新鮮事物表現出強烈的好奇心和探索欲望同時，寶寶對已經瞭解的東西失去興趣的速度也越來越快，「喜新厭舊」在這一時期表現得尤其強烈。只要是沒見過的、沒玩過的東西，什麼都是好的；只要是看過了的、玩過了的東西，就很難讓他再看一眼。再有，由於寶寶此時接觸的事物非常有限，所以，寶寶的好奇範圍也是和他所能達到的方圓路徑是相一致的。只有那些寶寶所能聽到、所能看到、所能摸到的東西才是他們願意投注好奇心的。

對於寶寶表現出的這種強烈的好奇心，家長們應當在不會導致危險的前提下儘量保護其自由發展，不能因為怕寶寶淘氣就禁止他做出這種或那種的探索活動，這樣無疑會扼殺寶寶的好奇心和探索欲望。嬰兒時期的這種探索精神，是認知這個世界的一種強大的動力，這一時期探索精神得到大人支持和鼓勵的寶寶，長大之後接受和探索新事物的能力往往比較強，而且自信心相對也較強。因此，爸爸媽媽可以利用寶寶的好奇心理，因勢利導，促使寶寶認識更多的東西、學會更多的技能。

家庭環境的支持

◆室外活動

這個月的寶寶對室外活動的主動性比上個月要強了，有的寶寶在上個月還不懂得自己要求出去玩，但從這個月開始也漸漸懂得發出想要出去玩的願望了，而且這時如果是平時不熟悉的陌生人，如果說要抱著寶寶出去玩，寶寶也會願意去。因此可以看出來，此時的寶寶對戶外活動有著多麼強烈的需求。

由於此時的寶寶已經能吃和大人一樣的飯菜了，所以爸爸媽媽不妨減少準備副食品的時間，多帶寶寶出去呼吸呼吸新鮮空氣，看看外界的事物，讓寶寶和鄰居家的小朋友多些交流。這一階段不應該吝嗇室外活動的時間，只要寶寶身體情況良好，天氣晴好，室外空氣也較好的話，只要寶寶想出去玩，就帶著他出去待一會兒。

但是，此時室外活動的時間也不宜太長，以免寶寶「玩瘋了」。可以採取多活動次數、少活動時間的辦法，即每天多出去活動幾次，每次活動時間相應減少，這樣一來可以滿足寶寶想要出去的願望，二來也不至於讓寶寶太過疲累，而影響他的休息睡眠。

需要注意的問題

◆可能出現的事故

1. 誤吞不能吃的東西

這個時期的寶寶不但能看到像藥片那樣的小東西，還能用拇指和食指把小藥片那樣小的東西捏起來，並很快放到嘴裡。有的寶寶嘗到苦味，就會吐出來，可有的寶寶沒有這個能力就會直接把藥片吞下去發生危險。如果讓寶寶拿到藥水或化妝水之類的液體，那麼就更容易發生誤吞服的現象。所以，所有不能吃的東西，都不能讓寶寶有機會拿到。

2. 打翻東西

這時的寶寶手腳總是停不住，常常把身邊的東西打翻踢翻，如果打翻熱水、熱湯、熱水瓶的話就容易發生燙傷，而打翻檯燈、椅子、杯子等就有可能把自己碰上、砸傷、割傷，所以這些對寶寶有危險的東西，都要挪到寶寶拿不到的地方。

3. 學步車的危險

如果此時把寶寶單獨放在學步車裡的話，他能帶著車呼呼地向前走。當地面比較光滑的時候，就很容易發生危險。寶寶在學步車裡行走的速度會不加控制的越來越快，然後導致連人帶車一塊翻倒，如果旁邊沒人的話，寶寶不能自己爬起來，就有可能傷到腿部。

4. 活動能力增強帶來的各種危險

由於寶寶的活動能力強了，所以總會令家長有防不勝防的感覺。例如，寶寶能想方設法移動自己的身體，拿到一切自己感到好奇並想拿到的東西，還能打開瓶蓋和盒蓋，把裡邊的東西拿出來。因此，所有有可能傷害到寶寶的東西，都應該放到寶寶不可能拿到的高處去。

以爲寶寶睡熟了就不會出事，結果大人離開一會，寶寶就從床上摔下來的事情也常有發生。所以，及時寶寶睡熟了，也不要讓他離開大人的視線範圍。

如果家裡的浴室忘了關門，寶寶就有可能趁大人不注意或爬或走到裡面，一旦跌落到放滿水的浴缸或是馬桶裡，就會造成淹溺。再有，浴室裡洗手台、馬桶、浴缸的棱角，也會成爲撞傷磕傷寶寶的「元兇」。

◆嗓子過敏

有的家長會發現，只要給寶寶稍硬一點的食物或是沒有吃習慣的食物時，寶寶總會吐出來，而給他比較軟的糊狀食物時，寶寶就能吃得很好。有些家長就以爲這是寶寶在挑食，但如果寶寶總是這樣的話，就有可能是嗓子過敏。

嗓子過敏是天生的，這樣的寶寶一般在剛出生時喝奶很容易嗆著，兩三個月大的時候喝果汁也很容易嗆到。只要身體其他部位沒有異常，這種過敏就不需要治療，隨著寶寶漸漸長大就會自行好轉，也有的寶寶可能很難痊癒，但這也不會影響寶寶的日常生活。

對於嗓子天生過敏的寶寶，餵食的時候應該有充分的耐心，可以逐漸一點一點地給寶寶吃，讓寶寶慢慢地習慣接受，可以把較硬的食物切碎混在湯裡餵寶寶吃。家長不必擔心，只要均衡餵養的話，寶寶一定能像正常嬰兒那樣進食，也不會發生營養不良的問題。

◆腹瀉

嬰兒腹瀉分爲感染性腹瀉和非感染性腹瀉，感染性腹瀉主要是由病毒（主要是輪狀病毒）、細菌、真菌、寄生蟲感染腸道後引起的，非感染性腹瀉主要是由於餵養不當，飲食失調所致。

如果給寶寶的食物一直很注意衛生，並且家裡沒有其他人有腹瀉症狀的話，那麼大多數都是非感染性腹瀉，例如母乳不足或人工餵養的寶寶，過早過多地添加粥類與粉糊，寶寶攝入的碳水化合物過多，在胃裡發酵就會致使消化紊亂從而出現腹瀉。如果未能在斷奶前按時添加輔助食品，一旦突然增加食物或改變食物成分，寶寶就很有可能因爲無法適應造成消化紊亂，出現腹瀉。除了這些之外，不定時的餵養、進食過多、過少、過熱、過涼，突然改變食物種類等，都會引起腹瀉。還有些腹瀉，是於食物過敏、氣候變化、腸道內雙糖酶缺乏引起的。

造成寶寶腹瀉的原因很多，家長不能隨便用藥，一定要慎重對待。腹瀉患兒的飲食應以稀軟的營養飯食爲主，未斷奶的嬰兒可照樣餵奶；儘量多喝水，水中加少量鹽飲用更佳。此外，照護腹瀉患兒的家長要隨時洗手，防止病菌擴大傳播。此外，學會觀察寶寶腹瀉時的表現，有助於幫助家長以最快的速度，找出導致腹瀉的原因。

1. 觀察精神狀態

如果寶寶除了腹瀉之外，沒有什麼異常變化，精神狀態良好，喜歡笑，愛玩玩具，愛和大人玩，一般就沒什麼問題。如果寶寶出現噴射狀嘔吐、精神委靡、嗜睡、抽搐、驚厥、昏迷等症狀，就要立即入院治療。

2. 觀察體溫

在腹瀉病例中，由於飲食不潔而致使帶有細菌、病毒或細菌產生的毒素進入體內而引起的腹瀉最爲多見，稱爲感染性腹瀉。感染性腹瀉占腹瀉病例的85%左右，這類腹瀉大都容易出現體溫異常，容易在腹瀉出現之前或腹瀉初期時發熱，一般體溫都在38℃左右。同時，寶寶還會表現出精神委靡、食慾低下、莫名哭鬧等異常狀態。需要注意的是，一旦寶寶在腹瀉之前出現超過39℃的高燒，就要及時就醫，防止較爲嚴重的中毒性菌痢。

3. 觀察大便性狀

嬰幼兒腹瀉常見的是稀便、水樣便、蛋花樣便、黃綠色便或有少量黏液，每天腹瀉5次左右，大便量不是很多，無明顯脫水現象，家長就不需要太過擔心。但如果是便中帶有血絲，或血水樣便、或膿血樣便，且每次便量較少，坐便盆不願起來，就有可能是痢疾，或是空腸麴菌腹瀉，或是出血性大腸桿菌腹瀉，應立即就診。寶寶腹瀉次數多，排便量多，就容易出現脫水的症狀，需要立即到醫院輸液補充體內流失的水分和電解質，以防酸中毒。

4. 觀察有無併發症

如果寶寶在腹瀉時，出現呼吸不暢；高燒、頭痛、噴射狀嘔吐；四肢、尤其是下肢癱軟無力；尿量減少，尿中有蛋白；皮膚出現皮疹、瘀斑等症狀，往往是併發症的早期表現，應及時就診。

5. 觀察藥物反應

如果寶寶在吃了治療腹瀉的藥物2天內未見療效，或是出現了一系列不良反應，就要立即停止用藥，並諮詢醫生，選擇另外的治療方法。

◆過胖

7～12個月齡寶寶的標準體重爲（6000克+月齡×250）克，如果超過標準體重的百分之十就爲過胖。有些寶寶從以前就已經有過胖的趨勢，也有的寶寶是從這個月突然胖起來，主要原因就是除了吃很多的粥、米飯、魚、肉外，還吃很多的奶。造成嬰兒過胖很多時候都是父母的餵養失誤，爸爸媽媽總是覺得寶寶吃得越多越好，只要寶寶想吃，就什麼都給他吃，還以爲體重增加越快、越重就越好。在這種心理下，寶寶不知不覺就會成了一個小胖子。

過胖會給寶寶帶來一系列的問題。首先，過胖會影響寶寶的身體健康，肥胖的寶寶抗病能力較差，易患感冒等疾病；其次，過胖也會阻礙寶寶運動能力的發展，太胖的寶寶由於自身負擔較重常常變得不愛運動，這就會使他的動作能力發育要比同齡正常的寶寶晚，例如站得晚、走得晚，等等。

對於過胖的寶寶，要嚴格控制日常飲食的熱量攝取，在維持生長發育所需要的前提下，控制熱量過多的飲食。如減少肥肉、油炸食品、巧克力、霜淇淋、各種糖類等，改爲低熱量、低糖、低脂肪的食物，但要注意維持日常蛋白質、維生素和礦物質的需要，平時多吃綠色蔬菜，吃水果的時候也要注意少吃含糖量高的水果。另外，還要多帶寶寶進行戶外活動，增加能量消耗並提高身體素質。

再有，對於此時較胖的寶寶最好做到定期量體重，以便根據體重的變化來調整飲食方案。要使寶寶日後發育良好，體態均勻、體魄健康，爸爸媽媽就要注意從小均衡的安排他們的飲食，一旦發現寶寶有體重增長過快的現象，就要及時調整飲食，在此同時增加活動量，使其體重按正常生長發育規律增加，防止發展成爲肥胖症。如果爸爸媽媽都比較胖的話，就更要注意監測寶寶的體重變化。

◆左撇子

左右撇子的習性表現，有很大比例是透過遺傳，以及先天腦部基因決定，並不是說因爲左手用得多了，就成了左撇子。一個人是左撇子還是右撇子，主要是根據發育過程中手的動作與視覺的協調而形成的。

從生理上來說，左撇子不是病，它是一種正常的發育情況。人的大腦左右半球分工不同，左腦主要負責邏輯、語言、書寫及右側的肢體運動，而右腦則主要負責色彩、平衡感、空間感、節奏感和左側肢體運動。人在頻繁使用語言的過程中不斷地刺激左腦，因而左腦要比右腦發達，而左撇子的人天生右腦比左腦發達，加上左側肢體的活動又使右腦得到鍛鍊，從而促成大腦左右半球同樣發達，這是非常有利於寶寶大腦的發育的。

如果發現寶寶此時有點像左撇子，沒有必要予以限制和糾正。嬰兒時期是寶寶學習在生活中發揮手的作用的重要時期，是用手開始接觸這個世界的時期，也是開始創造性地使用手的時期。這一時期最重要的是發展寶寶的創造性，如果此時束縛寶寶手的活動，無異於束縛寶寶大腦的活動。

大部分的左撇子都是天生的，如果慣用左手，最好讓他順其自然，不要硬性修改。如果刻意改成右撇子，容易破壞寶寶的肢體協調性，陷入認知混淆，出現一系列發育問題，最常見的如口吃、發音不正確等。

再有，強行糾正寶寶的左撇子，也會對寶寶的心理造成一定影響。特別是有的家長，看到寶寶用左手就用打罵來迫使寶寶改正，這種做法就會使寶寶在使用左手時有一種罪惡感，長此以往會造成寶寶自我懷疑、自我輕視、缺乏自信等諸多心理問題，嚴重者甚至可能出現神經質、絕望等極端心理，這一切對寶寶人格和智慧的健康發展都是十分不利的。

1歲之前的寶寶左右手功能還不會有明顯的方向分化，有的時候可能僅僅是想透過活動來認識感受自己的左手。但是，不管寶寶用哪隻手，只要他用著方便就可以，畢竟左撇子不是病，所以不需要糾正治療。但是，在以右撇子爲主軸的世界裡，左撇子的寶寶在生活上難免會碰到一些困擾，這就需要爸爸媽媽在寶寶將來長大之後，要把左撇子的不便告訴寶寶，讓他有心理準備，並自己做出選擇。

◆鼻子出血

外傷是導致鼻出血的最常見原因，除此之外，天氣乾燥、上火、鼻腔異物等也會導致鼻黏膜乾燥或破壞，造成鼻出血。再有，某些全身性的疾病，如急性傳染病、血液疾病、維生素C和維生素K缺乏等也同樣可能造成鼻出血。

當發現寶寶鼻子出血以後，應立即根據出血量的多少採取不同的止血措施。當出血量較少的時候，可以運用指壓止血法，方法是讓寶寶採取坐位，然後用拇指和食指緊緊地壓住寶寶的兩側鼻翼，壓向鼻中隔部，暫時讓寶寶用嘴呼吸，同時在寶寶前額部敷上冷水毛巾，在止血的時候，還要安慰寶寶不要哭鬧，張大嘴呼吸，頭不要過分後仰，以免血液流入喉中。一般來說，按壓5～10分鐘就能止血。

如果出血量較多的話，只用指壓止血的辦法可能一時間就無法止住出血了，這時可以改用壓迫填塞法來止血。止血的時候，將脫脂棉捲成像鼻孔粗細的條狀，然後堵住出血的鼻腔。填堵的時候要填的緊一些，否則達不到止血的目的。

如果上述辦法均不能奏效的話，就需要立即送往醫院止血，止血之後還需要查明出血原因，並對症做進一步相應的治療。

捏鼻止血時，經上述處理後，一般鼻出血都可止住。如仍出血不止者，需及時送醫院。在醫院除繼續止血外，還應查明出血原因。

◆預防傳染病

寶寶從6個月之後，開始要運用自身的抵抗能力來抵禦外界的侵襲了。但由於不足1歲的寶寶自身的抵抗能力還較弱，所以極易受到外界致病菌的攻擊侵害，特別是可透過各種方式傳播的致病菌，所以家長必需瞭解寶寶此時較爲常見的幾種傳染性疾病，以及必要的防護措施，盡最大的可能保護好自己的寶寶，讓他能夠安全健康的成長。

1. 流行性感冒

簡稱流感，是嬰幼兒最爲常見的傳染病。流感起病急驟、高熱、畏寒、頭痛、肌肉關節酸痛，全身乏力、鼻塞、咽痛和乾咳，少數患者會有噁心、嘔吐、腹瀉等消化道症狀，一般在發病前三天傳染性最強，主要透過飛沫傳染。

預防流感最重要的是增強體質，即平時多注意鍛鍊身體，多喝水，及時補充含維生素C和維生素E的食物，根據季節變化及時增減衣物，保持足夠的休息睡眠，增強身體的抵抗力。如果有家人患病的話，一方面要隔離病人，另一方面要做好室內的消毒。在流感流行的季節，應儘量避免到人多的公共場所，更要避免與染上流感的人接觸，外出的時候可以給寶寶帶一個小口罩，回家之後要先洗淨雙手。

2. 水痘

水痘好發於6個月～3歲的嬰幼兒，主要透過飛沫傳染，皮膚皰疹破潰後也可經衣物、用具等傳染。水痘是由水痘病毒引起的呼吸道傳染病，具有很強的傳染性，好發於冬春季節。發病初期先是高熱，體溫達38℃～39℃，寶寶能看出明顯的煩躁和食慾不振。而後由頭皮臉部開始出紅疹並逐漸蔓延到全身，1天之後變爲水皰，3～4天後水皰乾縮，結成痂皮。

水痘沒有專門的治療方法，要做的就是發病初期隨時給寶寶測體溫，如果體溫持續升高的話要多喝水，如果體溫超過了38.5℃，可以用退熱藥降溫，但要避免使用阿司匹林；用溫水給寶寶洗澡，洗過之後要穿寬鬆的棉質衣服並勤換內衣，以減輕瘙癢不適。感染水痘之後，寶寶常會不自覺地抓撓皰疹，爲了防止寶寶將皰疹抓破發生潰爛感染，要把寶寶的指甲剪短並保持清潔，必要時給寶寶帶一副防護手套。

如果有極爲嚴重的瘙癢或皰疹周圍皮膚色紅或腫脹，有膿液滲出，就表示皰疹已受感染，要立即去看醫生。如果寶寶患有腎臟病、哮喘、血液疾病或代謝性疾病等而正在使用醣皮質激素的話，一旦得了水痘要立即去看醫生。

預防水痘主要就是避免寶寶與患了水痘的患兒接觸，儘量少到人多的公眾場所，並且要勤換勤洗勤消毒寶寶的日常衣物，隨時保持各種用品的衛生清潔。

3. 麻疹

麻疹是由麻疹病毒引起的一種急性呼吸道傳染病，好發於6個月～5歲的嬰幼兒，傳染性極強，多由飛沫和空氣傳播，常在冬末春初時流行。如果寶寶未曾得過麻疹而抵抗力又比較差的話，就很容易被感染麻疹病毒繼而發病。

幼兒麻疹臨床表現爲發燒、咳嗽、流鼻涕、眼瞼結膜充血及口腔黏膜有麻疹黏膜斑，發熱3～4天後出現全身紅色斑丘疹，經一周左右可自然恢復，但要注意防止肺炎、心肌炎等併發症的出現。

對於8個月以上從未患過麻疹的寶寶，可以在麻疹流行前1個月皮下注射麻疹疫苗，但如果寶寶有發熱、患嚴重慢性病或急性傳染病等病症時，不能注射麻疹疫苗。此外，有免疫功能缺陷以及過敏體質的寶寶，也不宜注射麻疹疫苗。預防麻疹最主要的辦法就是在麻疹流行期間，儘量少帶寶寶去人多的地方，更要避免與染上麻疹的寶寶接觸。如果染上麻疹的話，要注意及時隔離治療，並保持室內的空氣流通。

4. 細菌性痢疾

即為菌痢，是由痢疾桿菌感染所引起的一種嬰幼兒常見的腸道傳染病，主要透過病菌污染的食物和水傳播，也可透過蒼蠅和帶菌的手而間接傳播，以夏秋季節最為常見。

嬰幼兒是中毒型菌痢的主要年齡群，表現為急驟起病、高熱、腹痛、嘔吐、腹瀉等，大便呈膿血黏液狀，次數多而每次量少，多數在胃腸道症狀出現前就出現高熱驚厥或微熱或超高熱，並出現休克、煩躁或嗜睡、昏迷等症狀。

菌痢是一種嚴重的傳染性疾病，如治療不及時的話就會引起患兒脫水、休克甚至死亡，所以一旦發現寶寶有菌痢症狀出現的時候，就要立即隔離並及時送往醫院治療，不能耽誤。

預防菌痢主要在於養成寶寶良好的衛生習慣，飯前便後要洗手，不能喝生水，所有給寶寶吃的食物要維持乾淨衛生。當寶寶染上菌痢之後，要保持臥床休息，體溫超過38.5℃，可給退熱劑，同時注意水分和鹽分的補充，禁食1～2天後逐步添加易消化、少渣食物，並以少量多餐為原則。

◆四季的注意問題

1. 春季

入春後天氣變暖，應讓嬰兒在室外充分鍛鍊。這個月寶寶最容易感染病毒性感冒，所以應該持續每天帶寶寶到戶外活動，並且在室內做好消毒和通風，此外家人也要注意預防病毒性感冒，因為很多時候寶寶得病都是被家人傳染的。

常在室外活動的寶寶，有時臉上和手腳上會出現又癢又紅的濕疹，這可能是受紫外線刺激所引起的，所以如果室外陽光充足的話，最好是給寶寶戴上帽子，避免陽光直射。

有的時候家長發現寶寶盜汗嚴重，就以爲是生病了，但其實也有可能是給寶寶穿的太多了。所以當寶寶盜汗時，可以先檢查是不是給寶寶穿的太多了，是不是還給寶寶穿冬天的衣服、蓋冬天的被子。如果的確如此的話，只要適當給寶寶減少衣服和被褥，就可以解決這個問題。

2.夏季

寶寶如果是在夏天進入第10個月，常常會不愛吃飯，特別是食量較小的寶寶。只要寶寶精神狀態良好，活躍健康的話，家長就不用擔心，可以多給寶寶吃些新鮮的水果、優酪乳或乳酪等，但是不能吃冷飲，也不能吃剛從冰箱裡拿出來的東西。如果寶寶特別不願意吃的話，也沒必要勉強他。如果寶寶什麼都不想吃，並且發高燒的話，就應該想到是口腔炎。

夏天寶寶的消化功能本身就差，如果這時候給寶寶斷奶的話，寶寶很可能會由於不適應而哭鬧，加上牛奶不易被吸收消化，所以此時母乳仍然是最好的食品，斷奶應該等到天氣轉涼之後再進行。

由於夏天出汗多，寶寶的尿量會減少，尤其是小便間隔時間長的寶寶。只要家長能夠做到準時把尿，就能完全撤掉尿布，等到秋天的時候再包上。如果依然給寶寶包尿布的話，注意不要把尿布墊得過厚，也不要兜得過緊，尤其是不要使用塑膠布，防止尿布疹的發生。

這個月的寶寶活動多了，加上夏天的衣服穿的少，所以要儘量避免肢體破皮出血，否則耽誤洗澡是很麻煩的。帶寶寶出去活動時要注意隔離紫外線，不宜長時間曬太陽，否則會令寶寶被陽光灼傷。

3. 秋季

從夏季到秋季的溫度變化大，且早晚溫差大，要特別注意預防寶寶由於冷熱不均而染上感冒，平時要多給寶寶喝水，及時調整室內空氣濕度，也不要過早地給寶寶加衣服。

如果寶寶玩出汗了，不能立馬把衣服脫掉，應該先讓寶寶安靜下來，擦乾汗水後再脫掉衣服；不要把寶寶直接放到風口處乘涼、吃冷飲，更不能用電風扇或空調給寶寶降溫；可以給寶寶喝些溫開水，這樣不但可以預防感冒，還可以增強寶寶的胃腸和肺部機能。

再有，給寶寶加衣服要注意方法，最好是和大人穿一樣薄厚的衣服，只要大人靜坐時不覺得冷，那麼寶寶也不會受寒，因為雖然寶寶的耐寒力不比成人，但他卻在終日活動著，就算是睡覺也會動來動去。給寶寶加衣服要一件一件的加，不要一下子加得太多，因為秋天的氣溫變化比較大，一旦給寶寶加上了就很難再脫下，這樣很容易讓寶寶感冒。

4. 冬季

進入冬季後，有的寶寶會突然吐奶，並解水狀便，這就是冬季腹瀉，是這個月齡寶寶初冬經常發生的病症，家長不需要太擔心。這種腹瀉通常會持續4～5天，家長只要注意多給寶寶喝水以防止脫水，也可以給寶寶喝些橘子汁，等到寶寶嘔吐停止後可以給予牛奶和粥等易消化的食物，只要給予合適的食物，寶寶的腹瀉很快就會痊癒。

Baby Diary: Year 0.5

第330～360天

◆———— Baby Diary: Year 0.5 ————◆

（11～12個月）的嬰兒

發育情況

寶寶就快滿周歲了！過了本月，寶寶就告別了嬰兒期，開始進入幼兒期。

這個月男寶寶的平均身高是73.4～88.8公分，女寶寶71.5～77.1公分，寶寶在這一年大約會長高2.5公分；男寶寶的平均體重是9.1～11.3公斤，女寶寶爲8.5～10.6公斤，一般情況下，全年體重可增加6.5公斤。這個月寶寶的頭圍增長速度和上個月一樣，依然是0.67公分。

一般情況下，全年頭圍可增長13公分。滿周歲時，如果男寶寶的頭圍小於43.6公分，女寶寶的頭圍小於42.6公分，則認爲是頭圍過小，需要請醫生檢查，看發育是否正常。

在一歲半左右，寶寶的囟門將全部閉合。

具備的本領

一周歲的寶寶本領越來越大了。這時的寶寶已經能夠獨自站立，並且不用大人攙扶著也能走幾步了，繞著傢俱走的行動也更加敏捷，彎腰、招手、蹲下再站起的動作更是不在話下。有些走路早的寶寶在這個時候已經可以自己走路了，儘管還不太穩，但對走路的興趣很濃，並且在走路時雙臂能上下前後運動，能牽著大人的手上下樓梯。

寶寶的小手也更加靈活，他能把書打開再合上，能自己玩搭積木，會穿珠子、投豆子，喜歡將東西擺好後再推倒，將抽屜或垃圾箱倒空，會試著自己穿衣服、穿襪子，會拿著手錶往自己手上戴，還會獨立完成一些簡單的其他動作。並且在完成這些動作的時候更要求獨立，如果家長要幫助他完成某些行動的話，他可能會用「不」來表示抗拒。

在正確的教育下，這個月的寶寶將學會說「爸爸、媽媽、姨、奶奶、抱」等5～10個簡單的詞，懂得用一兩個詞表達自己的意思和情緒，如用搖頭表示「不」；會注意模仿大人的說話，並嘗試用語言與人交流；這個時候的寶寶常常會用一個單詞來表達自己的意思，如用「飯飯」表示要吃飯等。

這一時期寶寶最主要一個成就是獲得個體永久性的概念，即知道一個物體或人在眼前消失並不表示永遠消失，物體或人依然存在著。如果大人當著寶寶的面把東西藏起來，寶寶就能根據自己看到大人藏東西的地方去尋找物體；如果大人用被子和寶寶玩躲貓貓，寶寶也會懂得掀開被子找出大人。

這個月是寶寶掌握初級數字概念的關鍵期。他能夠在爸爸媽媽的指導下，學會按自然數口頭數「1、2、3」，如果在上樓梯的時候，家長一邊上樓梯一邊數「1、2、3」，那麼寶寶也會跟著數「1、2、3」。

此時的寶寶仍然非常好動，能開始能夠有意識地注意某一件事情，並逐漸知道了所有的東西不僅有名字，還有不同的功用。例如，他不會再將玩具電話拿來咀嚼、敲打的有趣玩具，而是會模仿著大人的動作打電話。他還會隨著兒歌做表演動作，能完成大人提出的簡單要求。具備了看書的能力，能夠在大人的指導下，識認圖畫、顏色並能指出圖中所要找的動物、人物。

這個月齡的寶寶會有明顯的依戀情結，媽媽去哪裡，他就想跟著去哪裡；還會特別喜歡自己的某一個玩具，走到哪兒都要帶著；或是喜歡一天到晚吸吮自己的大拇指；或是睡覺時不停地玩一條小枕巾等，這些都是寶寶的心理需要，以此來安定自己的情緒。

另外這個時候的寶寶特別喜歡與成年人交往，他會設法引起大人的注意，如主動討好大人或者故意淘氣等；他還會與周圍同齡的小朋友形成以物品為中心的簡單交往，但還不是真正意義上的交往。

養育要點

◆營養需求

快滿周歲的寶寶，營養需求和上一個月一樣，每日每公斤體重需要熱量110千卡，其他必需營養物質如蛋白質、脂肪、碳水化合物、礦物質、維生素、各種微量元素及纖維素的攝入，也和上月基本相同。這個月的副食品添加側重依然和上個月類似，透過攝入蛋類、肉類、魚類、蝦類、奶類和豆製品來獲得蛋白質，透過攝入肉類、奶類、油類獲得脂肪，透過攝入糧食獲得碳水化合物，透過蔬菜、水果獲得維生素以及纖維素，透過多種的食物獲得不同的礦物元素和微量元素。

◆營養補充原則

1. 奶的作用不容忽視

快滿周歲的寶寶能吃很多種食物，除了過於辛辣、刺激的食物之外，基本與大人的日常飲食無異。但是，目前1歲左右的兒童普遍都有缺乏微量元素的症狀，尤其是缺鐵和缺鈣。因此，爲了維持寶寶的健康，均衡的配方奶類食品仍然是此時飲食的重要成分，建議每日攝入的奶類食品與固體食物的比例應爲40：60，以維持寶寶的營養足量均衡。

2. 額外補充維生素

1歲的寶寶雖然能吃的東西很多，而且戶外活動也多，但仍需要額外補充維生素，只是在數量上相對減少。一般來說，滿周歲的寶寶每日應額外補充維生素A600國際單位，維生素D200國際單位。如果寶寶不愛吃蔬菜和水果的話，還要額外補充維生素C片，以防維生素C攝取不足。

3. 糧食也很重要

如果寶寶特別愛吃蛋類、肉類食品，家長擔心寶寶過胖就不給寶寶吃糧食或吃極少的糧食，這也是不對的。雖然蛋類和肉類的食品也能給寶寶提供熱量，蔬菜水果能提供給寶寶多種微量元素、維生素和礦物質，但穀物類的主食仍然是寶寶最爲直接的熱量來源。肉蛋類食品中的熱量，當進入寶寶體內後，還需要一個轉換的過程，才能被寶寶吸收利用。並且在這個轉換的過程中，還會產生一些體內並不需要的多餘物質，這不僅僅會增加寶寶體內的代謝負擔，同時也可能使寶寶體內產生一些對身體有害的物質。

◆寶寶的飲食

近周歲時，一般嬰兒都能吃父母日常吃的飯菜，不要特意爲他做吃的，吃現成的飯菜就可以。以前還在母乳餵養的話，此時如果正處於春天或秋涼季節，就可以考慮斷母乳了。即使不斷乳，也要減少餵奶的次數，讓寶寶隨餐進食營養更加豐富多樣副食品。

儘管寶寶能吃很多種副食品，也依然要注重每天牛奶的攝入量。以前一直喝牛奶的寶寶，這個月最好還能維持每天500毫升的牛奶。但如果寶寶不習慣牛奶的味道，不愛喝牛奶的話，也可以少喝一些，多添加幾種副食品。

一歲前後是幫助寶寶形成良好飲食規律的重要時期，爸爸媽媽給寶寶吃進的每一口食物都是重要的，都關係到寶寶的消化吸收、關係到寶寶的食量及食慾的養成，最終關係到寶寶將來可能習慣吃什麼樣的食物。這個時候，每天都要按時給寶寶開飯，不能因爲大人的原因省略正常進食的某一餐。如果寶寶因爲加了點心、零食而使一日三餐飯量減少，那麼就應該減少給點心和零食的數量，維持寶寶能夠按時按量吃飯。

食物的營養價値關係到寶寶能否健康成長的大問題，給寶寶吃的食物，應該是既好吃，又有營養價値的，例如同等卡路里的香蕉和巧克力相比，香蕉更適合給寶寶吃。因爲像巧克力等經過加工的零食，最容易慣壞寶寶的胃口，不僅妨礙了寶寶對正常飯菜的興趣，還不利於寶寶的胃腸消化和營養攝入。

由於寶寶的身體還未發育成熟，對於食物的代謝比不上成人迅速，因此人工添加物及一些不明物質，可能會給寶寶造成身體上的傷害。所以，要儘量選擇天然未加工過的食物給寶寶吃，以維持寶寶充分吸收食物中所含的養分。在爲寶寶準備適合的菜肴時，除了注意選擇最新鮮的材料之外，還要注意飲食加工和烹飪方式，適合用蒸、煮等最簡單的方式，少用或不用煎、炸、烤等容易致使食物中營養成分大量流失的烹調方式。

再有，給寶寶的食物不能太甜或太鹹。太甜的食物會損壞寶寶的牙齒，也容易使寶寶飽腹、腹脹等，妨礙了正常飲食，而太鹹的食物則會加重寶寶的腎臟負擔。建議滿周歲的寶寶，每天的食鹽量不超過2克。

◆注意動物蛋白的補充

這個月的寶寶正處於生長發育期，對蛋白質的需求量相對要高於成年人，因此要供給足夠的優質蛋白，以維持寶寶的成長所需。

最好的優質蛋白仍然是動物性蛋白，以雞蛋、魚的蛋白質最好，其次是雞肉、鴨肉，接下來是牛肉、羊肉，最後是豬肉。雖然植物蛋白如大豆蛋白也是屬於優質蛋白，但卻不如動物蛋白容易吸收。1歲寶寶每天需要蛋白質35～40克，等同於進食400～500毫升乳製品、1個雞蛋和30克瘦肉的總量。爲了維持寶寶食物的多樣化，可以每週吃1～2次魚、蝦，2次豆製品，平時也可以將雞、鴨、牛、豬肉變換著吃，讓寶寶在攝入營養的同時，充分享受進食的樂趣。

◆水果的給法

1歲以前的寶寶吃水果有三種方法：一是喝新鮮果汁，選擇新鮮、成熟的水果，如柑橘、西瓜、蘋果、梨等，用水洗淨後去掉果皮，把果肉切成小塊，或直接搗碎放入碗中，然後用湯匙背擠壓果汁或者用消毒紗布擠出果汁，也可用榨汁機榨取果汁。二是煮水果，將水果用刀切成小塊，放入沸水中，蓋上鍋蓋，煮3～5分鐘即可。三是挖果泥，適合4～5月大的嬰兒，先將水果洗淨，然後用小湯匙刮成泥狀。最好隨吃隨刮，以免氧化變色，也可避免污染。

快滿1歲大的寶寶可以吃多種水果，但要注意水果必須洗淨、去皮，吃葡萄、櫻桃等小而圓的水果要特別小心，防止發生嗆噎、窒息危險。由於此時寶寶的消化系統的功能還不夠成熟，所以吃水果的時候也要注意選擇種類及控制數量，避免寶寶出現不適症狀。一般來說，蘋果、梨子、香蕉、橘子、西瓜等比較適合寶寶吃，蘋果有收斂止瀉的作用，梨有清熱潤肺的作用，香蕉有潤腸通便的作用，橘子有開胃的作用，西瓜有解暑止渴的作用。但無論什麼水果，一天都不能吃得太多，而且種類也不要太多，一般以1～2種爲宜。

由於水果含糖量比較高，餵奶前或餐前食用會影響正餐進食量，所以給寶寶吃水果最好安排在餵奶或進餐以後，以免耽誤寶寶的正常飲食。

◆不能拿水果當蔬菜吃

有的寶寶平時不愛吃蔬菜，爸爸媽媽就覺得讓寶寶多吃些水果也一樣。但實際上，兩者還是有很大分別的。

首先，整體上來說水果的營養低於蔬菜，其膳食纖維含量與蔬菜相比也少得多。每100克蔬菜平均含維生素C20毫克，而只有新鮮水果才富含維生素，平時吃的一些水果如果經過長時間貯存的話，維生素就會大量流失，損失很多。

其次，如果經常讓寶寶以水果代替蔬菜，勢必會增加水果的攝入量，這就可能導致寶寶在體內攝入並蓄積過量的果糖。當體內果糖蓄積過多時，不僅會使寶寶的身體缺乏銅元素，影響骨骼的正常發育，造成身材矮小，而且還會使寶寶經常有飽脹感，出現食慾不振的現象。

再有，水果中的無機鹽，粗纖維的含量要比蔬菜少，與蔬菜相比，促進腸肌蠕動，維持無機鹽中鈣和鐵的攝入的功用要相對弱一些。

最後，水果中所含的醣類含有酸性物質，會侵蝕寶寶剛剛萌出的牙齒，不利於乳牙的健康發育。

要避免寶寶日後不吃蔬菜的最有效的方法，就是在1歲以前，就讓他品嘗到各種不同口味的蔬菜，打下良好的飲食習慣基礎。

◆預防不良習慣

1. 揉眼

有的寶寶總是用手揉自己的眼睛，這就會使手上的細菌進入眼睛裡，造成沙眼、倒睫或抓破眼角而引起紅腫、感染等。糾正寶寶揉眼的辦法是，轉移寶寶的注意力，當寶寶揉眼的時候，輕輕把他的手從眼睛處拿開，並在他的手裡及時遞上一件玩具或者一小塊零食，讓他慢慢忘記不自覺地揉眼動作。

2. 伸舌頭

嬰幼兒時期伸舌頭是一種不自覺的活動現象，但久而久之就會形成難以克服的壞習慣。經常伸舌頭會使門牙受到擠壓，進而出現排列不齊或向前突出的現象，影響牙齒的健康和美觀。防治的辦法是，經常逗寶寶玩和笑，使其轉移注意力。

3. 吮手指

有的寶寶在這個時候還有吸吮手指的習慣，尤其是睡覺的時候，非得啃著自己的手指頭才能睡著。這時就要加以糾正了，否則會致使寶寶形成吮指癖，不但容易把細菌帶入消化道，剛萌出的牙齒還可能會把手指咬破，造成出血、感染等。要改掉寶寶吮手指的習慣，可以在寶寶的手指上塗一些「有異味的東西」，如黃連、一點點鹹味、一點點辣味，這對剛剛形成吮指習慣的寶寶很有用。如果寶寶吮指頻繁的話，只要他白天醒著，就不要讓他的手閒下來，在他剛要把手伸到嘴裡時，把他的手指拿出來，逗他看垂掛的玩具、聽你唱唱歌，轉移他的注意力。

4. 物品依賴

有吮指習慣的寶寶大多數也有對某種特定物品的依賴，如特別依戀自己的小毛巾、小被子，或是某個娃娃等，無論吃飯、玩耍還是睡覺，都要把這種東西帶在身邊，否則就心神不寧煩躁不安。這種依賴的壞習慣必須儘早改掉，解決的辦法是，常常更換寶寶身邊的常用物品，永遠讓他處於一種「非熟悉」的狀態，這樣他就找不到可以依賴的東西了。

5. 咬嘴唇

咬嘴唇時間長了，就造成上門牙前突，開唇露齒，翹嘴唇等畸形。防止寶寶咬唇的辦法是，不要總是呵斥寶寶或對著寶寶擺出嚴厲的表情，如果發現寶寶見到生人怕羞而咬唇時，應設法阻止，不使其養成習慣。

6. 舔牙

當寶寶在萌牙時，常因齦發癢而用舌頭去舔，這會影響牙齒的正常發育，還會刺激唾液腺的分泌，引起流涎。可以經常逗寶寶笑，分散他的注意力，或是給他一些能夠鍛鍊咀嚼的食物，讓他忘記舔牙。

7. 任性嬌弱

這完全是大人「寵」出來的壞習慣。寶寶比較弱小，大人保護他是應該的，但過分的保護就會致使寶寶容易哭鬧、任性撒嬌、情緒多變等，同時還會使寶寶的能力發展緩慢。對於這麼大的寶寶，大人應當在適當時候理智地學會對他說「不」，不要讓他覺得他想要什麼大人都會滿足他。另外，寶寶在學走路的時候，少不了跌跌撞撞，出現一點小傷也是常有的事，這些事情發生之後，大人要鼓勵寶寶堅強獨立的面對，而不是顯得比寶寶還緊張、痛苦，否則必然會使寶寶變得脆弱不堪。

◆睡眠問題

通常情況下，1歲的寶寶每天晚上會睡10～12小時，然後在白天再睡2次覺，每次1～2小時。不過，每個寶寶的睡眠時間長短差異性仍然比較大。

這麼大的寶寶能爬能走、能自己玩，這些能力的發展都會讓他莫名的興奮，於是此時想讓他平靜下來安安靜靜的睡覺就會變得越來越難。而且這個時候的寶寶開始知道撒嬌了，他可能會千方百計的撒嬌、鬧彆扭，要求大人抱著、哄著自己睡，或者在臨睡之前要求玩一會兒或是吃些小零食。

對於寶寶的種種要求，爸爸媽媽不能縱容，要堅決讓寶寶遵從一定的就寢程序，不能跟寶寶談條件，哄騙寶寶的入睡。否則寶寶即使睡了，也很容易醒來哭鬧。

有的寶寶到了這個月齡，「夜貓子」的個性開始顯現，晚上到了睡覺時間仍不願意上床，入睡時間往後拖延，或者長時間難以入睡。這樣的寶寶，很多時候爸爸媽媽也都是「夜貓子」，睡的比較晚。雖然此時的寶寶不至於到了晚上8～9點就必須睡覺，但睡覺時間最好也不要超過10點，所以到了10點左右的時候，爸爸媽媽最好是開始做睡眠準備並按時入睡，這會使寶寶慢慢也開始習慣晚上10點就睡覺。當然，睡前一套睡眠準備工作也很重要，包括和寶寶做做簡單溫和的小遊戲，放上舒緩的助眠音樂等。如果寶寶依然不肯乖乖入睡的話，爸爸媽媽不妨讓寶寶安靜地待會兒，同時把室內光線調暗或乾脆關上燈，不要去打擾寶寶，這樣過不了多久，他就能昏昏沉沉地睡去了。

能力的培養

◆排便訓練

在滿2周歲前，很多人都希望寶寶能主動要求排便，但一般到了1歲半時能懂這些就不錯了，剛滿1歲時，別太指望寶寶有這個本領。

不冷不熱的季節，給這麼大的寶寶把尿把便通常能夠比較順利，但如果是在天氣較冷的冬天，寶寶就會因為怕冷而不願意讓大人解開尿布，因此就出現把尿便困難。這是可以理解的，要是寶寶不願意讓大人把，那麼就還是應該順其自然，遵從寶寶的個性，也不用擔心寶寶因此染上尿布疹，這麼大的寶寶，患尿布疹的可能性已經很小了。

炎熱的夏季會使寶寶排尿的時間間隔延長，因此媽媽之前掌握的規律可能就不怎麼奏效了。寶寶不想尿尿，媽媽到了那個時間還是硬把，這勢必會引起寶寶的掙扎反抗，給他坐便盆他可能也不太願意。這時大人不要心急，也不要認為寶寶是越大越「笨」了，要相信寶寶早晚有一天能夠控制好自己的大小便。

這個月，寶寶夜裡小便的情況也是各有不同，有的寶寶在臨睡前把尿之後能安安靜靜的一覺睡到天亮，也有的寶寶晚上還要尿1～2次。只要寶寶沒因為憋尿或尿濕了驚醒的話，就沒有必要刻意把寶寶吵醒了把尿，讓他尿到尿布裡，早上起來時再更換就可以了。如果寶寶感到不適的話，他會自己想辦法把大人叫醒給自己換上乾淨的尿布，要是寶寶沒有這個要求，那麼家長就不用過多地去管他。

◆走路訓練

幫助寶寶練習走路，可以用「玩」的辦法：

1.爸爸媽媽拉開1公尺左右距離，面對面蹲好。先讓寶寶站在媽媽的身邊，然後爸爸拍著手呼喚寶寶，誘導寶寶自己走過去；等到寶寶蹣跚著撲到爸爸懷裡以後，媽媽再拍著手喊寶寶再走過來。這個遊戲適合能夠獨自站立的寶寶，可以每天進行2～3次，每次走5～6回，並且根據寶寶的情況逐漸增加練習次數、拉長距離。

2.準備一根短木棍，爸爸或媽媽一隻手抓住木棍的上端，一隻手抓木棍的下端，讓寶寶雙手抓住棍子的中間部位。當寶寶抓住木棍之後，爸爸或媽媽抓著木棍往後退，讓寶寶自己邁步往前走。這個遊戲適合站得還不是太穩的寶寶。

3.找一個陽光充足的天氣到室外，爸爸從後面扶住寶寶的雙臂，媽媽站在寶寶的前面，引導寶寶去找媽媽的影子，然後爸爸就和寶寶一起，踩媽媽的影子。這個遊戲也可放在室內進行，打開燈讓地板出現影子，然後進行訓練。

這個時期訓練寶寶走路不能強求。每個寶寶開始學走路的時間都不相同，甚至可能出現較大的差距。因此，學走路並沒有所謂最適當的時機，必須視自身的發展狀況而定。這也是一個漸進的過程，一般來說，寶寶是從這個月時開始學走路，但如果此時寶寶沒有學走路的意願，並表示恐懼的話，家長們也不能強迫寶寶訓練，也不用太著急，因爲強行訓練的話很可能會對寶寶的肢體發育產生不良影響。只要寶寶在1歲6個月之前能夠獨立走路，那就沒有什麼可擔心的。

由於寶寶的平衡感及肌肉運動協調能力還沒有發育完全，很容易在學走路時因爲重心不穩而摔倒，這是再正常不過的事情，爸爸媽媽不能因爲怕寶寶摔倒而在走路訓練時過分保護。如果寶寶因爲膽子小怕摔倒而不敢自己向前邁步的話，爸爸媽媽就應多加鼓勵，給寶寶最強的信心和動力，鼓勵他勇敢地走出第一步。

◆手腦靈活性的培養

此時寶寶的手眼協調有了很大的提高，拇指和食指的配合也越來越靈活。他能熟練地捏起小豆子，並喜歡嘗試把豆子放入小瓶裡；能把包玩具的紙打開，拿到玩具；能拿著蠟筆在紙上戳戳點點，並嗯嗯啊啊地讓大人來看他畫出的筆道。要培養寶寶的手腦靈活性，不妨在家裡和寶寶做些這方面的親子遊戲。

可以在家裡的走廊弄一個類似保齡球滾道的通道，然後在一邊放置6個空的水瓶，並且準備好一個小球。先做示範給寶寶看，把小球順著通道扔過去，砸翻水瓶，然後讓寶寶自己來玩，每次推倒瓶子之後，要和寶寶一起，把所有的瓶子再擺好。還可以在擺瓶子的時候，教寶寶數數「一、二、三」。

搭積木、套圈等也是很好的培養手腦靈活性的遊戲。這麼大的寶寶，可以根據不同需要選擇一些發展能力的益智玩具，這對寶寶的成長有著非常大的幫助。

◆智力的開發

快滿1歲的寶寶特別喜歡玩玩具及一切他感興趣的東西，並且他對某種事物越感興趣，觀察和注意的能力也就越持久。如果此時爸爸媽媽能夠藉機引導寶寶多認識這種事物，或是藉由這種事物讓寶寶認識更多相關的事物，就能極大限度的提高寶寶的認知能力和對語言的理解能力。

此時的寶寶已經有了記憶力，他會記住一些熟悉的事情，當聽到他聽熟悉的兒歌時會顯得非常的興奮，並跟著兒歌的節奏發出「呼呼」的聲音；當媽說到小狗的時候，寶寶不用看實物或圖片就能明白媽媽指什麼，並能用「汪汪」來表示。藏找東西是非常好的開發寶寶記憶力的遊戲，而且大多數寶寶也會非常喜歡這個遊戲，當然這需要爸爸媽媽和寶寶共同開心的玩耍，才會達到效果。

日常生活和實際活動是寶寶思維發展的源泉，而且完全可以借助寶寶的好奇心來發展。例如，在家裡的時候可以在寶寶面前放一大盆水，然後讓寶寶蹲著或坐著，看著爸爸媽媽將不同質地的東西，如塑膠小鴨子、玻璃球、積木塊等東西放進水裡，讓寶寶觀察哪些東西會沉到水裡、哪些東西會浮在水面上，也可以讓寶寶主動把不同的東西扔進水裡觀察不同的變化。長時間進行這種訓練，就會讓寶寶明白，重的東西會沉到水裡，而輕的東西則能浮在水面。

家長要明白的是，知識不全靠機械的記憶，知識更多的是在實踐中發現獲得，寶寶掌握規律性的知識越多，就越能促進判斷和推理思維的發展。因此，要儘量讓寶寶在玩耍中探索和獲得知識，而不是呆板的教學；要多鼓勵寶寶主動探索周圍的奧祕，滿足寶寶尋找事物原因以及事物間本質聯繫的求知欲望，引導他去發現身旁的事物。

◆平衡能力培養

此時的寶寶走路總是搖搖晃晃地像個醉漢，除了因為骨骼較軟之外，平衡能力較差也是其中的一個原因。因此，此時訓練寶寶的平衡能力，就顯得尤為重要。

平時在家的時候，可以讓寶寶學著爸爸媽媽的樣子踮起腳尖走路。由爸爸在寶寶前面踮著腳走，讓寶寶跟著模仿，媽媽在後面保護，直到寶寶能走得很好了，才可以脫離保護讓寶寶自己來走。也可以事先準備一些卡片，然後用幾根迴紋針把卡片別在一根長線上，爸爸媽媽在兩邊拉住長線，高度以寶寶伸手、踮腳尖能搆到並摘下為宜，然後鼓勵寶寶自己動手去摘卡片。

如果寶寶剛開始搆不到，或根本不願踮腳的話，可以先降低一點高度或用手往下壓壓卡片，讓寶寶一下就能摘下，體會成功的樂趣，激發寶寶更大的動力。一旦寶寶有了興趣，就可以慢慢提高高度，讓他踮腳自己搆。剛開始踮腳的時候，以先稍稍扶他一下，讓他有安全感。

訓練寶寶的方式有很多，但無論哪種方法，都要注意做好防護措施，避免寶寶受傷。此外，訓練還要適度，不能讓寶寶一次練得太久，玩得太瘋。再有，所有的訓練遊戲，最好都是由爸爸媽媽和寶寶一起進行，這樣既能提高寶寶遊戲的積極性和樂趣，也能增進親子間的交流，使寶寶和爸爸媽媽的感情更為深厚。訓練的方式切忌過於超前，揠苗助長，這不但無利於寶寶的成長，反而很容易使寶寶由於達不到目標而產生挫敗感，長期下去很容易造成膽小、缺乏自信的個性，嚴重影響寶寶的心理發展。

家庭環境的支持

◆室外活動

這個時候的室外活動，除了讓寶寶沐浴陽光、接受新鮮空氣以及開拓寶寶的認知世界之外，還要趁機發展寶寶的交往能力。可以讓寶寶和鄰居家同樣大小的寶寶一起玩，引導寶寶把自己的玩具、小零食送給別的小朋友，讓寶寶學會分享。還要教會寶寶一些社交禮儀，例如看到熟人的時候，先舉著寶寶的手對對方擺一擺，告訴寶寶笑一笑，這樣時間一長，寶寶就學會了見到人要主動打招呼。此外，還可以教寶寶一些簡單的動作，例如舉起食指，告訴叔叔阿姨「我1歲了」、準備回家的時候，對著鄰居家的阿姨和小朋友擺擺手，告訴對方「再見」等等。

自從寶寶開始懂得主動要求出去玩以後，就有「玩瘋」的可能，他可能無時無刻的想要出去，比如餵飯的時候、洗澡的時候等等，建議家長此時最好能固定寶寶每天外出活動的時間，讓寶寶知道，到了那個時間才能出去，其他的時間都不出去。但是不要和寶寶講條件，例如「吃完水果就帶你出去」等等，這會埋下寶寶今後愛和大人談條件的隱患，必須注意防範。

需要注意的問題

◆可能出現的事故

1. 扭傷

剛學會走路的寶寶，由於骨骼較軟、走路不穩，最容易發生的意外就是扭傷。這時候的寶寶通常不能表達得很清楚，所以就得靠爸爸媽媽仔細觀察寶寶的一舉一動，從中得知。如果發現寶寶走路的時候一拐一拐的，或是壓著寶寶的腿時寶寶表現疼痛難過的話，就應該是發生了扭傷。

2. 墜落

墜落的事故常有發生，因爲這個月齡的寶寶會爬高了，他會在大人不注意的情況下爬上高的地方，然後一不留神就摔下來；也會翻過嬰兒床的欄杆或大床上的被垛，摔倒在地上；也有可能趁著大人不注意，借助大床爬上窗臺，如果此時窗戶開著或是沒有關上的話，就非常危險了。墜落的事故總是讓大人防不勝防，經常有些根本不太可能發生的事情卻偏偏發生了，給寶寶帶來傷害。因此，家長唯有小心、再小心，最好不要離開寶寶半步。

3. 燙傷

燙傷也是時有發生的事，多數情況都是寶寶淘氣，自己去碰去摸熱水瓶、熱湯等，一不留神打翻燙傷自己。也有些家庭，爸爸吸菸後沒有把菸頭徹底掐滅，寶寶一旦拿過來就會燙傷手，還可能會將菸頭放進嘴裡燙傷嘴，或是把菸頭吃下去。

4. 誤吞異物

只要是能讓寶寶用手捏住的東西，就都有可能讓他誤吞下去。不管是玩具上的零件、日常生活中的細小物品，還是膠囊、藥丸，或是家裡的化學物品如清潔劑、消毒劑，甚至是花露水、香水等，都有可能給寶寶帶來安全隱患。因此，這些東西最好是統統放在寶寶不可能拿到的地方，並且平時最好不要拿著這類東西逗寶寶玩，因爲一旦勾起了寶寶的好奇心，那麼他就會想盡辦法的趁大人不備的時候自己去拿這些東西。

5. 摔傷撞傷

寶寶的活動能力非常強，但控制能力卻很差，總感覺像一個莽莽撞撞的「小瘋子」。他不知道輕重，常常會在家裡的急速的走，然後突然身子一歪、撞到旁邊的櫃子桌子，結果撞出一塊瘀青或是磕出一塊大包。

6. 溺水

真正由於大人給寶寶洗澡或帶寶寶游泳時造成溺水的情況很少見，大多數都是寶寶自己走到浴室，一不留神掉進水盆、放滿水的浴缸或是頭朝下的跌進馬桶。因此，家裡浴室的門最好關上，不要讓寶寶有機會接觸到這些容易發生危險的地方。

7. 力氣大引發的事故

這時候的寶寶力氣大得驚人，他能推動比較輕的櫃子、桌子等，一旦櫃子、桌子倒下，就有可能把自己壓在下面，但卻無法掙扎著爬出來；他還能把廚房裡瓦斯缸瓶上的開關擰開，造成瓦斯氣體洩露；還有可能把藏在高處或是角落裡的電源插座搬出來，按一按或是摸一摸，這就極有可能發生觸電的危險。

◆還沒出牙

快到1歲的寶寶還不出牙，家長也不必盲目給寶寶補鈣或是帶著寶寶到醫院去檢查。牙齒的萌出與遺傳和營養有關，發育較慢的寶寶出牙時間就晚，如早產兒、先天性營養不良的寶寶和人工餵養的寶寶，就有可能在這個時候依然不出牙。

只要寶寶非常健康、運動功能良好，家長就不用太過擔心，只要注意均衡、及時的添加泥糊狀食品，多曬太陽，就能維持今後牙齒依次長出來。

但是，如果寶寶到了1歲半的時候還不出牙，就要注意查找原因了。最常見的是佝僂病，這種病除了遲遲不出牙以外，還能看到明顯的身體異常，如骨骼彎曲、頭部形狀異常等。除此之外，還有一種罕見的疾病——先天性無牙畸形，這種患兒不僅表現在缺牙或無牙，而且還有其他器官的發育異常，如毛髮稀疏、皮膚乾燥、無汗腺等。另外，口腔中的一些腫瘤也可能引起出牙不利。

如果此時寶寶還不出牙，建議爸爸媽媽可以綜合考慮寶寶有無其他發育異常的狀況，如果沒有的話不妨再耐心等待幾周。如果寶寶過了周歲生日之後，還遲遲不見出牙，也可以到醫院就診，這樣不僅大人放心，對寶寶也比較好。

◆高熱

引起寶寶高燒的原因有很多，如感冒、扁桃腺炎等常見疾病，也可能是肺炎、麻疹和腦膜炎等嚴重疾病。快滿周歲的寶寶高熱，大多數都是由病毒引起的疾病，如感冒、著涼或是扁桃腺發炎，特別是家人患了感冒或寶寶到了人多的地方後發燒，就更有可能是這種原因。

如果在這一年裡，寶寶從未真正地發過高燒，在這時突然出現高燒，就要先想到幼兒急症的可能，特別是體溫到了38℃以上；如果是夏天出現從未有過的高燒，就應該想到口腔炎；如果寶寶除了高熱以外，還有流鼻涕、打噴嚏等症狀，大多數都是染上了呼吸道感染。

大多數的寶寶高熱都是由於感冒引起的，但也有些是有了嚴重的疾病。但只要寶寶在發燒時，早上能自己起床，還能有精神玩的話，通常家長就可以放心，寶寶沒什麼嚴重的大問題。

但是，由於寶寶身體的耐受力有限，所以給寶寶退燒最安全的方式是物理降溫，對於退燒藥，要慎重選擇對待。一般來說，退熱藥物只能改善症狀，沒有抗菌、抗病毒能力，因此，在使用退熱藥物之前應找出病因，以免影響診斷，耽誤治療。

有些家長一聽某種藥物安全性好，就喜歡給孩子加大劑量，希望增加療效，但這種做法往往是適得其反。如果使用退熱藥劑量過高的話，很容易使寶寶出現胃腸道不適症狀，甚至引起肝腎功能損害。而且退熱作用過強也會引起出汗過多、體溫突然下降，進而導致虛脫。

因此，在給寶寶使用退燒藥的時候，一定要嚴格按照醫囑或說明書上的用法、用量給寶寶服用，不同的退燒藥最好不要隨意的互相併用，使用退熱藥後要多飲水，這既是嬰幼兒身體新陳代謝的需要，也有助於藥物的代謝與排泄，以避免和減輕藥物不良反應。

◆腹瀉

輪狀病毒在乾燥、寒冷季節容易爆發，每年10月到隔年的2月，是輪狀病毒腹瀉發病高峰。由於6個月到2歲的嬰幼兒局部免疫力和腸道消化系統發育未完全成熟，很容易感染輪狀病毒而引起腹瀉。輪狀病毒腹瀉的病程一般約5～10天，多數患兒如果護理得當，癒後不會有問題。

除了輪狀病毒腹瀉外，引起嬰兒腹瀉的原因還有飲食因素（如餵養方法不當、食物不適宜或突然改變、食物量過多或過少），腸道內感染、環境因素、體質因素（如營養不良、維生素缺乏症），都有腹瀉症狀。嬰兒腹瀉一年四季都可能發生，快滿周歲的寶寶染上腹瀉，由於所處的季節不同，治法也不盡相同。

如果是在6～9月份出現腹瀉，就要想到是不是吃了什麼不乾凈的東西。如果寶寶在腹瀉出現較急，並同時伴有發燒、煩躁不安、情緒欠佳，以及大便中帶有黏液、膿狀物和血液的話，基本上就能肯定是這種情況，應及時到醫院請醫生診斷治療，最好是能把腹瀉便帶到醫院，方便醫生儘快診斷。這種細菌性的腹瀉只要及早使用抗生素治療，多半都不會留下什麼後患。

夏季腹瀉除了細菌性腹瀉外，還有痢疾及其他可能，不過腹瀉時寶寶的狀態如何，最好是都帶到醫院做個詳細診斷。

冬季腹瀉多半是由於吃得太多或是吃了不好消化的食物，有時還會伴有嘔吐、發燒、精神不佳、食慾不振、大便混有血和膿等症狀，當出現這些情況的時候，最好是請醫生看看。

也有些寶寶是因爲肚子著涼或是受了風之後腹瀉，所以當冬天寶寶出現腹瀉時，而最近幾天進食量都正常，並且沒有給寶寶新添加任何副食品，就應想到這種情況。

也有的寶寶，體重比同月齡大多數寶寶的體重要輕，大便總是很軟、黏黏呼呼的，這也會讓爸爸媽媽以爲是腹瀉。但實際上，這種軟便是不成形的糞便，原因是寶寶吃得太少，只要給寶寶增加副食品的量，或是給些硬點的副食品來刺激腸胃，多吃些米飯、稠粥、蛋、肉泥、魚類等，並每天監測體重的變化。如果發現體重開始有顯著的上升，那麼過不了多久這種「腹瀉」就會自癒。

◆咳嗽

平時易積痰的寶寶，只要氣溫下降的時候，胸口就常會發出呼嚕呼嚕的痰鳴聲，而且有不少是在早上剛起床或是臨睡前出現一陣咳嗽，夜裡的咳嗽有時候還會把晚上吃的東西吐出來。這種咳嗽不是病，是寶寶自身的體質問題，只有依靠加強日常鍛鍊、改善體質、增強身體免疫力來緩解。

沒有積痰問題的寶寶咳嗽，大多數情況都是伴隨著感冒而發生的，有的時候感冒已經好了，但還會持續咳嗽1～2周，有些服用咳嗽藥水可以緩解，有些則沒什麼效果。如果寶寶除了咳嗽以外，沒有什麼其他不適的症狀，精神狀態和食慾都很好，那就沒什麼問題，只要多給寶寶喝水，補充含維生素C豐富的水果和適量的蔬菜，一般這種咳嗽在經過一段時間後都能自行好轉。如果寶寶在咳嗽時，能聽見氣管呼嚕呼嚕的，或是感覺寶寶好像總是喘不上氣的話，就有可能是合併了嬰兒氣管炎或嬰兒肺炎，最好是到醫院請醫生看看。

對於咳嗽的寶寶，平時可以多喝些溫熱的飲料，如溫開水、溫牛奶、米湯等，使寶寶的痰變得稀薄，緩解呼吸道黏膜的緊張狀態，促進痰液咳出。也可以給寶寶喝鮮果汁，但果汁應選刺激性較小的蘋果汁和梨子汁等，不宜喝橙汁、葡萄柚汁等柑橘類的果汁。

如果寶寶咳嗽不止，首先要將室內環境調整在溫度20℃左右，濕度60-65%左右，然後抱著寶寶在充滿蒸汽的浴室裡坐5分鐘，讓寶寶多吸入一些潮濕的水蒸氣，這有助於幫助寶寶清除肺部的黏液，平息咳嗽。如果寶寶總是在夜裡咳嗽厲害的話，晚餐要吃些清淡的食物，不要吃太多，飯後也不要立即讓寶寶睡覺。睡覺的時候，要將寶寶的頭部抬高，還要經常更換睡的姿勢，最好是左右側輪換著睡，以利於呼吸道分泌物的排出。

咳嗽是寶寶的一種保護性生理現象，是爲了排出呼吸道分泌物或異物而做出的一種身體防禦反射動作。對於咳嗽，家長一定要鑒別是何種原因引起的，再對症處理，而不能一聽到咳嗽，馬上就認爲是感冒、肺炎，做出盲目治療。

◆嘔吐

嘔吐是由於各種原因引起的食道、胃和腸道的逆蠕動，同時伴有腹肌和橫膈肌的強烈痙攣收縮，迫使食道和胃腸道內容物從口中湧出的一種症狀。由於寶寶脾胃不足，臟腑薄弱，外感風寒、傷食、代謝紊亂、消化道畸形、中樞神經感染、腦損傷等，都可能引起脾胃功能失調而發生嘔吐。

一般的嘔吐在吐前常有噁心，然後吐出一口或連吐幾口，多見於胃腸道感染、過於飽食和再發性嘔吐；急性胃或者腸炎引起的嘔吐，多伴有腹瀉和腹痛；平時積痰多，胸中呼嚕呼嚕發響的寶寶，在晚飯後剛要睡下時，也可能由於發作一陣咳嗽並嘔吐起來；吃了某些藥物後，胃腸道不適也可能引起嘔吐。這些嘔吐的問題都不大，只要改善原發性問題，嘔吐就不會再發生。對於嘔吐的寶寶，要注意飲食上的調理，給以清淡、少油、少渣、稀軟、易消化食物，如米湯、稀粥等，並注意少量多餐，補充些淡鹽水。嘔吐時要讓寶寶採取側臥位，或者頭低下，以防止嘔吐物吸入氣管。

如果寶寶的嘔吐是經常性發作，首先就要排除器質病變和消化道炎症。如果確定寶寶並沒有器質病變，也沒有消化道炎症的話，那麼大多數就是胃食道反流。對於胃食道反流引起的嘔吐，可以讓寶寶頭採側俯臥位，每次20分鐘，每日2～4次，以降低反流頻率，減少嘔吐次數，防止嘔吐物誤吸，避免吸入性肺炎及窒息的發生。但是俯臥期間一定有專人照顧，預防窒息發生。

如果寶寶出現噴射狀嘔吐，即吐前無噁心，大量胃內容物突然經口腔或鼻腔噴出，則多為幽門阻塞、胃扭轉及顱內壓增高問題，需要立即就醫。此外，這種噴射狀嘔吐也經常出現在腦部撞傷、摔傷或有外傷的情況下。

如果嘔吐的同時，寶寶不發燒，但有嚴重的腹痛，並突然大聲啼哭，表情非常痛苦，持續幾分鐘便停止，隔幾分鐘後又像之前一樣哭鬧，重複多次，就要想到腸套疊。腸套疊是嬰兒一種較爲嚴重的急症，需要立即就醫治療。

這麼大的寶寶有時在進食的時候，會出現吐飯的情況，這與嘔吐有著明顯的區別。吐飯可能是寶寶吃飽了、不想吃、不愛吃，餵飯的時候剛把飯餵到寶寶嘴裡，他就用舌頭尖把飯抵出來。這時只要家長不再繼續餵就可以了。

對於寶寶的嘔吐，家長要注意嘔吐的方式、次數，嘔吐物的形狀、氣味與進食的關係、精神狀態、食慾、大小便情況及嘔吐時的伴隨症狀，在就醫時及時告知醫生，有助於醫生的診斷和治療。

◆貧血

寶寶的貧血多數是缺鐵性貧血，是由於營養不平衡、胃腸功能障礙或造血物質相對缺乏造成的。健康足月的新生兒在出生時體內已經儲存了足夠支援3～4個月生長發育所需的鐵，這些鐵在寶寶半歲左右將全部消耗。從半歲到周歲的這半年裡，寶寶的生長發育非常迅速，周歲時體內，血量較出生時能增加2倍。因此，此時的寶寶尤其需要鐵質，如果沒能及時爲寶寶添加含鐵的副食品，或添加的量太少的話，都會使寶寶因缺鐵而導致缺鐵性貧血。

缺鐵性貧血的寶寶臉色呈蠟黃或顯得蒼白，頭髮又細又稀，容易煩躁，怕冷，身體抵抗力較差，很容易患感冒、消化不良、腹瀉甚至肺炎，經檢查可發現血紅蛋白每100毫升少於11克。

要預防寶寶缺鐵性貧血，就要在副食品中添加含鐵豐富的食物。由於蛋黃中的鐵易於被吸收利用，所以蛋黃必不可少。此外，還可以給寶寶吃些綠色蔬菜泥、碎肉、肉鬆、動物血、肝泥等以及富含維生素C的水果。

眾所周知，菠菜中的含鐵量比較高，但用菠菜給寶寶補鐵，很可能會越補越缺。這是因爲，雖然菠菜中含鐵量很高，但其所含的鐵卻很難被小腸吸收；而且菠菜中還含有一種叫草酸的物質，很容易與鐵作用形成沉澱，使鐵不能被人體所利用，從而失去治療貧血的作用。同時，菠菜中的草酸還易與鈣結合成不易溶解的草酸鈣，影響寶寶對鈣質的吸收。可見，嬰兒期的寶寶常吃菠菜，不但達不到補血的目的，還會影響寶寶的生長發育。

除了由於飲食中缺乏鐵會引起缺鐵性貧血外，失血、感染、胃腸紊亂也是缺鐵性貧血的原因。如果長期給寶寶喝未經煮沸的牛奶的話，也可能導致寶寶腸道少量出血，誘發缺鐵性貧血。因此，給寶寶喝的牛奶一定要煮沸後再食用。

需要小心的是，不能盲目用鐵劑給寶寶補鐵，因爲鐵劑過多會以引起寶寶中毒。一旦發生鐵劑中毒，寶寶就會表現出噁心嘔吐、煩躁不安、昏睡、昏迷甚至死亡。所以，鐵劑並不是越多越好，沒有貧血的話就不應給寶寶服用鐵劑或含鐵量很高的嬰兒食品，即使染上缺鐵性貧血，也應在醫生指導下服用鐵劑。

◆頑固性濕疹

隨著乳類食品攝入的減少、多種不同食物的增加，大多數寶寶在嬰兒時期的濕疹到了快周歲的時候基本上都已痊癒了。也有些寶寶到這時候，濕疹仍然不癒，並且從最初的臉部轉移到了耳後、手足、肢體關節屈側及身體的其他部位，變成苔蘚狀濕疹。

這種頑固性濕疹不癒的寶寶，大多數都是過敏體質，當吃了某些致使過敏的食品之後，濕疹會明顯加重。多數含蛋白質的食物都可能會引起易過敏寶寶皮膚過敏而發生濕疹，如牛奶、雞蛋、魚、肉、蝦米、螃蟹等。另外，灰塵、羽毛、蠶絲以及動物的皮屑、植物的花粉等，也會使某些易過敏的寶寶發生濕疹。

除了過敏體質以外，缺乏維生素也會造成濕疹不癒。此外，寶寶穿得太厚、吃得過飽、室內溫度太高等也都會使頑固不癒的濕疹進一步加重。

關於濕疹的治療，目前還沒有藥物可以完全根治，尤其是外用藥，一般只能控制和緩解症狀而已。如果寶寶此時濕疹仍然不癒，應先到醫院，請醫生診斷出具體原因，然後視情況決定治療的方式。

當寶寶得了濕疹後，除了用藥物治療、忌用毛織物和化纖織物之外，如果寶寶還吃母乳的話，媽媽要多注意自己的飲食。少喝牛奶、鯽魚湯、鮮蝦、螃蟹等誘發性食物，多吃豆製品，如豆漿等清熱食物。不吃刺激性食物，如蒜、蔥、辣椒等，以免刺激性物質進入乳汁，加劇寶寶的濕疹。此外，給寶寶的副食品要避免海鮮類，筍類，菌菇類，這些都容易導致過敏症狀的產生，還要謹慎添加雞蛋蛋白、大豆、花生等容易引發過敏的食物。

當濕疹發作嚴重時，可以適當使用激素藥膏來緩解不適感，但不要長期使用，以免產生依賴性。平時不要用過熱的水給寶寶洗手、洗臉或洗澡，儘量選擇溫和的皂液，不能使用鹼性太強的皂液。還要勤給寶寶剪指甲、清潔雙手，以免寶寶過分搔抓濕疹部位引起破皮、感染等。

◆厭食

厭食是指長期的食慾減低或食慾消失的現象，嬰兒厭食有病理性和非病理性兩種。病理性的厭食主要是因爲某些局部或全身疾病影響了消化系統的正常功能，使胃腸平滑肌的張力降低，消化液的分泌減少，酶的活動減低所造成的。再有一種，是由於中樞神經系統受人體內外環境各種刺激的影響，使消化功能的調節失去平衡而造成的厭食。比較容易引起厭食的疾病有：（1）器質性疾病，如常見的消化系統中的肝炎、胃竇炎、十二指腸潰瘍等。（2）鋅缺乏導致食慾降低所造成的厭食。（3）長期使用某些藥物如紅黴素等造成的食慾減退以及厭食。（4）口腔疾病如口腔炎等，使寶寶進食時比較痛苦，進而造成厭食。

實際上，由於疾病造成的厭食是比較少見的，而由不良的飲食習慣和餵養方式造成的非病理性厭食是占絕大多數的。當寶寶出現厭食現象時，先要排除疾病的可能，確定無任何疾病之後，就要從餵養方式和飲食習慣上找原因。只要做到及時改變不良的生活習慣，如控制零食的攝入，飲食有節制，不偏食、不挑食，均衡搭配攝取的食物等，厭食的現象就能逐漸好轉。另外，寶寶的食慾與其精神狀態密切相關，所以要爲寶寶創造一個安靜的用餐環境，固定寶寶的吃飯場所，吃飯的時候不要去逗寶寶，不要去分散他的注意力，讓他認認真真的吃飯。

可以在醫生指導下，給厭食的寶寶適當服用調理脾胃、促進消化吸收功能的中西藥，但不要盲目亂服藥和保健品，更不要一看到寶寶厭食就急忙補鋅，否則有可能會適得其反。

另外，炎熱的夏天往往會令寶寶食慾減退，體重出現暫時的停滯或稍有下降。這種季節性的食慾減退是正常的現象，只要寶寶精神狀態良好、無任何異常反應的話，家長就不需要過多擔心。

但是有種厭食需要注意，就是食物過敏性厭食。食物過敏性厭食的寶寶，當進食致敏食物後，雖無皮膚潮紅、斑疹等典型症狀，但會有不同程度的胃腸不適、身疲體乏、煩躁不安、精力渙散和胸悶氣促等，症狀較重者還會被誤認爲是消化、呼吸或神經系統疾病。如果家人沒能及時發現食物過敏這一厭食原因，往往會採取各種方法讓寶寶吃致敏食物，從而加重其過敏反應。而過敏反應導致的不適，會使寶寶看到與致敏食物色、香、味、形相近或相同食物也同樣拒食，最終導致惡性循環，加重厭食症。

這種過敏性厭食最常出現在有食物過敏家族遺傳史的寶寶身上，如果爸爸媽媽或其他親人對某種食物有過敏的情況，那麼寶寶很可能也對這種食物過敏。如果寶寶在厭食某種食物的同時，身上反覆出現濕疹或濕疹久治不癒，也應考慮是過敏性厭食。再有，4個月以前就開始添加副食品、缺乏母乳餵養導致免疫因子缺乏、體質較弱、免疫球蛋白不足或免疫機能不穩定的寶寶，都比較容易發生過敏性厭食。

造成寶寶厭食的原因有很多種，家長不應該不分青紅皂白，對厭食的寶寶總是責罵迫食。只要耐心的找出厭食的原因，並且對症下藥，大多數厭食的情況都能得到改善。

◆疝氣

如果發現寶寶的腹股溝或肚臍處有高出皮膚一塊的凸出物，擠壓後可以回去，並且寶寶沒有什麼不舒服的表現，就要考慮到疝氣的可能。

疝氣，即人體組織或器官一部分離開了原來的部位，透過人體間隙、缺損或薄弱部位進入另一部位。疝氣有兩種，發生在臍部的叫臍疝氣，發生在腹股溝的叫腹股溝疝氣，主要是由於胚胎發育缺陷所造成的。

疝氣雖不是嚴重的病，但若不去治療的話對寶寶也會造成一定的影響。首先，疝氣會影響寶寶的消化系統，容易出現下腹部墜脹、腹脹氣、腹痛、便祕、營養吸收功能差、易疲勞和體質下降等問題。其次，由於腹股溝與泌尿生殖系統相鄰，男寶寶可能會由於疝氣的擠壓而影響睪丸的正常發育。再有，由於疝囊內的腸管或網膜易受到擠壓或碰撞引起炎性腫脹，致使疝氣不能回歸原處，所以會導致疝氣嵌頓（卡在那裡，影響血流），以及腸阻塞、腸壞死、腹部劇痛等危險情況。

臍疝氣發生的較早，一般在2～3個月左右就能發現，大多在1歲左右都能自然痊癒。但如果此時還不見轉好的話，以後自然痊癒的可能性也比較低，可以等到寶寶兩三歲的時候再由醫生來決定需不需要予以手術治療。以往有人會用銅板壓寶寶的臍部後再用膠布貼上，認爲這樣能使突出的部分歸位，但實際上這種做法非但無效，反而可能會使寶寶出現對膠布的過敏反應。

腹股溝疝氣的腫塊多數是在寶寶哭鬧、咳嗽、打噴嚏、久站或劇烈運動後才突起來，但經平躺或休息後便會自然消失，有時也需要用手將它壓回去。單純的疝氣所引起的疼痛通常並不厲害，但如果腹股溝處發生持續2～3天的劇痛，並且腫塊無法用手壓回的話，就有可能已經發生了掉入的腸子、輸卵管等壞死的嚴重併發症，可能會對生命造成威脅，需要立即入院治療。發生腹股溝疝氣最好是透過手術治療，避免因腸壞死導致敗血症而危及生命。

◆四季的注意問題

1. 春季

天氣稍稍變暖之後，最好給寶寶穿薄一點，因爲衣服越輕，寶寶就越能自由地運動，有利於他運動能力的發展。

這個時候可以帶著寶寶到稍微遠一點的地方活動了，但一定要注意安全。有的寶寶已經會走了，所以家長更要看好寶寶，防止他碰傷、跌傷等。如果寶寶走路的時候不小心摔了一下，他們往往會大聲哭鬧，但由於這時候寶寶走路並不利落，也不會走得很快，所以即使是摔了，大多數時候也只是輕輕地跪在地上，哭鬧的原因多數是因爲害怕而不是跌破疼痛。如果爸爸媽媽心疼的急忙抱起寶寶，或是趕緊把寶寶放到嬰兒車裡不讓他走了，其實對寶寶是不利的。摔倒是寶寶在學習走路的過程中都會經歷到的自然過程，所以爸爸媽媽不要太過呵護了。

在帶著寶寶看戶外的花花草草時，寶寶很可能會伸出小手摸一摸這些東西，可以讓寶寶去摸他們，因爲這有利於他們觸覺和知覺的發展，但要注意不能讓寶寶接觸過花草之後再把手放到嘴裡，以免病從口入。最好是隨身帶著消毒濕巾，當寶寶觸摸過它們之後及時給寶寶擦乾淨他的小手。

過敏體質的寶寶在春天會咳嗽、喘息，有的寶寶還會在手腳處長出紅色的小丘疹，有明顯的瘙癢感，這就是春季濕疹，並不需要特別的處理。

2. 夏季

夏天是腸道傳染病，如細菌性痢疾、大腸桿菌性腸炎等病症的好發季節，所以要特別小心病從口入。給寶寶的所有食物都要維持新鮮衛生，儘量不要吃外面買回來的熟食，放在冰箱裡的熟食也要經過高溫加熱後再給寶寶吃，打開包裝後的存放時間不能超過72小時。

即使天氣再熱，也不能給寶寶吃生冷食物。冷食冷飲會刺激寶寶脆弱的胃腸道，導致消化不良、腹瀉等；而生瓜果、生菜中可能附有蟲卵，蟲卵一旦進入人體，就會在人體中生長繁殖，引起腸蟲症、膽道蛔蟲症等病症。所有給寶寶吃的東西都要維持全熟，此外寶寶的餐具也要做好衛生消毒工作。

夏季寶寶的食慾較差，應注意多給寶寶攝入富含蛋白質的食物，以維持寶寶的成長所需。食量變小是正常的，不要強迫寶寶進食。還有，任何飲料都不能代替白開水，所以要儘量多給寶寶喝白開水。

寶寶的手上和指甲縫裡很可能存有蟯蟲卵，這些蟯蟲卵也有可能透過口腔進入腸道，引發腸蟯蟲症，所以要勤給寶寶洗手、剪手指甲。

再有，不要讓寶寶在烈日下玩耍，以防曬傷、日光性皮膚炎、出汗脫水等問題，在寶寶出汗時不能馬上洗澡，要等寶寶的汗退下後，先用濕毛巾擦拭乾淨出汗處後再洗澡。

3. 秋季

如果準備讓寶寶上托兒所了，就要特別注意個人衛生。儘管寶寶上托兒所會使相互感染患病的機率增加，但只要幫寶寶把指甲剪短、常用流動的水洗手、勤換洗衣服的話，就能減少患病的機率，加上隨著寶寶的年齡的增長、抵抗力的增強，患病的可能性就會漸漸減少。

由於季節交替、冷熱不均很可能會讓寶寶染上感冒或其他呼吸道疾病。如果寶寶感冒的話，儘量不要服用抗感冒藥，因爲抗感冒藥會令寶寶呼吸道黏膜更加乾燥，從而更容易令病菌乘虛而入，發展成下呼吸道感染。只要讓寶寶多休息、多喝水、多睡眠、適當退熱，就可以有效治療感冒症狀。

再有，秋季乾燥的空氣會使寶寶的咽部乾燥，導致咽部長存的細菌繁殖引發咽炎、氣管炎等，所以家長要督促寶寶多喝白開水，並注意調節室內濕度，還要儘量避免寶寶之間的相互感染。

4. 冬季

開始學走路的寶寶如果恰好在冬天，加上家裡用電暖氣取暖的話，就要時刻注意著寶寶，不要讓他靠近以免燙傷。

初冬時寶寶很容易染上病毒性腸炎，所以要注意預防。在腹瀉流行期時儘量少帶寶寶出入公共場所，不要讓寶寶接觸到患有腹瀉的嬰兒，一旦出現腹瀉症狀，就要及時補充水分。

不要因爲天氣變冷就把寶寶困在屋裡，馬上就要滿周歲的寶寶已經能夠經耐住寒冷的空氣了，所以依然要持續到戶外活動，否則不利於寶寶對外界刺激的耐受性和抵抗力的增強。

有的寶寶在冬天，小便中常會出現白色的混濁物，沒有經驗的媽媽很可能會以爲寶寶的腎臟出了問題。但實際上，這只是本能溶解的尿酸在低溫下形成的沉澱物而已，家長不需要擔心害怕。

嬰幼兒常見的疾病

◆嬰幼兒患病前的常見徵兆

1. 情緒不穩

健康的寶寶在平常狀態下，不哭不鬧，精神飽滿，容易適應環境，但生病的寶寶往往情緒異常。例如煩躁不安、臉色發紅、口唇乾燥，可能是發熱；目光呆滯、直視，兩手握拳可能會是驚厥；哭聲微弱或長時間不出聲有可能是病情嚴重。此外，如果寶寶表現出委靡不振、煩躁不安或愛發脾氣的情緒，父母要仔細觀察，及時就診。

很多年輕的父母由於沒有經驗，也缺乏耐心，往往會對哭鬧的寶寶非常火大，不明就裡地呵斥孩子。因此要提醒父母們一定要控制好自己的情緒，記住寶寶還是個不懂表達的幼兒，在寶寶情緒異常的時候，父母要及時檢查並細心地照顧他。過於嚴肅的苛責和不理睬都有可能讓寶寶的情緒惡化，加重病情。

2. 呼吸不勻

嬰幼兒患病時通常會表現出呼吸異常的情況。例如寶寶呼吸頻率加快或時快時慢，伴有臉部發紅等症狀，可能是發熱；用嘴呼吸或有深呼吸時的聲音可能是鼻塞；呼吸急促，每分鐘超過50次（正常情況下一呼一吸爲一次），鼻翼扇動，口唇周圍青紫，呼吸時肋間肌肉下陷或胸骨上凹陷，則可能是患了肺炎、呼吸窘迫症、先天性橫隔膜疝氣等病，家長切不可掉以輕心。

有時幼兒身體發熱，不能平臥，頻繁咳嗽，可能患有支氣管炎；如果突然出現的咳喘伴有哮鳴音，則是哮喘發作。幼兒經常臉色灰青、口唇發紫，家長要提防是心肌炎或先天性心臟病。

3. 進食變化大

健康的兒童能按時進食，食量也較穩定。如果發現寶寶食慾突然減少或者增加，往往是患病的前兆。消化性潰瘍、慢性腸炎、結核病、肝功能低下、寄生蟲病、蛔蟲病、鉤蟲病等都可能引起食慾不振，缺鋅、維生素A或D中毒也都可能引起食慾低下。

如果嬰兒平時吃奶、吃飯時食慾很好，現在突然拒奶或無力吸吮，或不肯進食或進食減少，則可能存在感染的情況。

食慾增加也可能是疾病所致，最典型的就是兒童糖尿病，總是吃不飽，或者吃得多體重不升反降，就必需帶孩子到醫院去做檢查。

如果孩子在飲食上突然有改變，家長也不要對其責罵，先檢查清楚是否因爲健康問題。

4. 體重異常

嬰幼兒出生後，體重增加速度會很快。如體重增長速度減慢或下降，則應懷疑疾病的影響，如腹瀉、營養不良、發熱、貧血等症狀或疾病。作爲父母，要對嬰幼兒吃、玩、睡和精神狀況，經常注意觀察。

嬰兒體重的計算標準：

1～6個月：出生體重（kg）+月齡×0.6=標準體重（kg）

7～12個月：出生體重（kg）+月齡×0.5=標準體重（kg）

1歲以上：8+年齡×2=標準體重（kg）

但由於人的體重與許多因素有關，一般在標準體重在上下10%浮動都屬於正常範圍。超過標準體重20%是輕度肥胖，超過標準體重50%是重度肥胖。低於標準體重15%是輕度消瘦，低於標準體重25%是重度消瘦。輕度肥胖和輕度消瘦屬於輕度營養不良，重度肥胖和重度消瘦屬於重度營養不良。

5. 睡眠異常

正常嬰兒一般入睡較快，睡得安穩，睡姿自然，呼吸均勻，表情恬靜。而生病的寶寶通常夜間睡眠狀況不好，如睡眠少、易醒、睡不安穩等。牙痛、頭痛和神經痛等都會使寶寶夜間睡眠不好，瘙癢、腸胃系統疾病或呼吸性疾病也會使寶寶從夜間睡眠中驚醒。

如果寶寶睡前煩躁不安、睡眠中經常踢被子、睡醒後顏面發紅、呼吸急促，可能是發熱；如果寶寶入睡前用手搔抓肛門，可能是患了蟯蟲病；常會在睡眠中啼哭，睡醒後大汗淋漓，平時容易激怒的寶寶可能患有佝僂病；睡覺前後不斷咀嚼、磨牙，則可能是白天過於興奮或有蛔蟲感染。

父母在寶寶入睡前還要注意寶寶的身體是否有疹子、發熱或咳嗽等症狀。

6. 排便異常

便祕和腹瀉都預示著寶寶身體不適。95%的便祕可以透過多吃些蔬菜或其他高纖維食物解決。同時應該鼓勵孩子多活動，增強參與排便肌肉的肌力，養成每天定時排便的習慣。但如果是新生兒出現便祕，最好還是就醫問診。

如果寶寶腹瀉，可以從大便的性質來分析腹瀉原因，如小腸發炎的糞便往往呈水樣或蛋花湯，而病毒性腸炎的糞便多爲白色米湯樣或蛋黃色稀水樣。

在寶寶腹瀉期間，父母要爲他控制食量，使腸道得到獲得休息。母乳餵養的孩子要少吃油膩食物，以免消化不良而加重腹瀉。同時，每次便後要用溫水清洗寶寶臀部，用毛巾拍乾，避免細菌感染和不適感。

嬰幼兒常見的生理疾病

◆過敏

現代幼兒醫學中的一大課題，就是過敏病。嬰兒的皮膚細膩，免疫力也不是很強，所以我們常看到幼兒臉部、手部、腳部等處出現濕疹，這是嬰幼兒皮膚炎症，有可能是兒童過敏病（包括慢性復發性皮膚炎、過敏性鼻炎、過敏性結膜炎、過敏性腸胃症狀等）或氣喘的先兆。

所謂過敏，是指免疫系統對外來物質的過度反應，或者說是一種自我毀滅反應。從遺傳學角度來說，如果父母一方容易過敏，孩子過敏的可能性為1／3；如果父母雙方都有過敏症，孩子患過敏的可能性為70%。過敏病是一種炎症反應，當炎症反應發生在支氣管時稱之為氣喘病（好發於3歲以後），發生於鼻腔時稱之為過敏性鼻炎（好發於7～15歲以後），發生於眼結膜時稱之為過敏性結膜炎，發生於胃腸時稱之為過敏性胃腸炎（好發於6個月內），發生於皮膚時稱之為異位性皮膚炎（好發於1～3歲）。

誘發過敏病的因素有直接因素和間接因素兩種，直接因素包括過敏原、呼吸道病毒感染，化學刺激物如香菸尼古丁、汽車排放的廢氣、臭氧等，這些因素可直接誘發過敏症狀。間接因素則包括如運動、天氣劇變、室內外溫差大於7℃、喝冰水、情緒不穩定等，這些因素會造成已存在過敏性炎症的器官如支氣管發生收縮現象。

容易在幼兒呼吸的過程中造成過敏的過敏原有室內灰塵、塵蟎、羽毛、皮屑、真菌、蟑螂、花粉；容易引起過敏的食物有：牛奶、禽蛋、花生、堅果、黃豆及豆製品、麥類、螃蟹、蝦、鱈魚、蚌殼等海鮮。

爲了預防寶寶過敏，儘量維持母乳餵養6個月，並且處於哺乳期的媽媽要避免食用含有過敏原的食物，或者餵食低過敏原的水解蛋白嬰兒配方奶粉。給寶寶添加副食品的時候，要一樣一樣慢慢添加，如果發現寶寶對某種食物過敏的話，就要果斷切掉這種副食品。再有，寶寶最好是在環境暖和、濕度較高的地方進行活動，儘量避免乾冷的環境。再有，運動也要適量，並且在運動之前要先進行適當的熱身活動。如果發現寶寶在運動過後有氣喘、皮膚發紅、腹瀉等症狀，就應懷疑是過敏。

在家護理寶寶的時候，如發現寶寶有以下異常，也應疑爲過敏：

1.皮膚局部發生紅腫瘙癢等異常

先天過敏體質的寶寶容易得異位性皮膚炎。異位性皮膚炎是一種發生於皮膚上的慢性，瘙癢性疾病，患有異位性皮膚炎的病人，也常帶有其他的過敏性疾病，如過敏性鼻炎、氣喘、或蕁麻疹等。異位性皮膚炎的發生率，通常於嬰兒二至三個月大時開始出現症狀，一歲以前約60%病人已出現症狀，五歲以前約85%已有症狀，其他則在以後陸續發生。

2.咳嗽、呼吸有異

有氣喘病的寶寶常在幼年時就出現哮喘性咳嗽，在呼吸道感染後出現咳嗽、呼吸急促困難、呼氣吸氣時帶有哮鳴聲等症狀。由於寶寶的氣管管徑狹小，病毒侵犯寶寶的細小支氣管時，會造成氣管黏膜發炎、水腫、痰液分泌物增加，阻塞呼吸道的通暢，引起呼吸急促、呼吸困難、喘氣、咳嗽、吸氣時胸部肌肉凹陷、吐氣時有哮鳴聲。病人常久咳不癒，X－光呈現肺氣腫及肺紋增加，病程通常較久（數星期），病情嚴重者則需住院使用氧氣治療。此病多發生於兩歲以下的幼兒。

3.經常性的流鼻水、鼻塞、揉鼻子、揉眼睛

有過敏體質的寶寶到了天氣變化較大的季節，尤其是春秋兩季，常出現打噴嚏、流鼻水、鼻塞、鼻子癢、揉鼻子等症狀，而且病狀去而復返累月不斷。許多家長常以為他們的子女是經常感冒，但又老是不易醫好，卻不知過敏才是元兇。事實上一般感冒的症狀常常只會拖1星期至10天左右，如果寶寶的感冒至此時還未好轉，就應考慮有過敏的可能。由於鼻子是呼吸道吸入空氣的第一道關口，因此對外界環境的變化特別敏感，當外界溫度、濕度、氣壓有較大變化時；或是當外界的空氣中含有刺激性物質，如煙粒、粉塵、或特殊氣味時，有過敏性體質的幼兒就常常出現打噴嚏、流鼻水、鼻塞、鼻子癢、揉鼻子等症狀，有些人甚至也會流眼淚、眼睛紅，眼睛癢、揉眼睛（過敏性結膜炎）。例如對粉塵過敏的病人在媽媽打掃房間或抖棉被時，常常會發生流鼻水、鼻子癢、眼睛癢、咳嗽等症狀，對溫度濕度敏感的病人在突然進入冷氣房或劇烈運動時，會有鼻塞、流鼻水、咳嗽等症狀發生。同樣的，這些人也常合併異位性濕疹，甚至氣喘。

有些疾病本身與過敏的關係雖然不是很強，但卻與過敏有某些牽連，如中耳炎、鼻竇炎（流黃膿鼻涕、久咳）、哮吼（聲音嘶啞、呼吸困難、咳嗽聲如狗吠）、肺炎等。這是因爲呼吸道的結構互相交通，因此有過敏體質的人（氣喘、過敏性鼻炎），其主要過敏器官周圍的其他器官常常也會連帶受到影響。

4. 食物過敏

有些嬰幼兒在吃下某些食物，如喝牛奶、吃蛋、花生、或海鮮類（如蝦、蟹）食物後，會出現皮膚劇癢、出疹子，甚至腹痛、腹瀉等症狀時必須考慮有食物過敏的可能，尤其是症狀反覆出現於吃下某些食物時，更應想到食物過敏的可能，同樣的情形也可能發生在服用某些藥物後。

◆喉炎

如果你的寶寶經常大聲哭喊，或者用嗓過度，你或許會發現寶寶會出現聲音嘶啞、聲音粗澀、低沉、沙啞，甚至更嚴重的可能會出現失音、喉部疼痛和全身不適，如發燒或畏寒，其他症狀可能還有咳嗽多痰、咽喉部乾燥、刺癢、異物感，更有甚者可能出現呼吸困難的現象。如果你觀察到以上的一種或者多種症狀，不要擔心，這是由於寶寶用嗓過度引起的咽喉炎症。

咽喉炎是一種常見的上呼吸道疾病，可分爲急性咽喉炎和慢性咽喉炎兩種。

急性咽喉炎常因病毒引起，其次爲細菌所致，冬、春季最常見到，許多是由急性鼻炎、鼻竇炎、扁桃腺炎所引起的，而且常是流感、麻疹、猩紅熱等傳染病的併發症，著涼、粉塵或化學氣體的刺激等會使得人體抵抗力下降，容易促使發病。幼兒或體弱的成人容易有全身症狀，例如發燒、怕冷、頭痛、食慾不振、四肢酸痛。

慢性咽喉炎主要是由於急性咽喉炎治療不徹底而反覆發作轉變為慢性，或者是因為患有各種鼻病，造成鼻孔阻塞、長期張口呼吸，以及物理、化學因素等經常刺激咽部所致。全身各種慢性疾病如貧血、便祕、下呼吸道慢性發炎、心血管疾病也可能導致此病。

小於兩歲的寶寶咽喉炎常是病毒性的，無須使用抗生素，只需給予抗病毒、止痛藥即可，食鹽水漱洗咽部也會有所幫助，同時服用維生素A、C、E也有利於黏膜的再生。

如果是由細菌感染引起的咽喉炎，用西藥進行治療，效果明顯而且迅速。但如果是由病毒引起的咽喉炎，用西藥治療的效果就不是那麼好了。這種情況通常要等一個禮拜以後自體免疫改善，才可能痊癒。有時病毒感染高峰期，咽喉疼痛、發熱難耐，此時可借助中藥輔助以期望提早康復。

慢性咽炎發病的原因複雜，症狀時輕時重，反覆發作，除了要有耐心治療外，還得注意消除慢性咽炎發病的各種誘因，持續長期抗戰，根本治療。如因鼻炎所引起的慢性咽喉炎，則必須徹底將鼻炎根治，才有機會解除慢性咽喉炎的症狀，否則口鼻相連、長期的鼻涕倒流黏住喉壁，慢性咽炎永無痊癒之期。

最後，平時要多加注意，儘量少吃油膩和刺激性食物。可多吃西瓜、甘蔗、梨子、蘿蔔、荸薺、鮮藕、羅漢果、膨大海、菊花、楊桃、檸檬等食物，多喝溫開水（35～40℃左右），避免感冒、避免接觸髒汙的空氣、出入公眾場所時應戴口罩，保持室內空氣流通，不要長時間講話，更忌聲嘶力竭地喊叫。

◆川崎氏病

在1967年，日本醫生川崎富作報告了一種疾病。這種疾病是一種以全身血管炎變為主要病理特點的急性發熱性出疹性幼兒疾病。該病的嬰兒及兒童均可患病，但80～85%患者在5歲以內，好發於6～18個月嬰兒。男孩較多，男：女為1.3～1.5：1。無明顯的季節性。這種疾病就是川崎氏病。

川崎氏病主要的症狀常見持續性發熱，可持續5～11天或更久（2周至1個月），體溫常達39℃以上，抗生素治療無效。常見雙側結膜充血，口唇潮紅，有皸裂或出血，見楊梅樣舌。手中呈硬性水腫，手掌和足底早期出現潮紅，10天後出現特徵性趾端大片狀脫皮，於指甲與皮膚交界處。發熱不久（約1～4日）即出現斑丘疹或多形紅斑樣皮疹，偶見痱疹樣皮疹，多見於軀幹部，但無皰疹及結痂，約一周左右消退。其他症狀往往出現心臟損害，發生心肌炎、心包炎和心內膜炎的症狀。

川崎氏病的治療一般使用阿司匹林，根據寶寶的體重，每日使用30～50mg／kg，分2～3次服用，熱退後3天逐漸減量，約2周左右減至每日3～5mg／kg，維持6～8周。但是阿司匹林對胃腸道的刺激比較大，建議在飯後服用。

川崎氏病癒後復發的機率是1%～2%。

◆顏面神經麻痹

顏面神經麻痹常由於胎頭在產道下降時母親骶骨壓迫或者產鉗助產受損所致。面癱部位與胎位有密切關係，常爲一側、周圍性，眼不能閉合、不能皺眉，哭鬧時臉部不對稱，患側鼻唇溝變淺、嘴角向健側歪斜。治療主要是注意保護角膜，多數患兒在出生後1個月內能自行恢復，有些則因神經撕裂持續未恢復者需行神經移植或神經轉移術治療。

◆肝炎

如果你的小寶寶出現黃疸、無力、食慾喪失、噁心、小便呈褐色或茶色，腹部不適且發熱、大便呈白色的症狀，那麼你一定要注意，這很有可能是肝炎。

兒童肝炎通常是病毒從口腔侵入，再由血液將病毒輸送到肝臟造成的。最容易影響兒童的肝炎是急性A型肝炎。兒童患病的病情比成人患病的病情要輕微一些。患此病後的不適感及症狀，是因人而異的。通常經過四到六周之後，症狀會逐漸消失。

寶寶得了肝炎不要慌張，在肝炎急性期的時候最好臥床休息，往往好好休息比用藥物治療更爲重要。在穩定期的時候雖然不必絕對臥床休息，但是也要儘量減少運動，以不覺得疲勞爲准。飲食應該清淡、易消化，不要過分追求「高糖、高蛋白、高維生素、低脂肪」，葷菜以新鮮魚蝦爲宜，蔬菜水果稍多即可。注意不能過多食用糖果。過多的糖類攝取不僅會降低食慾，而且會使脂肪堆積在肝臟，造成肥胖與脂肪肝。當肝炎急性發作的時候，要與家人分房隔離，即便不能分房也要分床隔離。對於排泄物要用漂白粉消毒，隔離期從發病起約1月左右。

此外還要注意的是，某些藥物，如四環黴素、紅黴素等有損害肝臟的副作用，長期服用會引起藥物性肝炎，千萬勿將此種肝炎當作傳染性肝炎來治療。

◆胸腺肥大

在嬰兒出生後六個月內，從X光片上會發現很多嬰兒的胸腺肥大。很多醫生往往會診斷爲心臟異常擴大，這是因爲他們不知道在這個時期內嬰兒的胸腺會肥大到怎樣的程度。

實際上，出生幾周的嬰兒透過X光片透視，時常會因爲看到心臟上蒙著胸腺陰影，誤認爲心臟擴大到那個程度了。可是到兩歲左右，就完全看不見了。所以不要認爲胸腺肥大是一種疾病。

嬰兒出生後2～3個月內，由於營養過好，胸腺會突然增大，此時不要驚慌，也不要急於使用放射線治療或者給患兒使用激素類藥物。

在寶寶滿3歲的時候再照X光片，就可以發現胸腺已經不見肥大了。如果此時仍舊肥大，那麼則要到醫院遵從醫囑使用放射線治療或者激素類藥物。

◆口角炎

在氣候比較乾燥的季節，諸如春季和夏季，寶寶的嘴角，就是上下唇結合的部位經常會出現小泡，並有滲血、糜爛、結痂；或者口唇乾裂，嘴角皸裂、出血、疼痛，這在醫學上稱爲「口角炎」。

由於氣候乾燥，兒童皮脂腺分泌減少，口唇黏膜比較嬌嫩，口唇及周圍皮膚易皸裂。另一方面，由於春季和秋季新鮮蔬果比較少，於是維生素B2會比較缺乏。再加上有些寶寶挑食、偏食，於是就比較容易染上營養不良性口角炎。

寶寶在染上口角炎之後，嘴角周圍會發紅、發癢，接著出現糜爛、皸裂、嘴角乾疼。於是寶寶會用舌頭去舔，因爲在舔過之後會非常「舒服」。於是經常去舔，等唾液乾後又會更加不舒服，便會繼續去舔。由於口唇部位血管豐富，加上唾液中的某些「營養物質」，這樣就會加重口角炎的症狀。

對於寶寶的口角炎，首先要糾正其偏食、挑食的不良習慣，讓寶寶多吃蔬菜和水果，多吃富含維生素B2的食物，諸如奶類和豆製品。症狀較重的可口服維生素C和維生素B2。

◆血友病

血友病是一組由於血液中某些凝血因子的缺乏而導致患者產生嚴重凝血障礙的遺傳性出血性疾病，男女均可發病，但絕大部分患者爲男性。血友病在先天性出血性疾病中最爲常見，出血是該病的主要臨床表現。

血友病的病人保護得好，從外表看，是與正常人一樣的。只要注意在出血時（尤其是關節內出血）及時補充凝血因子就可以了。這類病人可以像常人一樣生活、工作、參加各種社會活動，不影響人的自然壽命。

自發或輕傷後出血是此病的特點。出血自新生兒期開始，主要是臍出血。但大多數孩子在2歲左右，隨著發育活動的增多，出血傾向逐漸顯著。出血症狀出現越早，病情也越重。一般爲少量滲血不止，可持續數小時至數周，多見於皮下、口腔（如齒齦、唇舌或拔牙後流血不止）、鼻腔、皮膚及肌肉。便血與血尿亦常見。

關節腔積血亦爲此病常見的特徵之一，以膝及踝關節最常見，急性期關節腫、痛、熱，常被誤診爲急性關節炎。初次發作的關節血腫，一般不重，經數天至數周可完全吸收。但多次出血後，關節腫大壓痛，活動受限，終至關節畸形強直，肌肉萎縮和功能喪失。

此病治療的目的，主要是補充缺乏的抗血友病球蛋白，縮短血液的凝固時間，使出血停止。一般多採用輸新鮮血漿或全血，同時抗血友病球蛋白濃縮劑的應用可迅速提高抗血友病球蛋白的量。另外抗纖溶藥雖不能提高血漿凝血因子，但可防止已形成的血塊溶解，從而有助於止血。

一般對於局部和體表出血點處理，表面創傷、鼻衄等局部出血者，可局部壓迫或冷敷止血。必要時可用外科縫合法止血。

血友病是一種容易出血的遺傳性疾病，並且一旦出血不易止住。對於血友病就更要注意預防出血。首先可以去做遺傳諮詢，減少血友病的發生。其次需要做好宣傳教育工作，向家長及教師說明病情。注意防護，避免幼兒跌傷，一旦有輕微出血應及時處理。第三儘量避免手術，必須手術時，在手術前、手術中及手術後都應輸新鮮血或補充凝血因子。密切觀察出血情況直至傷口癒合。最後儘量避免肌肉注射藥物以防出血，必須肌肉注射時在藥物注射後至少局部壓迫5分鐘。

◆蟯蟲

蟯蟲，亦稱線蟲，是人類（尤其是兒童）腸內常見的寄生蟲，常寄生於大腸內，有時見於小腸、胃或消化道更高的部位內。雌體受精後向肛門移動，並在肛門附近的皮膚上排卵，隨即死亡。蟯蟲在皮膚上爬動引起癢覺，搔癢時蟲卵黏在指甲縫，後被吞下，然後入腸。生活週期15～43天。

蟯蟲的成蟲寄生於腸道可造成腸黏膜損傷。輕度感染無明顯症狀，重度感染可引起營養不良和代謝紊亂。

雌蟲在肛管、肛周、會陰處移行、產卵，刺激局部皮膚，引起肛門瘙癢，皮膚搔破可繼發炎症。患者常表現為煩躁不安、失眠、食慾減退、夜間磨牙、消瘦。嬰幼兒患者常表現為夜間反覆哭鬧，睡不安穩。長期反覆感染，會影響兒童身心健康。

要預防蟯蟲病，做好孩子的清潔衛生很重要，家長要讓孩子養成良好的衛生習慣，做到飯前、便後勤洗手；勤剪指甲；戒掉吮吸手指的壞習慣；不讓孩子飲用生水，不吃生冷的蔬菜、肉類等；保持居家室內的清潔衛生，經常清洗孩子的餐具、玩具等；為孩子勤換衣褲。衣褲、被單應用開水燙洗；被褥要經常晾曬，以殺滅蟲卵；不可給孩子穿開襠褲，防止其用手指接觸肛門；每天早晨用肥皂和溫水為孩子清洗肛門周圍的皮膚。

◆結核病

結核病是一種很古老的疾病，是由結核桿菌感染引起的慢性傳染病。全身各種器官都有可能被結核桿菌侵襲，但主要是肺臟，稱爲肺結核病。結核病又稱爲癆病和「白色瘟疫」，是一種古老的傳染病，自有人類以來就有結核病。在歷史上，它曾在全世界廣泛流行，曾經是危害人類的主要殺手，奪去了數億人的生命。

兒童結核病的診斷非常不易，如果是侵犯到肺部以外其他器官的結核病就更加不易診斷。因爲幼兒不論是採取血液、痰液及做各種檢查項目皆不容易達成目的。

兒童結核病發病快，進展迅速，而且兒童耐力有限極易發生併發症，若不及時治療可在短期內漫延至全身各器官而惡化。若幼兒出現表淺淋巴結（即頸部、腋窩下、上大腿內側面）腫大，不痛；持續二周不明發燒；體弱瘦小，經常感冒咳嗽及肺炎；幼兒不明原因的消化不良；反覆性腹痛；皮膚反覆慢性潰瘍；急性感染病後又發燒持續不退；無痛性的血尿等症狀，就要考慮是否爲兒童結核病了。

兒童結核病感染源多來自有密切接觸的家人、保姆或育嬰中心人員，故凡上述人員皆應定期接受身體檢查，若發現有結核病，尤其是開放性肺結核病，最好施行嚴格的隔離措施。

◆進行性肌營養不良

進行性肌營養不良（假肥大型）是一種由位於X染色體上隱性致病基因控制的一種遺傳病，特點爲骨骼肌進行性萎縮，肌力逐漸減退，最後完全喪失運動能力。主要發生於男孩；女性則爲遺傳基因攜帶者，有明顯的家族發病史。

患兒由於肌肉萎縮，而導致行走困難，患病後期雙側腓腸肌呈假性肥大。患兒多於4～5歲發病，一般不晚於7歲。患兒的坐、立及行走較一般幼兒晚，常在會走路以後才發現，多在3歲以後才引起注意。會走路但行走緩慢，步態不穩，左右搖擺，宛如「鴨步」。易跌倒、登梯困難、下蹲後不能迅速站起；3～5歲後，胸部、肩部及臀部肌肉逐漸萎縮變鬆變細，而三角肌，腓腸肌等則日益增粗變硬、無彈性，二十歲以前死亡。

因爲該病屬遺傳疾病，從優生角度考慮，患有遺傳疾病的患者最好不要生育。同時因爲該病是一種進行性發展的疾病，可造成多重器官損害，而生育本身又能加重各臟器的負擔，因此以不生育爲宜。該病有明顯的家族史，其中男性多於女性。

該病是一組病因未明原發於肌肉組織的遺傳性變性病，因此家庭護理對患者來說是一個重要環節。首先在精神方面要爲患者創造出一個良好環境，保持合理的期望，避免過度保護。另外在飲食方面，以高蛋白，富含維生素、鈣、鋅的食物，瘦肉、雞蛋、魚、蝦仁、動物肝臟、排骨、木耳、蘑菇、豆腐、黃花菜等食物爲宜，少吃或忌食過辣、過鹹、生冷等不易消化和有刺激性食品。患者要進行力所能及的鍛鍊，但不要過勞。鑒於此病病情呈進行性加重，致殘率高，因此要儘早治療，可提高生存品質，特別是家族中有類似病史的，更要引起注意，及早檢查診斷。治療期間，忌食辛辣、過鹹食物，避風寒，防感冒，多飲水，多食含鈣鋅較多的食物，保持心情舒暢，患者家屬要配合按摩，患者本人要克服困難，持續適當運動。

◆髕骨骨軟骨病

此病被認爲是髕骨上下端受過度張力或壓力而致的骨軟骨病，好發於10～14歲的愛好劇烈運動的青少年，男多於女。常發於一側，以右側多見，偶見雙側發病者。多累及髕骨下端，常與脛骨結節骨軟骨病同時存在。此病亦稱髕骨骨骺炎、生長性髕骨炎、青少年髕骨炎。

外傷爲導致此病的主要原因。主訴爲膝前疼痛和輕度跛行跑步、上樓或騎車蹬踏時疼痛加重，休息時則減輕。急性發作時起跳、落地皆痛。髕骨下端處會有輕度腫脹軟組織增厚和有壓痛。伸膝和跪地時疼痛。少數髕骨上端會出現症狀。病程4～6個月。

早期發現、早期治療是避免髕骨不規則發育的最有效方法。避免患肢劇烈運動，減少局部病變的活動，症狀亦隨之減輕。多數不需用石膏固定即能自癒，少數要用石膏等固定至少達6周，以促進節裂與髕骨主體儘早癒合。

◆甲狀腺功能低下

甲狀腺功能低下是甲狀腺素分泌缺乏或不足而出現的症候群，甲狀腺實質性病變如甲狀腺炎，發育異常等；甲狀腺素合成障礙如長期缺碘、長期抗甲狀腺藥物治療、先天性甲狀腺素合成障礙等；垂體或下丘腦病變等原因都可能是此病的病因。根據發病年齡不同可分爲克汀病及黏液水腫。

嬰兒和兒童甲狀腺功能低下會對中樞神經系統的發育造成嚴重的後果，產生中度到重度的發育延遲，在兒童期會危及體格的生長。

新生兒或先天性甲狀腺功能低下的發生率大約1／4000活產嬰兒。最常見的原因是先天性甲狀腺缺陷，此種患兒需要終身治療。症狀和徵象包括有發紺，餵養困難，哭聲嘶啞，臍疝，呼吸困難，巨舌，囟門大以及骨骼發育遲緩。

青少年甲狀腺功能低下，或獲得性甲狀腺功能低下，常由自身免疫性甲狀腺炎引起。主要症狀包括體重增加，便祕，頭髮乾枯，粗糙，皮膚黃，冷或有斑點粗糙。與兒童期甲狀腺功能低下不同的症狀有生長遲緩，骨骼發育延遲，並且常有青春期發育延遲。

對於此病的治療，可以補充鐵劑、維生素B12、葉酸等；若食慾不振，可適當補充稀鹽酸。在飲食方面可以以多食維生素、高蛋白、高熱量食物，不宜過食生冷食物。病人應動、靜結合，做適當的運動。養成每天大便的習慣。注意保暖，避免受涼。飲食應加強營養，但忌吃生冷之食物。

◆肌肉萎縮

肌肉萎縮是指橫紋肌營養不良，肌肉體積較正常縮小，肌纖維變細甚至消失，神經肌肉肥大。肌肉營養狀況除肌肉組織本身的病理變化外，更與神經系統有密切關係。脊髓疾病常導致肌肉營養不良而發生肌肉萎縮。

肌萎縮患者由於肌肉萎縮、肌無力而長期臥床，易併發肺炎、褥瘡等，加之大多數患者出現延髓麻痹症狀，給患者的生命構成極大的威脅。肌萎縮患者除了請醫生治療外，自我調養也十分重要。

首先要保持樂觀愉快的情緒，較強烈的長期或反覆精神緊張、焦慮、煩躁、悲觀等情緒變化，會使大腦皮質興奮和抑制過程的平衡失調，使肌跳加重，使肌萎縮發展。其次需要合理調配飲食結構，因為肌萎縮患者需要高蛋白、高能量飲食補充，從而提供神經細胞和骨骼肌細胞重建所必需的物質，用來增強肌力、增長肌肉；早期宜採用高蛋白、富含維生素、磷脂和微量元素的食物，並積極配合藥膳，如山藥、苡米、蓮子心、陳皮、太子參、百合等，禁食辛辣食物；中晚期患者，應以高蛋白、高營養、富含能量的半流食和流食為主，並採用少量多餐的方式以維護患者營養及電解質的平衡。第三要注意勞逸結合，不要進行強行性體能訓練，因為強行性體能訓練會因骨骼肌疲勞，不利於骨骼肌功能的恢復、肌細胞的再生和修復。第四必須嚴格預防感冒、胃腸炎；由於肌萎縮患者自身免疫機能低下，或者存在著某種免疫缺陷，所以一旦感冒，就會加重病情，使病程延長，如不及時防治，預後不良，甚至危及患者生命。最後由於胃腸炎可導致腸道菌種功能紊亂，從而使肌萎縮患者肌跳加重、肌力下降、病情反覆或加重；肌萎縮患者維持消化功能正常，是康復的基礎。

◆肛門閉鎖

肛門閉鎖又稱低位肛門直腸閉鎖，由於原始肛發育異常，未形成肛管，致使直腸與外界不通，但腸發育基本正常。肛門閉鎖屬於中度畸形，臨床常見。會陰往往發育不良，呈平坦狀，肛區為完整皮膚覆蓋。

肛門閉鎖的患兒出生後無胎便排出，很快會出現嘔吐、腹脹等類似腸阻塞的症狀。局部檢查，會陰中央呈平坦狀，肛門區部分爲皮膚覆蓋。部分病例有一色素沉著明顯的小凹，並有放射皺紋，刺激該處可見環狀肌收縮反應。嬰兒哭鬧或屏氣時，會陰中央有突起，手指置於該區可有衝擊感，將嬰兒置於臀高頭低的姿勢在肛門部叩診爲鼓音。

該病一經確診應及早進行行手術治療，一般可以施行會陰肛門成形術，也可採用骶會陰肛門成形術。

對於該病應該早發現、早診斷、早治療，並且防止併發症的發生。在行肛門閉鎖修復術後，患兒需留院數天，術後應進行數月的再造肛門擴張術以改善括約肌功能，防止肛門狹窄。兒童時期應多進食高纖維食物，保持大便鬆軟。

◆先天性食道閉鎖

食道閉鎖及食道氣管瘺在新生兒期並不罕見，根據統計，其發生率爲2000～4500個新生兒中有1例，占消化道發育畸形的第3位，僅次於肛門直腸畸形和先天性巨結腸，男孩發病率略高於女孩。過去患此病幼兒多在生後數天內死亡，近年來由於幼兒外科的發展，手術治療成功率日見增高。

由於食道閉鎖的胎兒不能吞嚥羊水，母親常有羊水過多的病史。幼兒出生後即出現唾液增多，不斷從口腔外溢，頻吐白沫。由於咽部充滿黏稠分泌物，呼吸時咽部會出現呼嚕聲，呼吸不暢。常在第1次餵奶或餵水時，嚥下幾口即開始嘔吐，多呈非噴射狀，可引起嗆咳及臉色青紫，甚至窒息，呼吸停止，但在迅速清除嘔吐物後症狀即消失，此後每次餵奶均有同樣症狀發生。最初幾天排胎便，但以後僅有腸分泌液排出，很快發生脫水和消瘦。很容易繼發吸入性肺炎，會出現發熱、氣促、呼吸困難等症狀。如得不到早期診斷和治療，多數病例會在3～5天內死亡。

先天性食道閉鎖是危及生命的嚴重畸形，應儘早進行食道吻合術，嚴格呼吸管理是手術最終成敗的關鍵。另外加強監護對提高療效至關重要，注意保溫、保濕、防止感染，合理應用抗生素和治療併發症等。

食道閉鎖修復術後的嬰兒，其特有的食道有效蠕動喪失，可持續至成年，再加上胃食道逆流，導致胃酸清除力異常，而出現肺部併發症、吻合口狹窄以及後期的逆流性食道炎。所以，在嬰兒、兒童期應持續給予抗逆流藥物治療，當這些患兒成人後，仍應長期回診追蹤有無食道炎的徵象。

◆先天性腸道閉鎖

胚胎期腸管發育，在腸道再管化過程中部分腸道終止發育造成腸腔完全或部分阻塞，完全阻塞爲閉鎖，部分阻塞則爲狹窄。腸道閉鎖可發生於腸道任何部位，但以迴腸最多見，十二指腸次之，結腸罕見。是新生兒常見的腸阻塞原因之一。

胚胎發育階段實心期中腸空化不全會產生腸閉鎖或狹窄。胎兒期腸管某部的血循障礙，如胎兒發生腸扭轉、腸套疊、粘連性腸狹窄、腸穿孔、腸系膜血管發育畸形致腸管某部血循障礙，使腸道發生壞死、吸收、修復等病理生理過程而形成腸閉鎖。

先天性腸閉鎖最爲突出的表現是嘔吐，患兒出生後幾小時至1～2天內即出現頻繁嘔吐，量多，大多數病例嘔吐物含有膽汁，少數病例嘔吐物爲陳舊性血液。另外，先天性腸道閉鎖的患兒無正常胎便排出，或僅排出少量灰綠色膠凍樣便。高位腸道閉鎖一般無腹脹，僅爲上腹輕度飽滿；低位腸閉鎖或狹窄則腹脹明顯。劇烈嘔吐可引起脫水、酸鹹失衡及電解質紊亂。

腸閉鎖病一般採取手術治療，要做好術前準備，如注意補充血容量，改善水、電解質失衡，胃腸減壓，給予維生素K和抗生素，以及支援療法等。

◆先天性心臟病

先天性心血管病是先天性畸形中最常見的一類。輕者無症狀，常在身體檢查時發現；重者有活動後呼吸困難、紫紺、暈厥等；年長兒會出現有生長發育遲緩。症狀的有無與表現與疾病類型和有無併發症有關。

在胚胎發育時期，大約在懷孕初期2～3個月內，由於心臟及大血管的形成障礙而引起的局部解剖結構異常，或出生後應自動關閉的通道未能閉合（在胎兒屬正常）的心臟，稱爲先天性心臟病。先天性心臟病是幼兒最常見的心臟病，其發病率約占出生嬰兒的0.8%，其中60%於1歲之前死亡。發病可能與遺傳尤其是染色體異常與畸變、子宮內感染、大劑量放射性接觸和藥物等因素有關。隨著心血管醫學的快速發展，許多常見的先天性心臟病可得到準確的診斷和有效的治療，致死率已顯著下降。

新生兒心衰被視爲一種急症，通常大多數是由於患兒有較嚴重的心臟缺損，也是先天性心臟病的一個特徵。患兒臉色蒼白，憋氣，呼吸困難和心跳過速，心率每分鐘可達160～190次，血壓常偏低，可聽到奔馬律。肝大，但外周水腫較少見。另外一個比較常見的特徵就是紫紺，在鼻尖、口唇、指（趾）甲床最明顯。患有紫紺型先天性心臟病的患兒，特別是法洛氏四重症的患兒，常在活動後出現蹲踞現象，這樣可增加體循環血管阻力從而減少心隔缺損產生的右向左分流，同時也增加靜脈血回流到右心，從而改善肺血流。再者先天性心臟病的患兒往往發育不良，表現爲瘦弱、營養不良、發育遲緩等。其他表現還有胸痛、暈厥、猝死、杵狀指（趾）、紅血球增多、肺動脈高壓等。

先天性心臟病的主要治療方式爲手術治療。手術治療適用於各種簡單先天性心臟病如心室心房中隔缺損、動脈導管未閉合等，一些複雜的先天性心臟病如合併肺動脈高壓的先天性心臟病、法洛氏四重症以及其他有紫紺現象的心臟病也可使用手術治療。

介入治療爲近幾年發展起來的一種新型治療方法，主要適用於動脈導管閉合不全、心房中隔缺損及部分心室中隔缺損不合併其他需手術矯正的畸形患兒。兩者的區別主要在於：手術治療適用範圍較廣，能根治各種簡單、複雜先天性心臟病，但有一定的創傷，術後恢復時間較長，少數病人可能出現心律失常、胸腔、心腔積液等併發症，還會留下手術疤痕影響美觀。而介入治療適用範圍較窄，價格較高，但無創傷，術後恢復快，無手術疤痕。

◆腦積水

顱內腦脊液容量增加，就稱爲腦積水。除神經體症外，常有精神衰退或癡呆。腦積水是因顱內疾病引起的腦脊液分泌過多或（和）循環、吸收障礙而致顱內腦脊液存量增加，腦室擴大的一種頑症。臨床多見患兒頭顱增大、囟門擴大、緊張飽滿、顱縫開裂逾期不合、落日眼、嘔吐、抽搐、語言及運動障礙，智力低下等。

腦積水病因很多，常見的主要有先天畸形、感染、出血、腫瘤以及某些遺傳性代謝病、周產期及新生兒窒息、嚴重的維生素A缺乏等。

先天畸形如中腦導水管狹窄、膈膜形成或閉鎖、室間孔閉鎖畸形、腦血管畸形、脊柱裂、小腦扁桃體下疝等均可造成腦積水。胎兒子宮內感染如各種病毒、原蟲和梅毒螺旋體感染性腦膜炎未能及早控制，增生的纖維組織阻塞了腦脊液的循環孔道，或胎兒顱內炎症也可使腦池、蜘蛛膜下腔和蜘蛛膜粒粘連閉塞。另外顱內出血後引起的纖維增生，產傷顱內出血吸收不良等，均會造成腦積水。

腦積水的臨床症狀並不一致，與病理變化出現的年齡、病理的輕重、病程的長短有關。胎兒先天性腦積水多致死胎。出生以後腦積水可能在任何年齡出現，大多數於生生後6個月。年齡小的患者顱縫未接合，頭顱容易擴大，故顱內壓增高的症狀較少。嬰兒腦積水主要表現在出生後數周或數月後頭顱快速、進行性增大。正常嬰兒在最早六個月頭圍增加每月1.2～1.3cm，本症則爲其2～3倍，頭顱呈圓形，額部前突，頭穹窿部異常增大，前囟門擴大隆起，顱縫分離，顱骨變薄，甚至透明。病嬰精神委靡，頭部不能抬起，嚴重者可伴有大腦功能障礙，表現爲癲癇、視力及嗅覺障礙、眼球震顫、斜視、肢體癱瘓及智能障礙等。由於嬰兒頭顱呈代償性增大，因此，頭痛、嘔吐及視神經乳頭水腫均不明顯。

對於早期或病情較輕、發展緩慢的腦積水患兒，可用利尿劑或脫水劑，如乙醯唑胺、雙氫克尿噻、速尿、甘露醇等脫水治療；或者經前囟門或腰椎反覆穿刺放液。對進行性腦積水，頭顱明顯增大，且大腦皮質厚度超過1cm者，可採取手術治療，主要的手術措施包括減少腦脊液分泌的手術如脈絡叢切除術後灼燒術，現已少用；解除腦室阻塞病因的手術如大腦導水管形成術或擴張術、正中孔切開術及顱內占位病變摘除術等；腦脊液分流術，旨在建立腦脊液循環通路，解除腦脊液的積蓄，兼用於交通性或非交通性腦積水，常用的分流術有側腦室——小腦延髓池分流術，第三腦室造瘻術，側腦室——腹腔、上矢狀竇、心房、頸外靜脈等分流術等。但是對於重度腦積水，智能低下已失明、癱瘓，且腦實質明顯萎縮，大腦皮質厚度小於1cm者，均不適宜手術。

對於腦積水患者的護理，要注意以下幾點：首先室溫保持在18～21℃，濕度55%爲宜，定時通風換氣，保持病房空氣流通，爲病童提供一個安靜、整潔、舒適、安全的治療康復環境；其次在飲食方面應以開腦竅、通經絡、健脾益腎、塡精益腦、強身易消化的食物爲主；第三要做好心理安撫，護理人員應做到親切、熱情、耐心地照顧病童，詳細瞭解病童的病情、家庭、社會環境，幫助病童及家屬樹立起戰勝疾病的信心，創造出一個接受治療康復的最佳心理狀態；第四要定時測量患兒頭圍，詢問有無噁心、嘔吐等病史；對於顱內壓增高時，要密切觀察生命象徵變化，特別是意識、瞳孔的變化，有無腦疝發生及顱內高壓三聯症（頭痛、嘔吐、視乳頭水腫）出現並做好護理記錄，記出入量；最後要指導家長或協助病童做功能訓練，以主動運動為主，並針對疾病病因及康復治療原則治療，做好出院指導衛教。

◆新生兒痙攣

嬰兒痙攣症是嬰幼兒時期所特有的一種癲癇。此病發病年齡早，具有特殊的驚厥形式，腦電波表現為高峰節律紊亂。此病預後不佳，病後智力、體力發育明顯減退。此病多在1歲以內發病，3～7個月發病人數最高，男孩較多見。

此病病因包括先天發育障礙、代謝異常、各種產傷、出生後外傷及神經系統感染，約50%的幼兒找不到病因。

此病在發作時最突出的表現為全身大肌肉突然強烈抽搐，並伴有頭及軀體向前傾，上肢前伸、彎曲向內，下肢彎曲到腹部，兩眼斜視或上翻，伴有意識障礙。一次發作1～2秒鐘緩解，但可再次抽搐，形成一連串發作，少則2～3次，多達幾十次甚至更多。發作前患兒往往伴有一聲喊叫或不自主發笑，發作後極度疲倦、嗜睡。發作次數每日1～10次不等，白天比夜晚易發作，下午較上午易發作，有的幼兒在剛入睡或醒後不久容易發作，有時突然的聲響也可引起發作。

本症預後差，對智力影響嚴重。但是經過激素治療後可控制症狀，也可使智力得到一定的恢復。所以家長如果發現幼兒反覆抽搐，應及早診治，減輕對智力影響，防止幼兒腦部外傷及腦部感染的發生。

◆新生兒重症黃疸

醫學上把出生28天內寶寶的黃疸，稱之爲新生兒黃疸。新生兒黃疸是在新生兒時期，由於膽紅素代謝異常引起血中膽紅素值升高而出現於皮膚、黏膜及鞏膜黃疸爲特徵的病症。

此病有生理性和病理性之分。生理性黃疸在出生後2～3天出現，4～6天達到高峰，7～10天消退；早產兒持續時間較長，無臨床症狀，少數患兒會出現食慾不振。若出生後24小時即出現黃疸，2～3周仍不退，甚至繼續加深加重或消退後重複出現或生後一周至數周內才開始出現黃疸，均爲病理性黃疸；常見的病理性黃疸主要有溶血性黃疸、感染性黃疸、阻塞性黃疸以及母乳性黃疸。

生理性黃疸輕者皮膚黏膜呈淺黃色，僅局限於臉及頸部，或波及軀幹，鞏膜亦可黃染。但可於2～3日後消退，至第5～6日膚色恢復正常。重者黃疸同樣先頭後足可遍及全身，顏色較深但皮膚紅潤黃裡透紅，嘔吐物及腦脊液等也會黃染時間長達1周以上，有些早產兒可持續至4周，其糞便仍呈黃色尿中無膽紅素。

新生兒黃疸一般採用光照療法，讓新生兒裸體臥於光療箱中，雙眼及睪丸用黑布遮蓋，用單光或雙光照射，持續24～48小時，膽紅素下降到7毫克／公升以下即可停止治療。除了用光照治療之外，還可以使用酶誘導劑如苯巴比妥治療。

此病常因孕母遭受濕熱侵襲而累及胎兒，致使胎兒出生後出現胎黃。故妊娠期間，孕母應注意飲食有節，不過食生冷，不過饑過飽，並忌酒和辛熱之品，以防損傷脾胃。若婦女曾生過有胎黃的嬰兒，再妊娠時應作預防。嬰兒出生後就密切觀察其鞏膜黃疸情況，發現黃疸應儘早治療，並觀察黃疸色澤變化以瞭解黃疸的進退。一定要注意觀察患兒的全身症候，有無精神委靡、嗜睡、吮乳困難、敏感不安、雙眼斜視、四肢強直或抽搐等症，以便對重症患兒及早發現及時處理。密切觀察心率、心音、貧血程度及肝臟大小變化，早期預防和治療心力衰竭。同時要注意保護嬰兒皮膚、臍部及臀部清潔，防止破皮感染。

◆白血病

白血病是造血組織的惡性疾病，又稱「血癌」，該病居年輕人惡性疾病中的首位，原生性病毒可能是神經性負感組織增生，還有許多因素如食物的礦物放射性化、毒化（苯等）或藥物變異、遺傳因素等可能是致病的輔因數。

白血病的主要表現有白血病細胞的增生與浸潤，非特異性病變則爲出血及組織營養不良和壞死、繼發感染等。白血病細胞的增生和浸潤主要發生在骨髓及其他造血組織中，也可出現在全身其他組織中，致使正常的紅血球、巨核細胞顯著減少。骨髓中可因某些白血病細胞增生明顯活躍或極度活躍，而呈灰紅色或黃綠色。淋巴組織也可被白血病細胞浸潤，後期則淋巴結腫大。有50%～80%白血病死者有明顯中樞神經系統白血病改變。常見者爲血管內白血球淤滯、血管周圍白血球增生。其他最常發生白血病浸潤的臟器是腎、肺、心臟及胸腺、睾丸等。

如果是急性白血病緩解以後，五年不復發，我們叫長期生存；十年不復發，我們叫治癒。白血病的治療目前主要使用化學治療、放射線治療、標靶治療、中藥治療。部分高危險性病人，需要進行骨髓移植。近10年來，隨著分子生物學、生物遺傳學的進展，使白血病預後得到極大的改觀。「白血病是不治之症」已成了過去。正規、系統地治療可以使大多數白血病患者長期無病生存，甚至痊癒。

◆破傷風

破傷風是一種歷史較悠久的梭狀芽孢桿菌感染，破傷風桿菌侵入人體傷口、生長繁殖、產生毒素可引起的一種急性特異性感染。破傷風桿菌及其毒素不能侵入正常的皮膚和黏膜，故破傷風都發生在傷後。一切開放性損傷，均有發生破傷風的可能。

破傷風通常分爲潛伏期、前驅期和發作期。潛伏期的長短不一，往往與是否接受過預防注射、創傷的性質和部位及傷口的處理等因素有關。通常7～8日，但也有僅24小時或長達幾個月或數年。破傷風進入到前驅期時，患者會出現乏力、頭暈、頭痛、咀嚼無力、反射亢進，煩躁不安，局部疼痛，肌肉牽拉，抽搐及強直，下頜緊張，張口不便。破傷風發作時，患者會肌肉持續性收縮。最初是咀嚼肌，以後順序是臉部、頸部、背部、腹部、四肢、最後是橫膈肌、肋間肌，此時會出現典型的「苦笑面容」。另外，聲、光、震動、飲水、注射會誘發陣發性痙攣。在發病期間，患者神志始終清楚，感覺也無異常。一般無高熱。

對於破傷風的治療，首先需要單間隔離，加強護理，減少刺激，嚴防交叉感染。最重要的是傷口的處理，要徹底清創，用雙氧水或1：1000的高錳酸鉀液體沖洗，或濕敷傷口，開放傷口，絕禁縫合。必要時需要使用破傷風抗毒血清，直至症狀好轉。另外可用冬眠靈或者苯巴比妥鈉、10%水合氯醛、安定、杜冷丁等控制、解除肌肉強直性收縮，抽搐嚴重時可用硫噴妥納液體靜注。有呼吸困難時需要做預防性氣管切開，切開後應加強護理，及時抽痰。

◆麥粒腫

麥粒腫又名瞼腺炎，俗稱「針眼」，是一種普通的眼疾，好發於青年人，也可見於兒童。此病頑固，而且容易復發，嚴重時會遺留眼瞼疤痕。麥粒腫是皮脂腺和瞼板腺發生急性化膿性感染的一種病症，多爲金黃色葡萄球菌引起，寶寶在染上各種全身性疾病時全身抵抗力下降，也容易引起麥粒腫。

麥粒腫分內麥粒腫和外麥粒腫，寶寶容易罹患的是內麥粒腫。由於寶寶免疫機能差，對感染的抵抗力不強，加上本性好動，若同時伴有衛生習慣不良如用髒手揉眼等，易致細菌侵入腺體而發病。內麥粒腫一般範圍較小，看起來不重，但疼痛卻明顯，近小眼角的重症麥粒腫可引起白眼球水腫，呈水泡樣，甚至突出於瞼裂之外。

外麥粒腫病變部位初起時紅腫、疼痛、近瞼緣可摸到硬結，形如麥粒，3～5天後膿腫軟化，7天左右可自行穿破皮膚，膿液流出，紅腫消失，有的也可不經穿破皮膚，膿液流出，紅腫消失，有的也可不經穿破排膿或因排膿不暢自行吸收消退。

對麥粒腫可以局部濕熱敷，用乾淨毛巾每日2～3次，每次15～

30分鐘。也可同時使用抗生素眼藥水如氯黴素或利福平、氧氟沙星點眼，每日4～6次；抗生素眼膏如金黴素或紅黴素塗眼，每日1～2次；一般不需要全身使用抗生素。嚴重者，可肌注青黴素或口服抗生素。在膿腫成熟後，會出現黃色膿頭，此時可切開排膿。但切忌擠壓局部，不可自行擠膿，以免引起眼眶蜂窩性組織織炎等併發症，應到眼科進行治療，滴眼液或者手術。

◆先天性白內障

先天性白內障是兒童常見的眼病。在出生後第一年出現晶體部分或全部混濁的，稱爲先天性白內障。

由於在嬰兒出生時已有引起晶體混濁的因素，但還未出現白內障；但在一歲之內出現晶體混濁，因此先天性白內障又稱爲嬰幼兒白內障。

先天性白內障可以是家族性的也可以是散發的；可以單眼發病也可以雙眼發病；可以單獨發病也可以伴發其他眼部異常；另外，多種遺傳病或系統性疾病也可伴發先天性白內障；但是最多的還是只表現爲白內障。由於先天性白內障在早期即可以發生剝奪性弱視，因此其治療又不同於一般成人白內障。

據調查，全球每年有100萬名兒童致盲，其失明的主要原因是先天性白內障、外傷性白內障和先天性青光眼等。此外，早產兒視網膜病變也是致盲的重要因素，如果及早（胎齡37周時最佳）做干預治療，將有效避免幼兒致盲的發生。

白內障治療的目的是恢復視力，首先應注意防止剝奪性弱視的發生。剝奪性弱視爲單側或雙例，如果弱視發生，2～3個月的嬰兒即會出現眼球震顫，表明沒有建立固視反射，因此必須早期治療先天性白內障，使固視反射能正常建立。據調查，4個月之前治療剝奪性弱視是可逆的，6個月後治療效果很差。

雙側不完全白內障如果視力在0.3以上，則不必手術，可採取保守治療。但嬰幼兒無法檢查視力，如果白內障位於中央，透清亮的周邊部分能見到眼底，就不用考慮手術。可長期用擴瞳劑，直到能檢查視力時，再決定是否手術。但是使用阿托品擴瞳，會產生調節麻痺，因此閱讀時需戴眼鏡矯正。

對於雙眼完全性白內障患者，應在出生後1～2周內手術，最遲不可超過6個月。另一眼應在第一眼手術後48小時或更短的時間內手術。縮短手術時間間隔的目的更爲了防止在手術後因單眼遮蓋而發生剝奪性弱視。對於雙眼不完全性白內障患者，若雙眼視力0.1或低於0.1，且不能窺見眼底者，則應儘早動手術；若周邊能窺見眼底者，則不應急於手術。對於單眼完全性白內障患者，如果能在新生兒期甚至在出生後7小時內手術，術後雙眼遮蓋，第4天配戴接觸鏡，定期追蹤，直至可辨認視力表時，有較多患兒視力還是可以達到0.2以上的。如果在1歲後手術，即便手術很成功，瞳孔區清亮，視力也很難達到0.2。因此特別強調單眼白內障必須早期手術，並且要儘早完成光學矯正，配合嚴格的防治弱視的措施。

風疹症候群的患兒不宜過早手術。因爲在感染後早期，風疹病毒還存在於晶體內。手術時潛伏在晶體內的病毒會因釋放而引起虹膜睫狀體炎，有5%～2%在手術後因炎症而發生眼球萎縮。風疹症候群白內障多為中央混濁，周邊皮質清亮，因此可選用光學虹膜切除術。

◆肥胖症

肥胖症又名肥胖病，當前已經成為了全世界的公共衛生問題。國際肥胖特別工作組指出，肥胖將成為新世紀威脅人類健康和生活滿意度的最大殺手。肥胖已經稱為一種疾病，並且一直嚴重威脅我們的健康。那麼到底什麼是肥胖症？肥胖症是一種社會性慢性疾病。身體攝入的熱量高於消耗的，就會造成體內脂肪堆積過多，導致體重超標、體態臃腫，實際測量體重超過標準體重20%以上，並且脂肪百分比（F%）超過30%者稱為肥胖。通俗講的肥胖就是體內脂肪堆積過多。

肥胖症一般分為單純性肥胖、體質性肥胖、過食性肥胖、繼發性肥胖以及藥物性肥胖，其中以單純性肥胖最為常見。

單純性肥胖約占肥胖人群的95%左右，簡而言之就是非疾病引起的肥胖。這類病人全身脂肪分佈比較均勻，沒有內分泌混亂現象，也無代謝障礙性疾病，其家族往往有肥胖病史。單純性肥胖又分為體質性肥胖和過食性肥胖兩種。

體質性肥胖即雙親性肥胖，是由於遺傳和身體脂肪細胞數目增多而造成的，還與25歲以前的營養過度有關係。這類人的物質代謝過程比較慢，比較低，合成代謝超過分解代謝。

過食性肥胖也稱為獲得性肥胖，是由於人成年後有意識或無意識地過度飲食，使攝入的熱量大大超過身體生長和活動的需要，多餘的熱量轉化為脂肪，促使脂肪細胞肥大與細胞數目增加，脂肪大量堆積而導致肥胖。

兒童標準體重的計算方法：（年齡×2）+8=標準體重（kg）。當體重超過標準體重的10%時，稱為超重；超出標準體重的20%，稱為輕度肥胖；超出標準體重的30%時候，稱為中度肥胖；當超過50%時候稱為重度肥胖。

肥胖可以引發多種疾病如高血壓、冠心病、心絞痛、腦血管疾病、糖尿病、高脂血症、高尿酸血症、女性月經不調等，還會增加人們罹患惡性腫瘤的機率。

所以要預防兒童肥胖症，減肥者一定要配合適量運動，減重期應照常工作及勞動，不要休息。並且平時要注意飲食，每天總熱量不宜少於1200千卡，應根據個人的具體情況，按肥胖症營養配餐方案計算每日總熱量和蛋白質、脂肪、糖類、礦物質、維生素的攝取量；並且廣泛攝取各種食物，變化愈多愈好，養成不偏食的習慣；不要採取禁食某一種食品的減肥方法，例如不吃蔬菜、水果、米飯、麵，只吃肉類的辦法。必要時可採用藥物治療。

◆腦癱

腦性癱瘓，又稱大腦性癱瘓、腦癱，是指出生前、出生時或出生後的一個月內，由於大腦尚未發育成熟，而受到損害或損傷所引起的以運動障礙和姿勢障礙為主要表現的症候群，常常併發有癲癇、智力低下、語言障礙等。該病與腦缺氧、感染、外傷和出血有直接關係，如妊娠早期患風疹、帶狀皰疹或弓形蟲病，妊娠中、晚期的嚴重感染、嚴重的妊娠高血壓症候群、病理性難產等皆可致新生兒腦性癱瘓。

幼兒腦癱的主要症狀有運動障礙、姿勢障礙、語言障礙、視聽覺障礙、生長發育障礙、牙齒發育障礙、顏面功能障礙、情緒和行爲障礙、癲癇等。痙攣型腦癱患兒以四肢僵硬爲主要表現；手足徐動型患兒，會出現四肢和頭部的不自主無意識動作，做有目的的動作時，全身不自主動作會增多，如臉部出現「擠眉弄眼」，說話及吞嚥困難，常伴有流口水等；共濟失調型的患兒，以四肢肌肉無力、不能保持身體平衡、步態不穩、不能完成用手指指鼻等精細動作爲特徵。

腦癱目前無特殊治療方法，除癲癇發作時用藥物控制以外，其餘多爲症狀療法。應早期實行智力、心理的教育和訓練。宜採用綜合性治療，包括智力和語言訓練，理療、體療、針灸、按摩、支架及石膏矯形。矯形手術目的是減少痙攣、改善肌力平衡、矯正畸形、穩定關節。

◆糖尿病

兒童時期的糖尿病是指15歲或20歲以前發生的糖尿病，多爲Ｉ型糖尿病，過去統稱爲兒童（少年）糖尿病。由於兒童期糖尿病的病因不一，臨床治療和預後不同，因此兒童糖尿病一詞由於概念不清楚已捨棄不用。

此病發病較急，約有1／3有患兒於發病前有發熱及上呼吸道、消化道、尿路或皮膚感染病史。多飲、多尿、多食易饑，但體重減輕，消瘦明顯，疲乏無力，精神委靡等糖尿病典型症狀亦會出現。若幼兒在自己能控制小便後又出現遺尿，常爲糖尿病的早期症狀。患兒易患各種感染，尤其是呼吸道及皮膚感染，女嬰可合併黴菌性外陰炎而以會陰部炎症爲明顯的症狀。長期血糖控制不好的患兒，可於1～2年內發生白內障。晚期患兒因微血管病變導致視網膜病變及腎功能損傷。最具有診斷意義的指標是空腹血糖＞6.6mmol／L，餐後2h血糖＞11.1mmol／L。

在治療上，首先要嚴格控制飲食，這一點與成人糖尿病一樣。患兒要定時定量進餐，包括主食、副食（蛋、肉等）、零食等，以控制進食後血糖過度升高。在藥物應用上，嬰兒糖尿病以注射胰島素爲主。注射時間放在進食前15～30分鐘，注射量按照醫生囑咐調整。由於嬰兒糖尿病是一種終生伴隨的疾病，它的治療是長期的，所以應有計劃地在胳膊、大腿、臀部、腹部等處交替注射胰島素。若固定一處注射，時間久了會出現皮下硬結、凹陷，影響胰島素的吸收，影響治療效果。病情控制後，糖尿病的孩子和健康兒童一樣，可以上學、參加體育活動（如跑步、打球等）。運動對糖尿病孩子有益處，但在運動前應適當進食，避免發生低血糖。一旦出現心慌、頭暈、出冷汗或顫抖等低血糖情況，要立即進食或飲淡糖水。

◆弓形蟲病

弓形蟲病又稱弓形體病，是人畜共患的疾病。在人體多爲隱性感染；發病者臨床表現複雜，其症狀和徵象又缺乏特異性，易造成誤診，主要侵犯眼、腦、心、肝、淋巴結等。

孕婦受染後，病原體可通過胎盤感染給胎兒，直接影響胎兒發育，致畸嚴重，爲四大致畸因數之一，其危險性較未感染孕婦大10

倍，影響優生，成爲人類先天性感染中最嚴重的疾病之一，已引起廣泛重視。

此病一般分爲先天帶原和後天感染兩類，均以隱性感染爲多見。臨床症狀多由新近急性感染或潛在病灶活化所致。先天性弓形蟲病多由孕婦於妊娠期感染急性弓形蟲病所致，孕婦感染時有無症狀與胎兒感染的危險性相關。

妊娠早期感染弓形蟲病的孕婦，如不接受治療則可引起10%～25%先天性感染而導致自然流產、死胎、早產和新生兒嚴重感染；妊娠中期與後期感染的孕婦分別可引起30%～50%（其中72～79%可無症狀）和60%～65%（內89%～100%可無症狀）的胎兒感染。

受感染的孕婦如能接受治療，則可使先天性感染的發生率降低60%左右。後天獲得性弓形蟲病病情輕重不一，可爲局限性或全身性。

先天性弓形蟲病的臨床表現不一。多數嬰兒出生時並無症狀，部分於出生後數月或數年後才發生視網膜脈絡膜炎、斜視、失明、癲癇、精神運動或智力遲鈍等。後天獲得性弓形蟲病的表現主要有：

1. 局限性感染以淋巴結炎最為多見，約占90%。質韌，大小不一、多數無壓痛、不化膿。可伴低熱、頭痛、咽痛、肌痛、乏力等。較少見者尚有心肌炎，心包炎、肝炎、多發性肌炎、肌炎、胸膜炎、腹膜炎等。視網膜脈絡膜炎極少見。

2. 全身性感染多見於免疫缺損者（如愛滋病、器官移植、惡性腫瘤）以及實驗室工作人員等。常有顯著全身症狀，如高熱、斑丘疹、肌痛、關節痛、頭痛、嘔吐、譫妄，並發生腦炎、心肌炎、肺炎、肝炎、胃腸炎等。

此病常使用乙胺嘧啶和磺胺嘧啶聯合對抗弓形蟲，此外還可使用乙胺嘧啶與阿奇黴素、克拉黴素等聯合對抗弓形蟲。

◆癲癇

幼兒癲癇是神經系統的一類慢性病，主要是以發作性神經功能的障礙爲臨床的症狀，同時伴有腦電波圖的改變；由於腦部的異常放電所形成的腦神經系統的疾病稱爲幼兒癲癇，俗稱幼兒羊癲風。除了「抽搐」之外，幼兒癲癇還有很多表現如有些幼兒會有意識障礙。

幼兒癲癇主要分爲全身性發作和局部性發作。全身性發作的時候是全身都有症狀，在其中最突出的特點是發作時意識是喪失的，同時伴隨各式各樣的全身性症狀，如「羊癲風」，在全身性發作裡面叫做「大發作」，表現爲全身強直，緊接著出現全身痙攣抽搐。局部性的發作時神志不喪失，甚至完全清楚。但此時伴有各式各樣的身體障礙，像是肢體的抽搐或者是一種感覺的障礙，比如一發病孩子就特別疼痛，或者肢體發麻。

對於癲癇一般採取藥物治療，根據癲癇發作類型選擇安全、有效、價廉和易購的藥物。大發作時可選用苯巴比妥、丙戊酸鈉、卡馬西平等。複雜部分性發作時可選用苯妥英鈉、卡馬西平等。失神發作時可選用氯硝安定、安定等。癲癇持續狀態首選安定10～20mg／次靜注。在使用藥物治療時，藥物劑量從常用量低限開始，逐漸增至發作控制理想而又無嚴重毒副作用爲宜。一般不能隨意更換或間斷，癲癇發作完全控制2～3年後，且腦電波圖正常，方可逐漸減量停藥。還應做到定期藥物濃度監測，適時調整藥物劑量。

◆隱睪症

隱睪症是指男嬰出生後，單側或雙側睪丸未降至陰囊而停留在其正常下降過程中的任何一處，也就是說陰囊內沒有睪丸或僅有一側有睪丸。一般情況下，胎兒在出生之後，隨著生長發育，睪丸自腹膜後腰部開始下降，於胎兒後期降入陰囊。如果在下降過程中受到阻礙，就會形成隱睪症。

研究結果顯示，隱睪症的發生機率是1%～7%；其中單側隱睪症患者多於雙側隱睪症患者，尤以右側隱睪症較爲多見。隱睪症有25%位於腹腔內，70%停留在腹股溝，約5%停留於陰囊上方或其他部位。

據調查，睪丸長期停留在不正常的位置會引起睪丸萎縮、惡性病變、容易受到外傷、睪丸扭轉、疝氣等身體症狀；另外，陰囊的空虛會引起自卑感、精神苦悶以及性情孤僻等精神心理方面的改變。

家長一旦發現你的孩子陰囊內沒有睪丸或僅有一側有睪丸就要立即到醫院就診。一歲以內的幼兒可透過一些藥物的應用使睪丸降入陰囊，到了二歲仍然不能下降入陰囊，則要考慮手術治療，根據資料顯示，在二歲以前手術對睪丸的生精功能無太大影響，超過四歲則會明顯影響，超過八歲則會嚴重影響，如果超過十二歲即使做了手術，睪丸的生精功能亦不能恢復。因此，隱睪下降固定術應在二歲以前進行。

◆脫水

脫水是指人體內水分的輸出量大於輸入量所引起的各種生理或病理狀態。根據重量計算，人體內水分約占60%。正常人透過飲水補充體液，透過出汗、流淚、排尿失去體液，以保持體液的平衡。當體液量正常時，人體內血流速度穩定，並且有足夠的多餘水分形成眼淚、唾液、尿液和糞便。當體液不足，也就是「脫水」時，病人會出現哭時無淚、口腔乾燥、砂紙樣舌面。尿色深黃，而且一天的總尿量也會減少。嚴重者，會出現心跳加速。血壓變化、休克甚至死亡。

導致兒童出現脫水的原因有很多，最常見的是急性胃腸炎和液體攝入過少。胃腸炎導致脫水的原因主要是因爲嘔吐和腹瀉，液體攝入過少是導致脫水的另一個原因，例如：口咽疼痛引起的吞嚥困難。有時，配方奶粉與水混合的比例不當——奶粉中所加水量過少，也會引起嬰兒出現脫水。

對輕度脫水來說，可採用口服補充液體的方式。最好的補液飲料是家庭自製米湯。到藥局購買口服電解質液，也是改善脫水的好方法之一。對於較大的兒童，也可飲用超市出售的含電解質和糖分的飲料。補充液體的關鍵是均勻、慢速，特別是小嬰兒。有時爲了調整飲用液體的速度，可將液體浸到毛巾內，再讓嬰兒吸吮毛巾。大於1歲的幼兒還可採用吸吮冰棒的方式。如果經過家庭補液治療以後的效果不滿意，已經發展到了中重度脫水，或是引起脫水的因素持續存在，就應及時到醫院接受醫生的治療，必要時接受靜脈輸液。

◆智力障礙

智力低下不但是嚴重危害兒童身心健康的一類世界性疾患，更是一個嚴重的社會問題。隨著社會的飛速發展和人才競爭的日趨激烈，各國對智力問題已倍加關注。有關研究者們對導致兒童智力低下的因素之探討也日益深入。

在各種導致智力障礙的因素中，遺傳因素是導致重度智力低下的主要原因之一；另外一個比較重要的原因就是孕期感染，且尤以妊娠前三個月的感染影響最大；再者孕期營養不良是子宮內胎兒生長遲滯的主要原因之一。

引起智力障礙的因素主要有遺傳因素、產前損傷、分娩時產傷、出生後疾病等。要減少弱智兒童的發生，就必須做好預防工作，加強宣傳教育工作，避免近親結婚，對嚴重遺傳病儘量結紮避免受孕。避免早婚和超過40歲婦女高齡生育，因爲容易使染色體異常發生先天智能障礙。做好產前檢查，提高處理難產的技術，減少產傷，並對新生兒進行遺傳代謝疾病的篩檢，及早發現，早期治療，減少弱智兒童發生。

◆視力障礙

眼睛是心靈的窗戶，是人的無價之寶。孩子從呱呱落地，就睜著一雙大眼睛不斷地探索著這個世界。但若不注意保護眼睛，再好的眼睛也可能發育不良，直接影響到今後的學習和生活，特別是有的孩子因視力不好不能選擇理想的工作，確實令人抱憾終生。

炎症是引起視力障礙最常見的原因，由細菌、病毒、衣原體、真菌、寄生蟲等引起的角膜炎、角膜潰瘍、虹膜睫狀體、炎脈絡膜炎、眼內炎、全眼球炎、眼眶蜂窩性組織炎等都可能會導致智力障礙。另外屈光不正如近視、遠視、散光、老花，斜視、弱視，眼外傷、青光眼等都可導致視力障礙。

我國目前導致視力障礙的主要原因是弱視、斜視及其他眼疾，發病率是18%。由此可見，學齡前兒童的視力障礙已是一個不容忽視的問題。

造成幼兒視力障礙的原因，除少部分是先天和遺傳造成外，主要是由於不好的用眼習慣，如長時間看電視、玩電腦、打遊戲機，或是過近距離的讀書寫字，使眼睛長期處於過度疲勞的狀態中。再有，飲食營養不勻衡，也是造成近視的一個重要因素。偏食的壞習慣，在學齡前兒童中極爲普遍。愛吃甜食，不吃蔬菜，精製食物氾濫，均造成體內鉻元素、血鈣、維生素不足，眼睛發育不良，已是造成近視的一個重要原因。此外，環境與住宅也是造成幼兒視力障礙的一大原因。現在環境住房之間距離越來越近，深色玻璃的普遍使用，牆紙的五顏六色，都造成房間的採光嚴重不足，這也是造成近視的一個原因。

對於視力障礙的預防，首先要控制兒童看電視及打電動的時間，連續觀看電視、打電動不能超過半小時（幼兒宜15～30分鐘），從多方面看家長都應嚴格控制；電視機的擺放距離要在2米左右，高度與眼睛平行，從而減少眼睛的緊張度。

其次，看書寫字姿勢要正確，桌椅高矮要適當，時間要控制；

當室內光線不足時要開燈補充。第三要注意均衡營養，多吃蔬菜、粗糧和細糧搭配，食品多樣化，限制動物性脂肪和含糖量過高的食物。最後還要注意保護眼睛不受傷害，注意個人衛生，毛巾、手帕要專人專用，每天洗曬消毒。

定期對幼兒進行視力檢查，如發現斜視、弱視、近視等眼疾應及時去醫院矯正治療。

◆聽力障礙

聽力障礙是指聽覺系統中的傳音、感音以及對聲音的綜合分析的各級神經中樞發生器質性或功能性異常，而導致聽力出現不同程度的減退。

聽力喪失可發生在任何年齡，約1／800～1／1000的新生兒在出生時有嚴重的聽力喪失，另有2～3倍的新生兒有程度略低的聽力喪失，包括輕至中度的，雙側性或單側性聽力喪失。

在兒童期，另有2／1000～3／1000的兒童，有後天性的中度到重度的進行性或永久性聽力喪失，許多青少年因爲過度暴露於噪音或頭部損傷，而有發生感覺神經性聽力喪失的危險。

兒童聽力障礙患者以單側耳聾居多，父母往往無法及時發現，容易錯過最佳有效治療期。兒童的聽力障礙可直接導致兒童言語、情感、心理和社會交往能力等發育遲緩，嚴重影響孩子的生活品質和身心健康，進而對家庭和社會帶來很大的影響。

常見的引起兒童聽力障礙的因素有感冒後併發耳內積水，內耳異常受撞，耳毒性藥物導致聽力障礙等。

對聽力障礙的治療，其目的是支援最佳的語言發展。所有聽力喪失兒童應做語言功能的評價，並透過治療改善語言障礙。出生後第1年是語言發展的關鍵時期，因爲幼兒必須從聆聽語言直至自發地學說。聽障的幼兒只有透過特殊訓練才有語言的發展，必須爲聽障幼兒提供一種語言輸入方式，例如，可視性符號語言，能爲以後的口頭語言發展提供基礎。

應對初生24小時內的嬰兒進行聽力篩檢，對疑似聽力障礙的嬰兒進行定期追蹤檢查，一旦確診聽障，可進行早期干預治療。

在只用藥物治療兒童疾病時，要儘量避免使用有耳毒性藥物如鏈黴素、慶大黴素、卡那黴素、氯黴素等。如病情需要必須使用時也應密切觀察聽力變化，一旦出現耳鳴等症狀應立即停藥。

新生兒出生後如果發現外耳有畸形時，需找醫生諮詢。

小孩呼吸道感染易誘發中耳炎，一旦染上中耳炎，應到醫院及時就診，以免遺留後遺症。避免讓兒童不用或少用耳機，因爲使用耳機在音量過大時噪音刺激很強，久用後會造成雜訊性耳聾。如果孩子突然發生一側耳鳴、耳聾，切不可掉以輕心，應立刻到醫院診治，以免延誤最佳治療時機，造成終身遺憾。

◆闌尾炎

闌尾炎是指闌尾由於多種因素而形成的炎性反應，是最常見的腹部外科疾病，其預後取決於是否及時的診斷和治療。如果早期診治，病人大多可短期內康復，死亡率極低。但如果延誤診斷和治療會引起嚴重的併發症，甚至造成死亡。

闌尾炎常表現爲右下腹部疼痛、體溫升高，對疼痛部位稍微施壓、運動或深呼吸就會加劇疼痛、噁心、發燒、便祕、腹瀉、嘔吐和中性白血球增多等。

假如寶寶疼痛得非常厲害或疼痛持續超過6小時，那麼就應馬上就醫。如果闌尾炎未馬上得到治療，很可能會使闌尾破裂，膿汁蔓延至腹腔，引起感染，造成可導致死亡的瀰漫性腹膜炎。

當患兒一開始發生腹痛，實在很難判斷情況是否危急的情況下，父母切不可讓患兒服用解熱鎮痛劑葯水或是其他的止痛劑，因爲這會造成醫生診斷上的困難。同時，父母也不能讓患兒進食，以防需要手術治療。

急性闌尾炎是可以消退的，但消退後約有四分之一的病人會復發。目前對於急性闌尾炎一般採用手術的方法，絕大多數手術效果是良好的、安全的；非手術療法主要是抗感染（即消炎）。但應當做好隨時住院治療的準備工作，以免延誤治療使病情發展到嚴重程度造成治療困難。

◆中耳炎

中耳炎是一種常見的疾病，常發生於8歲以下兒童，其他年齡層的人也可能會發生。它經常是普通感冒或咽喉感染等上呼吸道感染所引發的併發症。

中耳炎以耳內悶脹感或堵塞感、聽力減退及耳鳴爲最常見症狀。常發生於感冒後，或不知不覺中發生。有時頭位變動可覺聽力改善。部分病人會有輕度耳痛。兒童常表現爲聽話遲鈍或注意力不集中。

當孩子感染上呼吸道疾病時要積極治療，以免病菌進入中耳，引發炎症；不能強力擤鼻和隨便沖洗鼻腔，擤鼻涕時不能同時壓閉兩側鼻孔；挖耳垢時，應十分小心，宜先濕潤後才挖，避免傷壞鼓膜；游泳上岸後，側頭單腳跳動，讓耳內的水流出，最好用棉花棒吸乾水分，但是患慢性中耳炎者不宜游泳；急性期注意休息，保持鼻腔通暢，並且要注意預防感冒。忌食辛、辣刺激食品如薑、胡椒、羊肉、辣椒等，多食有清熱消炎作用的新鮮蔬菜如芹菜、絲瓜、茄子、薺菜、黃瓜、苦瓜等。

◆低免疫球蛋白血症

低免疫球蛋白血症是一種先天性的免疫力低下疾病，為性聯鎖隱性遺傳性疾病，多見於男孩。此病可分為原發和繼發兩種類型，會反覆發生細菌性感染，而對病毒和真菌感染不敏感是此病的主要臨床表現。

透過研究發現，此病患兒外周淋巴組織發育不良，淋巴結缺少淋巴濾泡和漿細胞，血清中各類免疫球蛋白含量極低下，但是患兒胸腺發育正常。這說明患兒體液免疫功能缺失，而細胞免疫功能正常。

各種疾病使免疫球蛋白大量損失、消耗或合成不足，也同樣會引起此病。例如，當患有免疫系統腫瘤，腎病症候群或慢性腎炎及慢性腸道疾病時，免疫球蛋白均會大量流失，從而可使患者出現免疫球蛋白血症。

◆大便失禁

大便失禁也叫肛門失禁，泛指消化道下端出口處失去正常的控制，如睡眠時不能控制排便，排氣時出現漏糞和不能控制稀便，直至完全不能控制排氣和排便等。如果對乾的大便能隨意控制，但對稀的大便及氣體失去控制能力，稱爲不完全性失禁。如果肛門失去對乾大便、稀大便和氣體的控制能力，而導致有糞便黏液外流，污染內褲，使肛門潮濕、瘙癢，則稱爲完全性失禁。

兒童大便失禁有兩種情況：一是原發性大便失禁，是從幼兒期延續下來的；二是繼發性或退行性大便失禁，此種失禁主要表現爲曾在廁所排過便，但以後不排的。男女比例爲2.5～6.0：1；年齡發生頻率：4歲占2.8%，5歲占2.2%，6歲占1.9%，7～8歲占1.5%，10～11歲占1.6%。

兒童大便失禁的治療很困難，需要患兒、家長、醫師三方面的默契配合。

神經性大便失禁患兒表現爲不能隨意控制排便和排氣。完全失禁時，糞便自然流出，污染內褲，睡眠時糞便排出，污染被褥。肛門、會陰部經常潮濕，肛周皮膚糜爛、疼痛瘙癢；不完全失禁時，糞便乾時無失禁，糞便稀和腹瀉時則不能控制。一般多數排便在內褲，其結果，有時糞塊落在屋角、幼稚園以及學校的走廊、公園等場所。排便多數發生在兒童站立的時候，特別是運動中、步行時、玩耍時，甚至有時洗澡時排便，致使糞塊浮在澡盆中。

◆兒童腎病症候群

兒童腎病症候群是兒童泌尿系統常見的疾病之一，發病年齡多見於3～6歲的幼兒，且男孩多於女孩。其病因不詳，易復發和遷延，病程長。患腎病症候群的幼兒在病情穩定期可以上幼稚園，只要幼稚園加強對患兒的照顧，有利於幼兒的全面康復。

嚴重浮腫、高脂血症、大量（高）蛋白尿以及低蛋白血症為腎病症候群的四大徵象。浮腫為兒童腎病症候群早期的臨床表現，這也往往是最能引起家長重視並帶寶寶就診的臨床表現。除上述四大症狀外，尚有部分病例伴有高血壓、血尿或氮質血症，如無上述三者症狀為「單純性腎病」，若三種中有一項我們稱之為「腎炎型腎病」。兩者病理變化，治療方式、預後有所不同。

幼兒原發性腎病目前以健脾補腎、控制西藥副作用為原則，採用中西醫合併以腎上腺皮質激素為主的綜合治療。包括維持電解質平衡供給、控制水腫、適量的飲食控制、控制感染。

一般應用激素後七至十四天內多數患兒開始利尿消腫故可不用利尿劑；但高度水腫合併皮膚感染、高血壓對激素不敏感者常需要使用利尿劑。血壓高與低鹽飲食水腫嚴重的患兒應適當限制水量，但大量利尿或腹瀉、嘔吐鹽分流失時須適當補水分及鹽分。

除高度水腫併發感染者外，一般不需要絕對臥床休息。病情緩解後活動量可逐漸增加，三到六月後可逐漸恢復活動但不宜過度疲累。

兒童腎病水腫嚴重的可導致患兒繼發性感染，有皮膚受損的危險，要做好護理工作。男童陰囊水腫明顯時，可用紗布托起，並注意保持局部清潔衛生。定時給患兒翻身，並按摩受壓部位，以促進局部血液循環。翻身時要避免拖、拉、拽等動作，防止皮膚擦傷。要定期爲患兒修剪指甲，以防止抓傷皮膚，引起感染。定期爲患兒洗浴，保持皮膚清潔，但動作宜輕柔，以免損傷皮膚。患兒衣服宜柔軟寬鬆，污染後及時更換。床鋪要保持清潔乾燥、平整無皺褶。

◆腦腫瘤

顱內腫瘤就是人們俗稱的「腦瘤」，在兒童全身性惡性腫瘤中，顱內惡性腫瘤所占比例甚高，僅次於白血病位居於第二位，但人們對它卻知之甚少。

專家指出，兒童顱內腫瘤的早期症狀不明顯，容易被家長忽視，從而耽誤了早期的診斷和治療。這對患兒的病情恢復和生存率的提高是極爲不利的。

兒童顱內腫瘤常見於14歲以下的小孩，幾個月的嬰兒也可見。因爲患兒年齡小，且早期症狀不明顯，容易被家長誤認爲是其他疾病，或被忽視。

顱內腫瘤的早期症狀主要包括頭痛、噁心、嘔吐，頭痛多位於前額及顳部，爲持續性頭痛陣發性加劇，常在早上頭痛更重，間歇期可以正常。

透過CT、核磁共振等影像學檢查，顱內腫瘤可以被很快診斷出來，但是家長一般會在做手術與保守治療之間徘徊。

專家指出，良性腫瘤只要進行手術，術後5年生存率可達95%以上，是最理想的治療方式。但若在2歲以前發現，腫瘤不是很大，症狀比較輕微，也可適當等待，定期觀察。不過，惡性腫瘤則越早手術越好，年齡小也無限制，否則將危及生命，術後生存率也會大大降低。爲了維持手術後的效果，儘量防止腫瘤復發，患兒術後常常要進行放射線治療和化學治療。

◆新生兒敗血症

新生兒敗血症指在新生兒期細菌侵入血液循環，並在其中繁殖、產生毒素所造成的全身性感染，有時還在體內產生遷移病灶。

新生兒敗血症是目前新生兒期很重要的疾病，其發生率約占活產嬰兒的1‰～10‰，早產嬰兒中發病率更高。

新生兒敗血症常表現爲非特異性的症狀，其中最爲常見的就是呼吸窘迫，在敗血症嬰兒中占90%，心率增快和周圍循環灌注差，低血壓也較爲常見。

此病患兒的血液檢查中會出現酸中毒（代謝性），低血糖或高血糖，且體溫不穩定，甚至出現包括嘔吐、腹瀉、腹脹、食慾差等胃腸道症狀。另外還會出現活動力減弱或嗜睡、煩躁不安、呻吟，哭聲低弱等。患兒臉色青灰，有黃疸者會更加嚴重。

除上列症狀外，黃疸加重或減退後又再度出現，肝脾輕度或中度腫大，無其他原因可解釋，瘀點或瘀斑不能以新生兒紫瘢或外傷解釋，也是此病的常見症狀。

嚴重的敗血症甚至會出現中毒性腸痲痹，表現爲腹脹，腸鳴音減低；或發生彌漫性血管內凝血、嘔血、便血，或肺出血。

新生兒敗血症在未獲得血培養結果之前，即要選用抗生素治療，以後根據血液細菌培養結果及細菌藥敏試驗選用抗生素。

通常聯合應用一種青黴素類和一種氨基糖甙類抗生素作爲初選藥物，因爲這兩種抗生素的配伍具有較廣泛的抗菌作用並能產生協同作用，在嚴重感染的病例可選用第三代頭孢子菌素和青黴素類聯合應用。另外要確保抗生素有效地進入體內。

對此病患兒要做好護理工作，首先要保護性隔離，避免交叉感染。當體溫過高時，可調節環境溫度，減少被蓋等物理方法或多餵水來降低體溫，不宜用藥物、酒精拭浴等刺激性強的降溫方法。第二還要維持營養供給，餵養時要細心。少量多餐給予哺乳，維持身體的熱量需要。吸吮無力者，可採鼻胃管灌食或結合病情考慮靜脈營養輸液。還要清除局部感染灶，如臍炎、鵝口瘡、膿皰瘡、皮膚破損等，促進皮膚病灶早日痊癒，防止感染繼續蔓延擴散。加強巡視，嚴密觀察病情變化，如出現臉色發灰、哭聲低弱、尖叫、嘔吐頻繁等症狀時，要及時與醫生取得聯繫，並做好搶救準備。

要做好家長的心理護理，減輕家長的恐懼及焦慮，講解與敗血症發生有關的護理知識、抗生素治療過程長的原因，取得家長合作。

◆肺炎

肺炎是嬰幼兒臨床常見的疾病，四季均易發生，以冬春季爲多，如治療不徹底，易反覆發作，影響孩子發育。

發燒、咳嗽、呼吸困難爲此病的主要臨床表現，也有不發燒而咳喘嚴重者。

幼兒肺炎的表現大多為發燒、咳嗽，呼吸表淺、增快，部分患兒口唇周圍、指甲輕度發紺，患兒常伴有精神委靡、煩躁不安、食慾不振、哆嗦、腹瀉等全身症狀。

幼兒肺炎只要及時發現和有效的治療，病兒可很快就會康復。但重症易出現下列併發症，如不及時治療，預後不良。會出現諸如心力衰竭、呼吸衰竭、膿氣胸、缺氧性腦病、中毒性休克以及中毒型腸麻痹等併發症。

肺炎的治療原則是應用消炎藥物，殺滅病原菌。根據不同的病原菌選用敏感的藥物，早期治療並完成療程，並可根據病情選擇治療方案，同時還應對症治療，如發熱時給予服用退熱劑，咳嗽應給予化痰止咳藥物，對重症肺炎應及時到醫院進行相應的住院治療。

對感染肺炎的孩子，家長要細心、仔細，注意孩子的體溫和呼吸的情況，讓孩子多休息。在飲食上要吃易消化、高熱量和富有維生素的食物，以軟的食物最好，有利於消化道的吸收。房間內不要太乾燥，孩子要適當地飲水，以稀釋痰液，有利於痰的排出。

痊癒後，特別要注意預防上呼吸道感染，否則易反覆感染。加強運動，鼓勵孩子多到戶外活動；到戶外活動時，注意適當增加衣服。流行性上感冒時，不要帶孩子到公共場所去。家裡有人感染感冒時，不要與孩子接觸。

◆先天性梅毒

先天性梅毒為母體內的梅毒螺旋體經血液通過胎盤而感染給胎兒的疾病。根據發病年齡不同分為早期先天性梅毒及晚期先天性梅毒。

早期先天梅毒在寶寶出生後兩歲以內發病。以皮膚鬆弛蒼白，有皺紋如老人貌，體重增長緩慢，哭聲低弱嘶啞等全身症狀為特點，常伴有低熱、貧血、肝脾腫大、淋巴結腫大及禿髮等。

皮膚黏膜損害為最常見，其形態如斑丘疹、丘疹、水皰或大膿皰等。如果新生兒有一期梅毒（硬下疳）發生，則為分娩時通過有梅毒感染的產道所致。

晚期先天梅毒通常在寶寶出生後兩歲以上發病。其傷害性質與後天梅毒的三期傷害相似，以對皮膚、黏膜、骨骼及內臟等的傷害為表現。

眼部病變最多，占80%左右，主要為角膜炎，其次為脈絡膜炎等。其他病變如神經性耳聾、肝脾腫大、關節積液、脛骨骨膜炎及指炎等。

此病主要是要控制孕婦的妊娠期梅毒，進行孕前檢查，以便寶寶的先天性梅毒發生率降至最低。

◆尿道下裂

尿道下裂是一種尿道發育畸形，即尿道開口在陰莖腹側正常尿道口近端至會陰部的途徑上，是幼兒泌尿生殖系統最常見的畸形之一，發病率為1／300。

尿道開口異常；陰莖向腹側屈曲畸形；陰莖背側包皮正常而腹側包皮缺乏；尿道海綿體發育不全，從陰莖系帶部延伸到異常尿道開口，形成一條粗的纖維帶是此病的四大解剖學基本特徵。

矯治僅限於手術治療。但龜頭型無病性勃起，因爲有良好的尿柱且維持正常的方向，則順其自然不需矯治。然而50%這類的病人尿道口狹窄，影響排尿，則僅需施尿道口切開術。一言以蔽之，除冠狀溝型尿道下裂可做可不做手術外，其餘各型必須手術矯正。

進行手術的目的主要是：矯正下屈畸形，需切除陰莖腹側纖維素，完全伸直陰莖；尿道成形並使其開口位置盡可能接近正常。

應該明確的是，儘管在尿道下裂的手術治療上已經有了非常大的進步，但無論從醫生的角度還是患兒或其父母的角度，尿道下裂的治療結果遠不如人意。

◆嬰幼兒缺鐵性貧血

缺鐵性貧血是嬰幼兒常見的疾病，主要發生在6月至3歲的嬰幼兒。此病的主要特點有小細胞低色素性、血清鐵和運鐵蛋白飽和度降低、鐵劑治療效果良好等。現在，各種營養缺乏症都已明顯減少，但缺鐵性貧血仍是常見的威脅嬰幼兒健康的營養缺乏症。

此病多在6個月至3歲發病，大多起病緩慢，開始多不爲家長所注意，致就診時多數病兒已發展爲中度貧血。在開始的時候常有煩躁不安或精神不振、不愛活動、食慾減退、皮膚黏膜變得蒼白，以口唇、口腔黏膜、甲床和手掌最爲明顯等症狀。

造血器官方面會出現肝、脾和淋巴結經常輕度腫大的表現。年齡越小，病程越久，則肝脾腫大越明顯，但腫大很少越過中度。

除造血系統的變化外，缺鐵對代謝也有影響。由於代謝障礙，可出現食慾不振、體重增長緩慢、舌乳頭萎縮、胃酸分泌減低及小腸黏膜功能紊亂等。

此病的治療以補充鐵劑和去除病因為主。鐵劑是治療缺鐵性貧血的特效藥，其種類很多，一般以口服無機鹽是最經濟、方便和有效的方法。

一般採用二價鐵，因為二價鐵比三價鐵容易吸收，常用的有硫酸亞鐵、富馬酸亞鐵。

對於嬰兒來說，為方便服用，多配成2.5%硫酸亞鐵合劑溶液。服藥最好在兩餐之間，既減少對胃黏膜的刺激，又利於吸收。應避免與大量牛奶同時服用，因牛奶含磷較高，會影響鐵的吸收。

多數發病的原因是飲食不當，故必須改善飲食方式。有些輕症病人僅憑改善飲食即可治癒。在改善飲食時，應先根據嬰幼兒的年齡給予合適的食物。一般在藥物治療開始數天後，臨床症狀便好轉了，可逐漸添加副食品，以免由於增加食物過急而造成消化不良。

1歲左右的嬰兒可加蛋類、菜泥、肝泥和肉末等。幼兒與兒童必須矯正偏食，給予富含鐵質、維生素C和蛋白質的食物。

此病預後良好，經用鐵劑治療，一般皆可痊癒，若能改善飲食，去除病因，極少復發。

對於極重症患者，有時因搶救不及時，可能造成死亡。合併嚴重感染及消化不良常為致命的原因。對於治療較晚的病童，貧血雖然完全恢復，但形體發育、智力發育都將受到影響。

◆新生兒巨結腸症

新生兒巨結腸症又稱腸道無神經節細胞症，是由於直腸或結腸遠端的腸道持續痙攣，糞便淤滯近端結腸，使該腸肥厚、擴張，是嬰幼兒常見的先天性腸道畸形。

患兒會在出生後1～6天內發生急性腸阻塞，90%病例於出生時無胎便排出或只排極少胎便。胎便排出後，症狀即緩解，數日後便祕症狀又重複出現。80%病例表現腹部脹滿，嚴重腹脹病例，腹部可見腸形。60%病例出現嘔吐、腹脹，便祕嚴重，嘔吐頻繁。

腸穿孔是最嚴重的併發症，是病童結腸內長期瀦留大量糞便，腸壁循環不良及細菌而引起。另外，新生兒腸壁薄，腸腔內壓力增高，承受壓力最大的部分最容易造成穿孔。

新生兒巨結腸症常採用保守治療或者手術治療。保守療法的目的是爲解除腹脹、便祕給病兒帶來的痛苦，如採用擴肛，溫生理食鹽水清潔灌腸等。灌腸時應爲病兒保暖，防止繼發肺部併發症。

在新生兒巨結腸症早期，最好的辦法是做結腸造瘻術，待1歲左右再行根治術。其適應症爲全身情況差，以及營養不良的病例。造瘻後，注意保護造瘻口周圍皮膚清潔、乾燥，臥位舒適、保暖。

◆風疹

風疹是兒童常見的一種呼吸道傳染病。由於風疹的疹子來得快，去得也快，如一陣風似的，「風疹」也因此得名。

風疹病毒在體外存活力很弱，傳染性強。一般是透過咳嗽、談話或噴嚏等方式傳播。多見於1～5歲兒童，6個月以內嬰兒因有來自母體的抗體獲得抵抗力，很少發病。一次得病，可終身免疫，很少再患。

此病從接觸感染到症狀出現，要經過14～21天。在開始的1～2天症狀很輕，會出現低熱或中度發熱，輕微咳嗽、乏力、胃口不好、咽痛和眼發紅等輕度上呼吸道症狀。

在發熱1～2天後會出現皮疹，先從臉頸部開始，在24小時蔓延到全身。出疹後第二天開始，臉部及四肢皮疹可變成針尖樣紅點，如猩紅熱樣皮疹。一般在3天內迅速消退，留下較淺的色素沉著。

在出疹期體溫不再上升，病童常無疾病感覺，飲食嬉戲如常。風疹與痲疹不同，風疹全身症狀輕，無痲疹黏膜斑，伴有耳後、頸部淋巴結腫大。

患童應及時隔離治療，隔離至出疹後1周。應臥床休息，給予維生素及富有營養、易消化食物，如菜末、肉末、米粥等。

注意皮膚清潔衛生，防止細菌繼發性感染。風疹併發症很少，常見的有腦炎、心肌炎、關節炎、出血以及肝、腎功能異常等，一旦發生，應及時治療。

此病需要加強護理，保持室內空氣新鮮並加強營養。在治療方面，主要採用支持療法，對症治療。可酌情給予退熱劑，止咳劑及鎮痛劑。

◆扁平足

扁平足主要是由於某些原因致使足骨形態發生異常、肌肉萎縮、韌帶攣縮或慢性勞損造成足縱弓塌陷或彈性消失所引起的足痛。

在扁平足的初發期，足弓外觀無異常，但行走和勞累後會感覺足底疲勞和疼痛，小腿外側踝部時感疼痛，足底中心和腳背會有腫脹，局部皮膚發紅，足部內翻輕度受限。站立時，足扁平，足外翻。經休息後，症狀可消失。嚴重者，會出現足部僵硬，活動明顯受限。即使經較長時間休息，症狀也難以改善。部分病人會繼發腰背痛及髖、膝關節疼痛。

扁平足的併發症通常是在青春期以後才會發生。由於體重和活動量的急劇增加，使得足部的軟組織反覆地受到過量的負荷，因而產生慢性足部肌肉拉傷、肌腱炎、足底筋膜炎、蹠痛等併發症。嚴重者還會引起骨性關節炎。

大多數病人，不需藥物治療，主要進行足內、外在肌功能鍛鍊爲主；極少數病人需行手術治療者，但此病一般不採用手術治療，它有一定的風險；可使用矯形鞋或者足弓墊。

扁平足患者不宜穿有跟的鞋，包括中跟鞋和高跟鞋。鞋跟具有力學功能，可以使重力線由腳跟向前移動，增加足弓和前腳的壓力，高跟鞋所造成的足病多發就是這個原因，而中跟鞋的作用也是一樣的，扁平足患者應特別注意。

◆苯丙酮尿症

苯丙酮尿症是一種常見的氨基酸代謝疾病，是由於苯丙氨酸代謝途徑中的酶缺陷，使得苯丙氨酸不能轉變成爲酪氨酸，導致苯丙氨酸及其酮酸蓄積並從尿中大量排出，屬常染色體隱性遺傳病。

該病的主要臨床表現爲智能低下、驚厥發作和色素減少。患兒在出生時正常，隨著喝奶以後，一般在3～6個月時，即會出現症狀，1歲時症狀明顯。患兒在早期可有神經行爲異常如興奮不安、好動或嗜睡、委靡，少數呈現肌張力增高、肌腱反射亢進，約有1／4的患兒會出現驚厥，繼之智力發育落後日漸明顯。

因黑色素合成不足，患兒在生後數月毛髮、皮膚和虹膜色澤變淺。皮膚乾燥，有的常伴有濕疹。

此病最突出的特點是：由於尿和汗液中排出苯乙酸，呈特殊的鼠尿臭味。

此病爲少數可治性遺傳性代謝疾病之一，上述症狀經飲食控制治療後可逆轉。但智力發育落後難以轉變，只能早期診斷治療，以避免神經系統的不可逆損傷。由於患兒早期無症狀不典型，必須借助實驗室檢測。

診斷一旦明確，應儘早給予積極治療，主要是飲食療法，患兒需要低苯丙氨酸飲食。除控制飲食外，還可使用藥物治療。開始治療的年齡愈小，效果愈好。

對於此病的預防，首先要免近親結婚，並且做新生兒篩檢，以便早期發現、早期治療。對有此病家族史的孕婦必須採用DNA分析或檢測羊水等方法對其胎兒進行產前診斷。

◆單純皰疹性角膜炎

單純皰疹性角膜炎是最常見的感染性角膜病，近年來發病率有明顯增多的趨勢，在角膜病致盲中已上升爲首位。

此病多爲原發性感染後的復發，原發性感染常發生於幼兒，表現爲唇部皰疹、皮膚皰疹或急性濾泡性結膜炎。原發感染後病毒潛伏在三叉神經節內，一旦身體抵抗力下降，如感冒、發燒、疲勞、局部用皮質類固醇及創傷刺激之後，病毒活化，引起多種形式的角膜炎，並易反覆發作。

此病在發病前常有感冒或發熱史；患者會出現畏光、流淚、異物感、眼痛、視力下降等症狀；角膜會出現樹枝狀或珊瑚狀潰瘍，潰瘍繼續加深的話會形成地圖狀角膜炎；若出現角膜中央區混濁水腫，上皮基本完整，被稱爲盤狀角膜基質炎。

此病的治療主要以抗病毒、預防感染、清創、散瞳、手術等方法爲治療原則

◆淋巴結腫大

由於淋巴組織尤其是淋巴結在1歲以內發育很快，因此，健康的寶寶在身體的淺表部位如耳後、頸部、頜下、腋窩、腹股溝等都可能摸到淋巴結。

但這些部位的淋巴結正常一般不超過黃豆大小，以單個爲多，質地柔軟，可在皮下滑動，無痛感，與周圍組織不粘在一起。但是不應在頦下、鎖骨上窩及肘部觸及淋巴結。

由於淋巴結能製造血液中的淋巴細胞，而這些淋巴細胞有防禦細菌的作用，所以在一些異常情況下，如臨近的組織或器官遭受細菌襲擊，淋巴結就會主動防禦細菌侵襲，因而變得異常腫大。這種腫結除了比正常的淋巴結明顯增大之外，觸壓時還會感覺疼痛。可以根據腫大的淋巴結所在的位置，來推測可能出現的疾病。一般來說，可能引起淋巴結腫大的疾病有：

1. 細菌感染：如口腔、臉部等處的急性炎症，常引起下頜淋巴

結的腫大，腫大的淋巴結質地較軟、活動度好，一般可隨炎症的消失而逐漸恢復正常。

2. 病毒感染：麻疹、傳染性單核細胞增多症等都可引起淋巴結腫大。有時淋巴結腫大具有重要的診斷價值，如風疹，常引起枕後淋巴結腫大。

3. 淋巴結結核：以頸部淋巴結腫大爲多見，有的會破潰，有的不破潰，在臨床上有時與淋巴瘤難以鑒別。確診方法是多次、多部位地做淋巴結穿刺、抹片和活體組織檢查，並找出結核原發病灶。

4. 淋巴結轉移癌：這種淋巴結很硬，無壓痛、不活動，特別是胃癌、食道癌患者，可觸摸到鎖骨上的小淋巴結腫大。乳腺癌患者要經常觸摸腋下淋巴結，以判斷腫瘤是否轉移。

5. 淋巴瘤：淋巴結腫大以頸部多見。淋巴瘤是原發於淋巴結或淋巴組織的腫瘤，同時有一些淋巴結以外的病變，如扁桃腺、鼻咽部、胃腸道、脾臟等處的損傷。

6. 白血病：該病的淋巴結腫大是全身性的，但以頸部、腋下、腹股溝最明顯。除淋巴結腫大外，病人還有貧血、持續發熱，血液、骨髓中會出現大量未成熟的白血球等表現。

7. 紅斑性狼瘡等結締組織疾病和過敏：這些疾病也會導致淋巴結出現不同程度的腫大。

大多數嬰幼兒淋巴結腫大都是由於病毒引起的，只要做出回應的消炎等治療就可以痊癒。如果在治療過程中出現藥物過敏，就要立即停藥，直到過敏症狀緩解消失。

◆唐氏症

唐氏症是幼兒染色體病中最常見的一種，活嬰中發生率約1／（600～800），母親年齡愈大，此病的發病率愈高。60%患兒在胎兒早期即夭折流產。由於最具代表性的是第21對染色體的三體現象，所以唐氏症候群也被稱爲21——三體症候群。

此病患兒的主要特徵爲智能低下、體格發育遲緩和特殊面容。患兒眼距寬，鼻樑低平，眼裂小，眼外側上斜，外耳小，舌常伸出口外，流涎多；身材矮小，頭圍小於正常，骨齡常落後於年齡，出牙延遲且常錯位；頭髮細軟而較少；四肢短，由於韌帶鬆弛，關節可過度彎曲，手指粗短，小指向內彎曲。皮膚紋理特徵有：通貫手，腳拇指球脛側弓形紋和第5指只有一條指褶紋等。

此病基本上沒有相應的治療方法。在無法進行外科治療的幾十年前患者平均壽命只有20歲左右，現在如果對其併發的畸形進行治療便能保持患者的身體健康狀態，而且平均壽命已經增加到50歲左右。對於此病，最重要的在於預防，要避免近親結婚並且做好婚前檢查，爭取在嬰兒出生前做好篩檢工作。

嬰幼兒常見的心理疾病

◆咬指甲

咬指甲是兒童期常見的一種不良習慣，多見於3～6歲兒童，男女均可發病。咬指甲也稱咬指甲症或咬指甲癖，是指反覆咬指甲的行爲。多數兒童隨著年齡增長咬指甲行爲可自行消失，少數頑固者可持續到成人。

此病與孩子精神緊張有關。在生活節奏改變，諸如離家、入學的時候；或者生理狀況改變，諸如發燒、生病的時候；孩子特別容易出現緊張焦慮。

另外，有些孩子則是模仿他人而形成的這種習慣。一般說來，具有敏感、內向、焦慮特質的孩子比較容易形成這種習慣。

這種病症的表現主要就是咬指甲，但是是反覆的咬指甲。輕者僅僅是啃咬指甲，嚴重者可將每個指甲咬壞，甚至咬壞指甲周圍的皮膚。

有些特別嚴重的孩子甚至會出現啃咬腳趾甲，甚至頑固者會出現夜間咬指甲的行爲。部分兒童還伴有其他行爲問題，如睡眠障礙、過動、焦慮、緊張不安、抽動障礙、吸吮手指、挖鼻孔等。

對於此病的治療目前沒有較好的藥物，主要要靠家長的教育來預防。首先預防和治療的關鍵是要消除造成幼兒緊張的一切因素。父母對幼兒應該以鼓勵爲主並耐心說服教育，調動幼兒克服不良習慣的積極性。多讓幼兒參加娛樂活動，轉移其注意力。

當孩子出現咬指甲時，家長要分散孩子的注意力，養成孩子良好的衛生習慣，經常修剪指甲。若咬指甲的次數過於頻繁可到醫院進行矯正，一般可由醫生根據患兒具體情況設計出治療方案，一般都會使用行爲矯治療法如強化法、消退法、厭惡法等常能收到良好的效果。由家長協助實施，同時給予支持性心理療法。行爲療法的效果取決於醫生、家長和患兒三方面的密切配合，並要持之以恆。另外，用苦味劑或者辣味劑塗抹指甲強制解除的效果比較差。

◆過動症

調皮、活潑、好動是孩子的天性，但是如果孩子的身體活動比同齡人多且自制能力差，不能安靜下來，就要提防你的寶寶是不是「過動症」了。

過動症是兒童時期常見的行爲問題。本症有兩大主要症狀，即注意力障礙和活動過度，可伴有行爲衝動和學習困難。通常起病於6歲以前，學齡期症狀明顯，隨年齡增大逐漸好轉。部分病例可延續到成年。

注意力障礙爲本症最主要的表現之一。患兒主動注意力減退，被動注意力增強，表現爲注意力不集中，上課不能專心聽講，易受環境的干擾而分心。

活動過度爲另一常見的主要症狀。表現爲明顯的活動量增多，過分地不安靜，來回奔跑或小動作不斷，在教室裡不能靜坐，常在座位上扭動，或站起，嚴重時離開座位走動，或擅自離開教室。話多，喧鬧，插嘴，惹是生非，影響課堂紀律，以引起別人注意。喜觀玩危險的遊戲，常常遺失東西。

過動症一般來說有兩種類型：一是持續性好動。患兒的好動性行為見於學校、家中等任何場合，常較嚴重。二是境遇性好動。好動行為僅在某種場合（多數在學校），而在另外的場合（家中）不出現，各種功能受損較輕。

但是，並不一定孩子好動，就是染上了過動症。過動症患兒與孩子頑皮的個性有著四點本質上的區別。

首先是在注意力方面，調皮的孩子對感興趣的事物能聚精會神，而過動症孩子不管做什麼都會心不在焉並且會半途而廢，頻繁的變換正在做的事情。

其次是在控力方面，調皮的孩子在陌生的環境裡和特別要求下能約束自己，可以靜坐，而過動症孩子在任何環境裡都無法靜坐，並且不管怎麼樣的要求都無法約束自己。

再次是在行為活動方面，調皮的孩子好動行為一般有原因、有目的，而過動症孩子的行為多具有衝動性，缺乏目的性。

最後是在生理方面，調皮的孩子思路敏捷、動作協調、沒有記憶辨認的缺陷，而過動症孩子則有明顯不足。

過動症實際上是指注意力缺陷多動障礙，以注意力缺陷（通俗而言是易分心、不專心）、好動及衝動為核心症狀。有的孩子以注意力缺陷為主，有的以好動、衝動為主，更多的則是三者並存。

所以有些並不好動的孩子也可能患有過動症，這樣的孩子表現為平時看上去很文靜，但注意力總是很難集中，容易分心，學習困

難，做事拖拉，粗心大意，久而久之，易產生自卑、消極心理，出現厭學、翹課、說謊等行為。當孩子出現上述種種行為跡象的話，家長應多加留意，孩子是否有過動症的可能。

對過動症的治療，主要是採取心理治療。主要針對兒童的情緒、親子關係、人際交往、自我認知等方面展開，對兒童適應社會、發展自我是很有幫助的。在這裡面可以使用行為主義療法來控制孩子的行為，並輔以感覺統合訓練和音樂療法效果會更好。

◆自閉症

自閉症是一個醫學名詞，又稱孤獨症，被歸類為一種由於神經系統失調導致的發育障礙，其病徵包括不正常的社交能力、溝通能力、興趣和行為模式。自閉症是一種廣泛性發展障礙，以嚴重的、廣泛的社會相互影響和溝通技能的損害以及刻板的行為、興趣和活動為特徵的精神疾病。

幼兒的自閉症是現代社會中發病率越來越高、越來越為人所重視的一種由大腦、神經以及基因病變所引起的症候群。主要的症狀表現為社會交往和語言交往障礙，以及興趣和行為的異常。

兒童自閉症其常見的病因及影響因素包括遺傳因素、腦器質性病變、社會心理因素等。兒童孤獨症起病年齡早、症狀特殊、尚無有效的治療方法，所以至今也沒有完全得到治癒的病例。

目前比較一致的觀點認為其關鍵在於早期發現、早期治療，透過行為治療和特殊教育訓練等方法，來提高他們在日常生活中自理、認知、社會交往及適應社會的能力。臨床上比較有效的具體治療方法有行爲療法、結構化教育、語言訓練等。

根據全世界的統計，自閉症的發病率大約爲萬分之五。一般而言，患有自閉症的兒童在三歲前會出現一些基本特徵，主要包括對外界事物不感興趣，不大察覺別人的存在；未能掌握社交技巧，缺乏想像力；語言發展遲緩有障礙，對語言理解和非語言溝通有不同程度的困難；在日常生活中，堅持某些行事方式和過程，拒絕改變習慣和常規，並且不斷重複一些動作；興趣缺乏，會極度專注於某些事物，或對事物的某些部分或某些特定形狀的物體特別感興趣。但是自閉症的兒童也會有非常獨特的特長，諸如記憶力超群，並且在自己感興趣的東西上會有卓然的表現。

一般說來，孤獨症患兒的預後好壞與發現疾病徵兆的早晚、疾病的嚴重程度、早期言語發育情況、認知功能、是否伴有其他疾病、是否用藥、是否接受過訓練等多種因素有關。

心理學研究發現，孤獨症實質上的損害是認知障礙，表現在早期的分享性注意和扮演行爲上。分享性注意是指與他人共同分享對某種事物的興趣，當孤獨症面對一種事物時不是與他人分享興趣，而是要得到它，這種障礙是孤獨症的早期症狀之一。不會進行扮演性遊戲也是孤獨症的早期表現之一。如果能早期發現症狀，進行早期診斷、早期治療無疑會對預後產生積極而有效的影響。

◆強迫症

強迫症是以強迫觀念和強迫動作爲主要表現的一種精神症狀。以有意識的自我強迫與有意識的自我反強迫同時存在爲特徵，患者明知強迫症狀的持續存在毫無意義且不合理，但卻無法克制的反覆出現，愈是企圖努力抵制，愈是感到緊張和痛苦。病程遷延者會以儀式性動作爲主要表現，雖精神痛苦顯著緩解，但其社會功能已嚴重受損。

兒童強迫症是強迫症的一類，是一種明知不必要，但又無法擺脫，反覆呈現的觀念、情緒或行爲。在兒童時期，強迫行爲多於強迫觀念，年齡越小這種傾向越明顯，本症多見於10～12歲的兒童，患兒智力大多正常。

兒童強迫症常見的症狀包括：強迫計數即強迫自己數路燈、數電線杆等；強迫性潔癖即所謂的潔癖，包括反覆洗手、反覆擦桌子、過分怕髒等；強迫性疑慮即反覆檢查，總怕家裡出問題或發生不幸，變得特別焦慮；以及強迫性觀念，即反覆回憶往事，思維經常糾纏在一些缺乏實際意義的問題上而不能擺脫。

一般來說，這類孩子對自己的強迫行爲並不感到苦惱和傷心，只不過是刻板地重複強迫行爲而已。如果不讓這類孩子重複這些強迫行爲，他們反而會感到煩躁、焦慮、不安，甚至發脾氣。

值得注意的是，在正常的生長發育階段，孩子也時常出現一些強迫行爲，如走路數格子，不停地整理自己的手帕，疊被褥要角對角，把毛巾反覆鋪平、擺正等等，但他們沒有痛苦感，這些強迫行爲也不會影響到他們的日常生活，更不會因爲無法克制而導致焦慮，並且會隨著時間的推移自然消失，不應該視爲病態。

如果孩子在很小的時候特別愛鑽牛角尖，對自己要求完美，如果再加上一直做重複的事情而不能接受變化，一點兒都不能通融，那麼家長就要注意了，這就很可能是強迫症的前兆。

心理學家指出，孩子染上強迫症與一些家長在日常生活中對兒童的教育不當有關。這些家長對孩子管教過分苛刻，要求子女嚴格遵守規範，決不准許其自行其是，造成孩子生怕做錯事而遭到父母懲罰的心理，從而做任何事都思慮過多，優柔寡斷，過分拘謹和小心翼翼，逐漸形成經常性緊張、焦慮的情緒反應。

在與人交往中過分嚴肅、古板、固執，在生活上過分強求有規律的作息制度和衛生習慣，一切都要求井井有條，甚至書櫃內的書、抽屜內的物品、衣櫃裡的衣服都要求排列整齊有序、乾乾淨淨。他們爲此經常需花費時間整理，而影響其他工作的完成和個人的休息，顯得效率很低。

專家建議，對於患強迫症的兒童，除了儘快到醫院請醫生進行診治之外，還可在日常生活中幫助孩子進行自我矯正。主要依靠減輕和放鬆精神壓力，最有效的方式是任何事順其自然，不要對孩子做過的事進行評價，要讓他們學會自己調整心態，增強自信，減少不確定的感覺。孩子在經過一段時間的訓練和自我意志的努力，會逐步建立自信，強迫的症狀也會逐步消除。

在這裡，我們爲家長們提供一些小對策來處理早期的強迫症：

1. 如果孩子屬於完美主義者，家長要注意多與孩子溝通，以更寬容的態度對待他們，儘量讓他們把自己所感受到的壓力釋放出來。在這裡我們建議父母們多看一些與心理學和科學育兒有關的書籍。

2. 多鼓勵孩子，讓他們對自己有一個正確的評價。不要給孩子設定太高的目標，多用鼓勵的語氣與孩子說話，以增加他們的自信。

3. 家長要避免自身的焦慮情緒，儘量放鬆自己，學會放手讓孩子去做力所能及的事，做得不好時也不要苛責。其實孩子是可以感受到家長的焦慮情緒的。因爲在我們說話或者做事的同時，不經意間這種情緒就會顯露出來，而孩子的感受性是很高的。小孩子都存在這樣一種無意識心理，即認爲父母之間的矛盾、父母的不滿情緒都是由自己引起、造成的。

◆憂鬱症

憂鬱症是一種常見的精神疾病，主要表現爲情緒低落，興趣減低，悲觀，思維遲緩，缺乏主動性，自責自罪，飲食、睡眠差，擔心自己患有各種疾病，感到全身多處不適，嚴重者可出現自殺念頭和行爲。

在一般人的觀念中，憂鬱症都是和成年人，尤其是白領、工作壓力大、社會壓力大的人有關的；跟「無憂無慮」的孩子是絕緣的。

其實，這種想法是錯誤的，孩子也會得憂鬱症。研究人員表示，兒童周遭的環境發生巨大變化的時候，兒童的心理就會產生很大的壓力，如果不及時對其心理進行調適，這些兒童會因這些消極影響的日漸深入而出現憂鬱症的前期症狀。例如在一個父母離異的家庭裡，與母親生活在一起的孩子會經常思念如今已不在身邊的父親。這種家庭的不平衡狀態有可能使得孩子變得孤僻起來，不願與其他小夥伴一起玩，寫作業時也不能做到注意力集中。這樣的兒童通常食慾欠佳，對自己也總是不滿意。

當然了，兒童憂鬱症還跟孩子本身的易感因素有關。那些敏感的孩子在環境巨變或者環境焦慮的時候，患憂鬱症的可能性會比一般孩子高。有些學者認爲急性憂鬱症兒童發病前個性多爲倔強、違拗，或爲被動——攻擊性人格；慢性憂鬱症則發病前多表現無能、被動、糾纏、依賴和孤獨，既往常有憂鬱發作史；隱匿性憂鬱症患兒發病前會有強迫性格和癔症性格的特徵。

研究人員表示，提高家長對兒童憂鬱症的認識十分重要，因爲家長一般容易將孩子的憂鬱症病狀歸咎於日常發生的具體事情，往往喜歡說「過一段時間就會好的」。

家長要學會識別孩子身上出現的一些憂鬱症症狀，如孩子突然出現了尿床現象、睡不好覺、半夜起來在屋裡徘徊、老說肚子疼或頭疼，或老說一些想離家出走的話等。對於年齡大一些的孩子，他們還會做出一些比較冒險的行爲。

此外，兒童憂鬱症患者也有著一些與成人憂鬱症患者相同的症狀，如情緒持續低落、愛發脾氣、沒有力氣、對周圍的事物提不起興趣、總愛往壞處想、食慾差和睡不好覺、注意力集中不起來等。

如果孩子連續兩周出現5個上述症狀，家長就應及時帶孩子到醫院就診。

◆選擇性緘默症

早在1877年，有一個叫做Kussmaul的醫生發表了一種以患兒有說話能力，但在一些情況下不能說話爲特點的臨床功能障礙，命名爲Voluntaria，強調患者自發地不說話，這種功能障礙就是選擇性緘默症。

選擇性緘默症，是指言語器官無器質性病變、智力正常、並已經獲得了語言功能的兒童，在某些精神因素的影響下，表現出頑固的沉默不語現象。此症被認爲是幼兒精神官能症的一種特殊形式，多在3～5歲時發病。兒童癔症、精神分裂症、兒童孤獨症及智力低下等神經精神性疾病也可伴沉默不語症狀，但不屬此症。

選擇性緘默症是一種少見疾病，1994年美國心理學會推測的臨床選擇性緘默症患兒不足兒童總數的1%，一些研究顯示選擇性緘默症的女孩患者稍多於男孩，比例爲2：1。

兒童緘默症是讓家長十分頭痛的心理疾病，主要表現是：有的兒童在一些場合，比如聚會或是陌生人較多的場合會表現得十分沉默。他們不會主動和別人說話，當有人和他們說話的時候，也表現得很冷漠，常常只用一兩個字來回答，如：是、不是、可以、不要、知道了等，或者只是用點頭搖頭來表達他們的想法和意圖。更有甚者只會用字條來傳遞消息。

家長們通常認爲這是孩子過於內向的表現，但事實上，這是一種非常嚴重的兒童心理疾病。

心理學研究表明，此病的主要原因是由於家庭環境不好，父母教育不當或者溝通不良，和同齡人接觸較少或者缺乏同齡的朋友以及缺乏自信等。

如何預防兒童選擇性緘默症呢？心理專家給了我們一些建議：

1. 創造良好的家庭環境

作爲父母要努力爲孩子創造一個良好、溫馨的家庭環境，不要讓孩子生活在恐懼和緊張之中，解除孩子的心理壓力和困擾，讓孩子在一個有良好家庭氛圍的環境中健康成長。

2. 鼓勵孩子多結交同齡的朋友

要知道每一個人都需要朋友，孩子也不例外。如果一個孩子長時間的獨處，沒有玩伴和朋友，其心理就會發生很大的變化。並且這些朋友最好是同齡的。因爲同齡的朋友在一起才會有更多的話題，玩起來才能更加的滿足孩子的玩性，並且調動孩子的主動性和積極性。

3. 適當的教育和引導

對於已經患有兒童緘默症的孩子來說，適當的教育和引導就顯得十分重要。當孩子開始和自己的家人說話，或許開始的時候只是比原來多說了幾個字，但這也是很大的突破和跨越。這時父母一定要善於把握時機，多多引導孩子，讓孩子有進一步的改善和進步。在這個時候切不可對孩子發火或者發脾氣，因爲這樣的話會讓孩子更加退縮從而加重病情。而有的時候孩子的病情容易出現反覆，這時父母一定不要氣餒和放棄，要有信心和耐心，繼續引導孩子，爭取讓孩子早日擺脫疾病的困擾。

4. 多肯定孩子的成就並經常鼓勵他們

想要讓孩子擁有健康的心理和正常的成長，並且擺脫這種兒童緘默症的困擾，父母要記得經常對孩子進行有益的暗示。當孩子取得一些成績的時候，哪怕只是很小的成績也要肯定他並鼓勵孩子下次可以做得更好。

造成兒童緘默症產生的原因有一部分是由於孩子缺乏自信心而導致的，所以父母應經常用一些積極的話語去鼓勵孩子，使父母的期望轉變爲孩子的進取心和自信心，就能夠逐漸培養孩子樂觀向上的性格和豁達開朗的心態。

◆遺尿症

兒童遺尿症，是指5歲以上的孩子還不能控制自己的排尿，夜間常尿濕自己的床鋪白天有時也有尿濕褲子的現象。

遺尿症在兒童時期較常見，據統計，4歲半時有尿床現象者占兒童的10%～20%，9歲時約占5%，而15歲仍尿床者只占2%。此病多見於男孩，男孩與女孩的比例約爲2：1。6～7歲的孩子發病率最高。

遺尿症的患兒，多數能在發病數年後自癒女孩自癒率更高，但也有部分患兒，如未經治療，症狀會持續到成年以後。

引起遺尿症的原因目前尚不確定，但是總體來說與遺傳、睡眠過深、膀胱功能成熟延遲、精神緊張以及某些疾病有關。

30%遺尿孩子的爸爸和20%遺尿孩子的媽媽，在小時候也曾有過遺尿症。反過來講，爸爸媽媽均有遺尿史，他們兒子有40%會遺尿，他們的女兒有25%也患此病。

如果孩子在睡前玩得比較累，那麼在睡眠時就會睡得比較深、不易喚醒，或者睡前飲水較多，就會出現尿床，此類情況的尿床大多出現在夢境中。

有些患遺尿症的幼兒的膀胱容易較正常孩子小，這些孩子平時排尿次數相對較多，但尿量不多。這是由於膀胱內的尿液沒有多少，它就收縮排尿了。

由器質性疾病引起遺尿的情況並不多見。泌尿系統感染、畸形以及脊柱裂、腦脊膜膨出等可引起遺尿。另外，無症狀性細菌尿和高鈣尿也會引起遺尿。還有一些精神因素，諸如家庭不和、慘遭虐待、升學考試之前等，也會出現尿床。

遺尿的兒童大多數具有膽小、被動、過於敏感和易於興奮的性格特點。此外，遺尿患兒會因爲遺尿，自己感到不光彩，不願讓別人知道，因此不喜歡與其他孩子多接觸，亦不願參加團體活動，而逐漸形成羞怯、自卑、孤獨、內向的性格。

注意孩子的大小便訓練是預防遺尿症的主要措施。訓練時間最好在孩子滿1歲半之後開始，因爲如果過早，孩子的神經系統還沒有發育成熟，很有可能因爲控制失敗而打擊孩子的自信心。

另外還要注意不要讓孩子過於疲勞，睡前少喝水以及少進食過鹹與過甜的食物。因爲過鹹和過甜的食物會增加孩子的飲水量，從而導致孩子在熟睡中尿床。同時家長應該多鼓勵孩子，並提醒孩子夜間起床排尿，切勿因遺尿而懲罰或責備孩子。

◆抽動症

有些孩子喜歡不分場合的頻繁眨眼、皺眉、抽動嘴巴、搖頭聳肩扮各種怪相，有時還伴有脖子抽動。如果你的寶寶出現了上述行爲，千萬不要誤以爲是孩子染上了壞習慣而大聲制止或發出警告，更有甚者棍棒相加。事實上正是這種主觀判斷上的錯誤耽誤了孩子的治療，因爲很可能孩子染上了「抽動症」。

抽動症和過動症一樣，也是一種常見的兒童行爲障礙，發病原因是由於兒童大腦單胺類神經傳遞物質失衡所造成的。

主要表現爲活動過多、自制力較差、注意力不集中、衝動任性；頻繁擠眉、眨眼、搖頭、撅嘴、聳肩、扭頸、有的喉中還會發出「吭吭、喔喔」的聲音，說髒話等。由於大多數家長缺乏對「過動症、抽動症」的認識，將其與孩子好動、調皮、不學好、染上壞習慣混為一談，採取聽之任之的態度或沒有選對治療方法，致使各種症狀伴隨著孩子成長，導致出現自尊心差，缺乏自信，情緒嚴重不穩、出現憂鬱、精神分裂、品行障礙和反社會人格等不良現象。

兒童抽動症多發生在兒童時期的運動性或發聲性肌肉痙攣，主要表現為不自主的、刻板的動作，例如頻繁的眨眼、做鬼臉、搖頭、聳肩、做出咳嗽聲、清嗓聲等。

現在多主張把病程在1個月到1年者稱為暫時性抽動障礙；病程在1年以上的稱為慢性抽動障礙。在慢性抽動障礙中，運動性抽動和發聲性抽動應不同時出現。

該病發病率約為1%～7%，有報告高達4%～23%者，多見於學齡前及學齡早期兒童。男性患者多於女性，比例約為3～4:1。一般可短時間內自癒或經治療而癒，頑固者可延數年，甚至延續到成人。

兒童抽動症的病因目前尚不明確，應該是多種因素相互作用的結果。某些神經質、膽怯、好動、情緒不穩定、對人對事敏感及有固執傾向者易得此病。而且本症常伴有不明原因的頭痛、腹痛及便祕、遺尿等，也因此推測兒童抽動症與兒童本身的體質因素有關。

根據調查研究顯示，在諸如對學習要求過度、責備過多、家庭不和、感情上受到忽視或環境中某些緊張氣氛等精神刺激因素較多的環境中，比較容易誘發此病。這些因素均可使幼兒產生矛盾心理，抽動行為即是心理上的矛盾衝突的外在表現。

另外，過分限制兒童的活動也可成為此病的誘因。另外，兒童的模仿行為以及某些腦部損傷也會出現抽動症的情況。

對此病的預防要避免對任何不良習慣的模仿，避免各種精神刺激，防治不良情緒的產生。

在治療方面我們推薦心理治療，應對父母說明此病性質，不要焦慮緊張，這樣可以消除由於父母緊張和過分關注造成的強化作用。

對兒童的抽動表現可採取不理睬的態度，使症狀逐步減弱消退。不要反覆不斷地提醒或責備孩子，否則會會強化孩子對抽動的興奮，使抽動更加頻繁。

應努力分散兒童的注意力，引導孩子參加各種有意義的活動。對患兒病前的心理因素應詳細分析，找出可能的誘因，然後予以解決，例如家庭矛盾的調整等。

◆夢遊症

夢遊症，是指睡眠中突然爬起來進行活動，而後又睡下，醒後對睡眠期間的活動一無所知。

夢遊症可發生在兒童的任何時期，但以5～7歲為多見，持續數年，進入青春期後多能自行消失。

在學齡期，偶有夢遊症的比例為15%，頻繁發生的比率為1%～6%。男多於女。同一家族內夢遊症發生率高，這說明夢遊症有一定的遺傳性。

夢遊症的症狀為一次或多次發作，起床夢遊通常發生於夜間睡眠的前三分之一階段；在發作中，個體表現茫然，目光凝滯，對他人的干涉或和其交談無反應，並且難以被喚醒；在清醒後對於夢遊症發作時的情況沒有記憶；儘管在最初從發作中醒來的幾分鐘之內，會有一段時間的茫然及定向感障礙，但並無精神活動及行爲的任何損害；無器質性精神障礙的證據。

造成夢遊症的原因一般認爲與心理因素有關，如日常生活規律紊亂，環境壓力，焦慮不安及恐懼情緒；家庭關係不和，親子關係欠佳，學習緊張及考試成績不佳等與夢遊症的發生有一定的關係；睡眠過深，由於夢遊症常常發生在睡眠的前1／3深睡期，故各種使睡眠加深的因素，如白天過度勞累、連續幾天熬夜引起睡眠不足、睡前服用安眠藥物等，均可誘發夢遊症的發生。另外還與遺傳與發育延遲等因素有關。

對夢遊症的治療大多採心理治療，諸如厭惡療法、精神宣洩法等，但是還要以預防爲主。

安排適當的作息時間，注意睡眠環境的控制，培養良好的睡眠習慣，日常生活規律，避免過度疲勞和高度的緊張狀態，睡前關好門窗，收藏好各種危險物品，以免夢遊發作時外出走失，或引起傷害自己及他人的事件。不在孩子面前談論其病情的嚴重性及其夢遊經過，以免增加患兒的緊張、焦慮及恐懼情緒。

◆拔毛癖

拔毛是兒童常見的一種不良習慣，其表現爲患兒喜歡或無緣無故、不可控制的拔除自己的頭髮，使頭部多處頭髮稀少，也見於拔眉毛或體毛，但不伴有其他精神症狀，智力正常。

有部分患兒可因此而出現焦慮或憂鬱的情緒。多見於學齡期兒童，男女均可發病，但女孩更爲多見。

拔毛癖是習慣和衝動控制障礙之一，特徵是衝動性的拔毛導致毛髮脫落，這不是對妄想或幻覺的反應。拔毛之前通常有緊張感增加，拔完之後有如釋重負感或滿足感。

拔毛癖病因不明，有的心理學家認爲與情緒焦慮、憂鬱有關，也有的心理學家認爲與母子關係處理不當有關。

另外有些兒童拔眉毛，拔上肢或臉部的汗毛。產生這一行爲多因愛美或模仿或好奇心驅使。

學習緊張的兒童，每當遇到難以解答的問題時，常會抓頭苦思冥想，漸漸形成每做一題就抓頭，以至把頭髮拔下的習慣。

拔毛癖診斷不難，但需注意排除精神病，如兒童精神分裂症、精神發育遲滯、兒童憂鬱症；身體疾病，如甲狀腺功能低下、缺鈣、斑禿，所造成的毛髮脫落。如有以上疾病，則以治療原發病爲主。

關於拔毛癖的治療，迄今尚無特殊療法。一般認爲，此病患兒隨年齡增加，長大後可以自癒。很少有家長認爲拔毛髮癖是行爲障礙，故較少有人因此而就醫。

若排出了精神病與身體疾病，則此病更適合運用心理治療。凡有心理障礙的患兒，應盡可能地去除可能的心理病因，解除緊張的情緒。對於有問題的患兒，除了進行心理治療外，還要加強家庭治療、行爲治療等。

◆分離性焦慮

有時候，父母會因爲種種原因不得不把孩子送入託兒所，而此時孩子們則會又哭又鬧、不肯去幼稚園或者緊緊拉著媽媽的衣服不放。這種現象其實是兒童的「分離性焦慮」。

兒童分離性焦慮是指6歲以下的兒童，在與家人，尤其是母親分離時，出現的極度焦慮反應。男女寶寶都有可能出現這種狀況，它與孩子的個性弱點和對母親的過分依戀有關。

分離性焦慮如果不加以重視和矯治，會影響寶寶以後的生活，如上學後很容易發生學校恐懼症、考試緊張症，甚至成年後出現急性或慢性焦慮症，阻礙心身的健康發展。

能引起分離性焦慮的原因主要有遺傳因素、親子過分依戀以及生活事件的影響。

患有分離性焦慮的寶寶平時一直與母親或固定的養育者待在一起，不與外界接觸。而母親則往往對孩子過於疼愛、過度保護，事事包辦、處處代勞，從而使孩子養成膽小、害羞、依賴性強、不能適應外界環境的個性弱點和對母親的過分依戀。一旦與母親突然分離，就容易出現分離性焦慮。並且在出現分離性焦慮之前，往往有生活事件作爲誘因，常見的生活事件爲與父母突然分離，在幼稚園受到挫折，不幸事故如親人重病或死亡等。

防治兒童分離性焦慮主要要做到擴大孩子的生活圈、培養孩子的生活自理能力、培養孩子的合群能力、做好入學前的準備工作以及創造良好的家庭環境，對於有嚴重焦慮症狀，而影響到飲食和睡眠並且身體症狀明顯的寶寶，可以考慮使用抗焦慮藥物進行治療。

◆神經性尿頻

神經性尿頻症指非感染性尿頻尿急。

患兒年齡一般在2～11歲，多發生在學齡前兒童。每2～10分鐘一次，患兒尿急、尿頻，一要小便就不能忍耐片刻，較小的患兒經常爲此尿濕褲子是此病的特點。若反覆出現這種情況易繼發尿路感染或陰部濕疹。

幼兒神經性尿頻大多是父母無意中發現的，且常被誤診爲泌尿系統感染而使用抗生素治療，但收效甚微。

誘發此病的主要原因：一方面是幼兒大腦皮質發育尚未成熟；另一方面是孩子生活中有一些引起精神緊張、對精神狀態造成不良刺激的因素。例如生活環境的改變，孩子對剛離家、入學的心理準備不足，被寄養給他人撫養，父母的突然分離、親人的死亡，以及害怕考試或對某種動物的懼怕等。這些都可能使兒童精神緊張、焦慮，使抑制排尿的功能發生障礙，結果表現出小便次數增多。

發現孩子尿頻時，要先到醫院檢查，排除身體疾病的影響。當確定爲神經性尿頻後，家長不必過於緊張，應該對孩子耐心誘導，告訴他身體並沒有問題，不用著急，不要害怕，尿頻症狀會很快好起來，以消除患兒的顧慮。鼓勵他說出引起緊張不安的事情，關心他提出的問題，認真的予以解釋、安慰，使他對害怕擔心的問題有一個正確的認識，儘快恢復到以前輕鬆愉快的心境之中。這樣，尿頻就會自然而然的得到改善。

※為保障您的權益，每一項資料請務必確實填寫，謝謝！

姓名		性別	□男 □女
生日	年 月 日	年齡	
住宅地址	郵遞區號□□□		
行動電話		E-mail	

學歷

□國小 □國中 □高中、高職 □專科、大學以上 □其他______

職業

□學生 □軍 □公 □教 □工 □商 □金融業
□資訊業 □服務業 □傳播業 □出版業 □自由業 □其他______

謝謝您購買 懷孕這檔事：週歲寶寶成長日記 與我們一起分享讀完本書後的心得。務必留下您的基本資料及電子信箱，使用我們準備的免郵回函寄回，我們每月將抽出一百名回函讀者，寄出精美禮物以及享有生日當月購書優惠！想知道更多更即時的消息，歡迎加入"永續圖書粉絲團"

您也可以使用以下傳真電話或是掃描圖檔寄回本公司電子信箱，謝謝！

傳真電話：（02）8647-3660 電子信箱：yungjiuh@ms45.hinet.net

●請針對下列各項目為本書打分數，由高至低5～1分。

	5 4 3 2 1		5 4 3 2 1
1. 內容題材	□□□□□	2. 編排設計	□□□□□
3. 封面設計	□□□□□	4. 文字品質	□□□□□
5. 圖片品質	□□□□□	6. 裝訂印刷	□□□□□

●您購買此書的地點及店名______

●您為何會購買本書？

□被文案吸引 □喜歡封面設計 □親友推薦 □喜歡作者
□網站介紹 □其他______

●您認為什麼因素會影響您購買書籍的慾望？

□價格，並且合理定價是______ □內容文字有足夠吸引力
□作者的知名度 □是否為暢銷書籍 □封面設計、插、漫畫

●請寫下您對編輯部的期望及建議：

★請沿此線剪下傳真、掃描或寄回，謝謝您寶貴的建議！

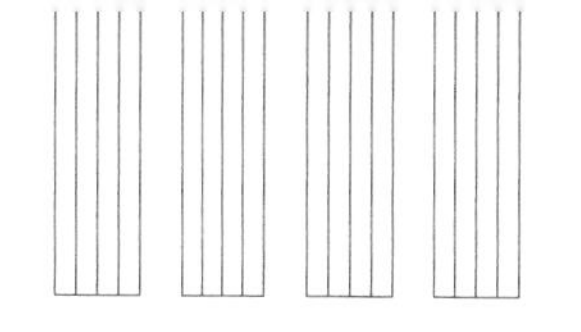

2 2 1 - 0 3

新北市汐止區大同路三段194號9樓之1

傳真電話：（02）8647-3660

E-mail：yungjiuh@ms45.hinet.net

培育

文化事業有限公司

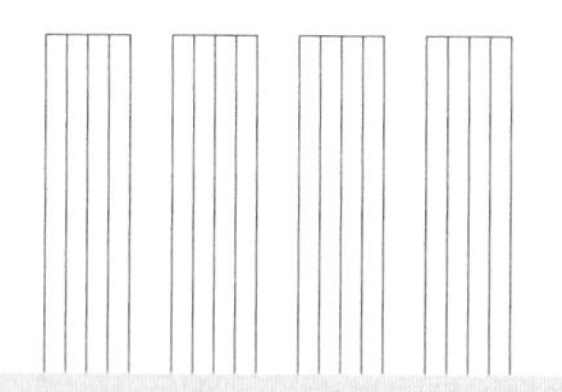

讀者專用回函

懷孕這檔事：週歲寶寶成長日記

培養文化育智心靈的好選擇

培育文化

培育文化